홍원표의 지반공학 강좌　건설사례편 2

사면안정사례

홍원표의 지반공학 강좌 　건설사례편 2

사면안정사례

원래 자연지반은 스스로 안정을 찾아 안전한 상태로 존재한다. 그러다가 인간의 욕구를 충족시키기 위해 평지에 손을 가하여 경사면이 조성된다. 그러나 자연의 안정회귀 본능은 살아남아 있어 끊임없이 무너지고 파괴되어 스스로 안정된 경사면을 이뤄 안전하게 된다. 즉, 가파른 경사면은 무너져서 안정된 경사면을 갖는다. 이 책에서는 우리나라에서 발생하는 산사태의 억지대책으로는 산사태억지말뚝의 적용을 적극적으로 검토하였다. 이는 앞으로도 우리나라 산사태나 사면붕괴 억지대책으로 말뚝 사용이 적극 검토될 수 있음을 예고하기도 한다.

홍원표 저

중앙대학교 명예교수
홍원표지반연구소 소장

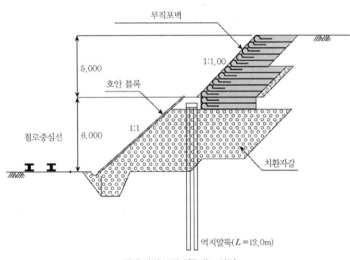

전체 사면 보강대책 대표 단면

씨
아이
알

'홍원표의 지반공학 강좌'를
시작하면서

2015년 8월 말, 필자는 퇴임강연으로 퇴임식을 대신하면서 34년간의 대학교수직을 마감하였다. 이후 대학교수 시절의 연구업적과 강의노트를 서적으로 남겨놓는 작업을 시작하였다. 퇴임 당시 주변에서 이제부터는 편안히 시간을 보내면서 즐기라는 권유도 많이 받았고 새로운 직장을 권유받기도 하였다. 여러 가지로 부족한 필자의 여생을 편안하게 보내도록 진심어린 마음으로 해준 조언도 분에 넘치게 고마웠고 새로운 직장을 권하는 사람들도 더 없이 고마웠다. 그분들의 고마운 권유에도 귀를 기울이지 않고 신림동에 마련한 자그마한 사무실에서 막상 집필 작업에 들어가니 황량한 벌판에 외롭게 홀로 내팽겨진 쓸쓸함과 정작 '집필을 수행할 수 있을까?' 하는 두려운 마음이 들었다.

그때 필자는 자신의 선택과 앞으로의 작업에 대하여 많은 생각을 하였다. '과연 나에게 허락된 남은 귀중한 시간을 무엇을 하는 데 써야 행복할까?' 하는 질문을 수없이 되새겨보았다. 이제 드디어 나에게 진정한 자유가 허락된 것인가? 자유란 무엇인가? 자신에게 반문하였다. 여기서 필자는 "진정한 자유란 자기가 좋아하는 것을 하는 것이며 행복이란 지금의 일을 좋아하는 것" 이라고 한 어느 글에서 해답을 찾을 수 있었다. 그 결과 퇴임 후 계획하였던 집필작업을 차질 없이 진행해오고 있다. 지금 돌이켜보면 대학교수직을 퇴임한 것은 새로운 출발을 위한 아름다운 마무리에 해당하는 것이라고 스스로에게 말할 수 있게 되었다. 지금도 힘들고 어려우면 초심을 돌아보면서 다짐을 새롭게 하고 마지막에 느낄 기쁨을 생각하면서 혼자 즐거워한다. 지금부터의 세상은 평생직장의 시대가 아니고 평생직업의 시대라고 한다. 필자에게 집필은 평생직업이 된 셈이다.

이러한 평생직업을 가질 수 있는 준비작업은 교수 재직 중 만난 수많은 석·박사 제자들과의 연구에서부터 출발하였다고 생각한다. 그들의 성실하고 꾸준한 노력이 없었다면 오늘 이런 집필 작업은 꿈도 꾸지 못하였을 것이다. 그 과정에서 때론 크게 격려하기도 하고 나무라기도 하였던 점이 모두 주마등처럼 지나가고 있다. 그러나 그들과의 동고동락하던 시기가 내 인생 최고의 시기였음을 이 지면에서 자신 있게 분명히 말할 수 있고, 늦게나마 스승보다는 연구동반자로 고마움을 표하는 바다.

신이 허락한다는 전제 조건하에서 100세 시대의 내 인생 생애주기를 세 구간으로 나누면 제1구간은 탄생에서 30년까지로 성장과 활동의 시기였고, 제2구간인 30세에서 60세까지는 노후 집필의 준비시기였으며, 제3구간인 60세 이상에서는 평생직업을 갖는 인생 마무리 주기로 정하고 싶다. 이 제3구간의 시기에 필자는 즐기면서 지나온 기록을 정리하고 있다. 프랑스 작가 시몬 드 보부아르는 "노년에는 글쓰기가 가장 행복한 일"이라고 하였다. 이 또한 필자가 매일 느끼는 행복과 일치하는 말이다. 또한 김형석 연세대 명예교수도 "인생에서 60세부터 75세까지가 가장 황금시대"라고 언급하였다. 필자 또한 원고를 정리하다 보면 과거 연구가 잘못된 점도 발견할 수 있어 늦게나마 바로 잡을 수 있어 즐겁고 연구가 미흡하여 계속 연구를 더 할 필요가 있는 사항을 종종 발견하기도 한다. 지금이라도 가능하다면 더 계속 진행하고 싶으나 사정이 여의치 않아 아쉬운 감이 들 때도 많다. 어찌하였든 지금까지 이렇게 한발 한발 자신의 생각을 정리할 수 있다는 것은 내 인생 생애주기 중 제3구간을 즐겁고 보람되게 누릴 수 있다는 것이 더없는 영광이다.

우리나라에서 지반공학 분야 연구를 수행하면서 참고할 서적이나 사례가 없어 힘든 경우도 있었지만 그럴 때마다 "길이 없으면 만들며 간다"는 신용호 교보문고 창립자의 말을 생각하면서 묵묵히 연구를 계속하였다. 필자의 집필작업뿐만 아니라 세상의 모든 일을 성공적으로 달성하기 위해서는 불광불급(不狂不及)의 자세가 필요하다고 한다. "미치지(狂) 않으면 미치지(及) 못한다"라고 하니 필자도 이 집필작업에 여한이 없도록 미쳐보고 싶다. 비록 필자가 이 작업에 미쳐 완성한 서적이 독자들 눈에 차지 못할지라도 그것은 필자에겐 더없이 소중한 성과다.

지반공학 분야의 서적을 기획집필하기에 앞서 이 서적의 성격을 우선 정하고자 한다. 우리 현실에서 이론 중심의 책보다는 강의 중심의 책이 기술자에게 필요할 것 같아 이름을 '지반공학 강좌'로 정하였고, 일본에서 발간된 여러 시리즈의 서적과 구분하기 위해 필자의 이름을 넣어 '홍원표의 지반공학 강좌'로 정하였다. 강의의 목적은 단순한 정보전달이어서는 안 된다고 생각한다. 강의는 생각을 고취하고 자극해야 한다. 많은 지반공학도들이 본 강좌서적을 활용하여 새로운 아이디어, 연구 테마 및 설계·시공안을 마련하기를 바란다. 앞으로 이 강좌에서는 「말뚝공학편」, 「기초공학편」, 「토질역학편」, 「건설사례편」 등 여러 분야의 강좌가 계속될 것이다. 주로 필자의 강의노트, 연구논문, 연구 프로젝트 보고서, 현장자문기록, 필자가 지도한 석·박사 학위 논문 등을 정리하여 서적으로 구성하였고 지반공학도 및 설계·시공기술자에게 도움이 될 수 있는 상태로 구상하였다. 처음 시도하는 작업이다 보니 조심스러운 마음이 많다. 옛 선현의 말에 "눈길을 걸어갈 때 어지러이 걷지 마라. 오늘 남긴 내 발자국이 뒷사람의 길이 된다"라고 하였기에 조심 조심의 마음으로 눈 내린 벌판에 발자국을 남기는 자세로 진행할 예정이다. 부디 필자가 남긴 발자국이 많은 후학들의 길 찾기에 초석이 되길 바란다.

2015년 9월 '홍원표지반연구소'에서

저자 **홍원표**

「건설사례편」강좌
서 문

은퇴 후 지인들로부터 받는 인사가 "요즘 뭐하고 지내세요"가 많다. 그도 그럴 것이 요즘 은퇴한 남자들의 생활이 몹시 힘들다는 말이 많이 들리기 때문에 나도 그 대열에서 벗어날 수 없는 것이 사실이다. 이러한 현상은 남자들이 옛날에는 은퇴 후 동내 복덕방(지금의 부동산 소개업소)에서 소일하던 생활이 변하였기 때문일 것이다. 요즈음 부동산 중개업에는 젊은 사람들이나 여성들이 많이 종사하고 있어 동네 복덕방이 더 이상 은퇴한 할아버지들의 소일터가 아니다. 별도의 계획을 세우지 않는 경우 남자들은 은퇴 즉시 백수가 되는 세상이다.

이런 상황에 필자는 일찌감치 은퇴 후 자신이 할 일을 집필에 두고 준비하여 살았다. 이로 인하여 은퇴 후에도 바쁜 생활을 할 수 있어 기쁘다. 필자는 은퇴 전 생활이나 은퇴 후의 생활이 다르지 않게 집필 계획에 따라 바쁘게 생활할 수 있다. 비록 금전적으로는 아무 도움이 되지 못하지만 시간상으로는 아무 변화가 없다. 다만 근무처가 학교가 아니라 개인 오피스텔인 점만이 다르다. 즉, 매일 아침 9시부터 저녁 5시까지 집필에 몰두하다 보니 하루, 한 달, 일 년이 매우 빠르게 흘러가고 있다. 은퇴 후 거의 10년의 세월이 되고 있다. 계속 정진하여 처음 목표로 정한 '홍원표의 지반공학 강좌'의 「말뚝공학편」, 「기초공학편」, 「토질공학편」, 「건설사례편」의 집필을 완성하는 그날까지 계속 정진할 수 있기를 기원하는 바다.

그동안 집필작업이 너무 힘들어 포기할까도 생각하였으나 초심을 잃지 말자는 마음으로 지금까지 버텨왔음이 오히려 자랑스럽다. 심지어 작년 한 해는 처음 목표의 절반을 달성하였으므로 집필작업을 잠시 멈추고 지금까지의 길을 뒤돌아보는 시간도 가졌다. 더욱이 대한토목학회로부터 내가 집필한 '홍원표의 지반공학 강좌' 「기초공학편」이 학회 '저술상'이란 영광스런 상의 수상자로 선발되기까지 하였다. 일면식도 없는 사람으로부터 전혀 생각지도 않았던 감사인사까지 받게 되어 그동안 집필작업에 계속 정진하였음은 정말 잘한 일이고 그 결정을 무엇보다 자랑스럽게 생각하는 바다.

드디어 '홍원표의 지반공학 강좌'의 네 번째 강좌인 「건설사례편」의 집필을 수행하게 되었다. 실제 필자는 요즘 「건설사례편」에 정성을 가하여 열심히 몰두하고 있다. 황금보다 소금보다 더 소중한 것이 지금이라 하지 않았던가.

네 번째 강좌인 「건설사례편」에서는 필자가 은퇴 전에 참여하여 수행하였던 각종 연구 용역을 '지하굴착', '사면안정', '기초공사', '연약지반 및 항만공사', '구조물안정'의 다섯 분야로 구분하여 정리하고 있다. 책의 내용이 다른 전문가들에게 어떻게 평가될지 모르나 필자의 작은 노력과 발자취가 후학에게 도움이 되고자 과감히 용기를 내어 정리하여 남기고자 한다. 내가 노년에 해야 할 일은 내 역할에 맞는 일을 해야 한다고 생각한다. 이러한 결정은 "새싹이 피기 위해서는 자리를 양보해야 하고 낙엽이 되어서는 다른 나무들과 숲을 자라게 하는 비료가 되어야 한다"라는 신념에 의거한 결심이기도 하다.

그동안 필자는 '홍원표의 지반공학 강좌'의 첫 번째 강좌로 『수평하중말뚝』, 『산사태억지말뚝』, 『흙막이말뚝』, 『성토지지말뚝』, 『연직하중말뚝』의 다섯 권으로 구성된 「말뚝공학편」 강좌를 집필·인쇄·완료하였으며, 두 번째 강좌로는 「기초공학편」 강좌를 집필·인쇄·완료하였다. 「기초공학편」 강좌에서는 『얕은기초』, 『사면안정』, 『흙막이굴착』, 『지반보강』, 『깊은기초』의 내용을 집필하였다. 계속하여 세 번째 「토질공학편」 강좌에서는 『토질역학특론』, 『흙의 전단강도론』, 『지반아칭』, 『흙의 레오로지』, 『지반의 지역적 특성』의 다섯 가지 주제의 책을 집필하였다. 네 번째 강좌에서는 필자가 은퇴 전에 직접 참여하였던 각종 연구 용역의 결과를 다섯 가지 주제로 나누어 정리함으로써 내 경험이 후일의 교육자와 기술자에게 작은 도움이 되도록 하고 싶다.

우리나라는 세계에서 가장 늦은 나이까지 일하는 나라라고 한다. 50대 초반에 자의든 타의든 다니던 직장에서 나와 비정규직으로 20여 년 더 일을 해야 하는 형편이다. 이에 맞추어 우리는 생각의 전환과 생활 패턴의 변화가 필요한 시기에 진입하였다. 이제 '평생직장'의 시대에서 '평생직업'의 시대에 부응할 수 있게 변화해야 한다.

올해는 세계적으로 '코로나19'의 여파로 지구인들이 고통을 많이 겪었다. 이 와중에서도 내 자신의 생각을 정리할 수 있는 기회를 신으로부터 부여받은 나는 무척 행운아다. 원래 위기는 모르고 당할 때 위기라 하였다. 알고 대비하면 피할 수 있다. 부디 독자 여러분들도 어려운 시기지만 잘 극복하여 각자의 성과를 내기 바란다. 마음의 문을 여는 손잡이는 마음의 안쪽에만 달려 있음을 알아야 한다. 먼 길을 떠나는 사람은 많은 짐을 갖지 않는다. 높은 정상에 오르기 위해서는 무거운 것들은 산 아래 남겨두는 법이다. 정신적 가치와 인격의 숭고함을 위해서는 소유의 노예가 되어서는 안 된다. 부디 먼 길을 가기 전에 모든 짐을 내려놓을 수 있도록 노력해야겠다.

모름지기 공부란 남에게 인정받기 위해 하는 게 아니라 인격을 완성하기 위해 하는 수양이다. 여러 가지로 부족한 나를 채우고 완성하기 위해 필자는 오늘도 집필에 정진한다. 사명이 주어진 노력에는 불가능이 없기에 남이 하지 못한 일에 과감히 도전해보고 싶다. 잘된 실패는 잘못된 성공보다 낫다는 말에 희망을 걸고 용기를 내본다. 욕심의 반대는 무욕이 아니라 만족이기 때문이다.

2023년 2월 '홍원표지반연구소'에서

저자 **홍원표**

『사면안정사례』
머리말

　『사면안정사례』를 정리하는 기간에 두 가지 사실이 필자를 기쁘게 하였다. 하나는 월드컵 경기고 다른 하나는 중앙대학교 재학생들에게 송정 장학금을 수여한 일이다.

　우선 월드컵 경기가 중동의 작은 나라 카타르의 수도 도하에서 열려 즐겁게 나날을 보냈다. 이번 월드컵 경기를 보면서 여러 가지를 느낄 수 있었다. 우선 유럽과 아시아의 축구 실력이 많이 평준화된 것 같다. 이번 월드컵 경기에서 불가능을 가능으로 바꿀 수 있는 분야가 많이 존재함을 알았다. 우리나라와 우루과이와의 시합이 그렇고 우리나라와 포르투갈과의 시합이 그렇다. 두 시합 모두 만만치 않은 상대와의 시합이다. 그러나 이 시합을 통해 우리는 얼마든지 축구 실력이 향상될 수 있음을 알았다. 우리나라를 위해 사력을 다해 싸워준 젊은 선수들의 투지에 무한한 격려와 감사의 말을 하고 싶다. 이들 시합에서 이긴다는 것은 우리에게 기적에 가까운 일이다. 그러나 노력하는 자에게 기적은 하늘이 주는 선물이다. 역시 불가능이란 이 세상에 존재하지 않는 것 같다. 사명이 주어진 노력에는 불가능이 없다. 문제는 요점을 정확히 파악할 줄 아느냐의 문제인 것이다. 노련한 선장은 태풍을 만났을 때도 파도를 보지 않고 바람을 읽는다고 하였다. 그간에 부단한 노력을 기울인 우리 젊은 선수들에게 승리라는 기적의 선물이 주어진 것이다. 계속 노력하여 다음번에는 더 큰 기적의 선물을 우리가 누리기를 기원한다.

　다음으로는 중앙대학교 재학생들에게 필자가 은퇴 전에 모금하여 두었던 장학금을 나눠준 일이다. 필자가 주변의 제자, 지인들과 함께 모금한 6억여 원의 자금을 그간 소진하다가 잔금을 모두 이번 기회에 장학금으로 나눠주었다. 경기가 좋지 않아 학생들이 어려운 시기에 모두 장학금으로 제공하여 학생들의 학업에 도움을 주고자 하였다. 그동안 기쁘고 보람찬 날에 쓰려고 남겨둔 자금을 장학금으로 쓸 수 있어 받는 학생들도 기뻤겠지만 나눠주는 저자의 마음도 무척 기뻤다. 원래 송정 장학금은 이런 일에 쓰기 위해 모금하였던 것이다. 돌이켜 생각해보면 지인들로부터 송정 장학금 기금을 모금하고 소유하였던 것은 베풀기 위해 주어진 것이지 즐기기 위해 소유하였던 것이 아니었다. 그로 인하여 우리는 우리가 사는 세상이 풍부해짐을 알 수 있다. 우리는 정신적으로는 상류층으로 살지만 경제적으로는 중산층에 머물러야 행복하다. 정신적 가치와 인격의 숭고함을 위해서는 소유의 노예가 되어서는 안 된다.

우리가 할 수 있는 일을 열심히 하는 것은 그 자리에서 그 일을 할 수 있는 시기에 하는 것이 가장 보람찬 일이다. 이것이 늙지 않는 비결이기도 하다.

누가 늙지 않는가? 일을 사랑하는 사람이다. 게으른 사람이 빨리 늙는다. 일을 사랑하는 사람에게는 일이 안겨주는 축복이 많다. 적당한 운동은 건강을 위해서 건강은 일을 위해서 돈이나 물건, 권력이나 명예를 사랑하는 것은 쉽게 끝날 수 있다. 그러나 학문이나 사람을 사랑하는 열정은 좀처럼 사라지지 않는다.

원래 자연지반은 스스로 안정을 찾아 안전한 상태로 존재한다. 그러다가 인간의 욕구를 충족시키기 위해 평지에 손을 가하여 경사면이 조성된다. 그러나 자연의 안정회귀 본능은 살아남아 있어 끊임없이 무너지고 파괴되어 스스로 안정된 경사면을 이뤄 안전하게 된다. 즉, 가파른 경사면은 무너져서 안정된 경사면을 갖는다.

이 책에 수록된 사면안정성은 11장에 걸쳐 수록되어 있다. 인간이 지반에 경사면을 조성하는 경우는 두 가지 경우다. 하나는 도로를 축조하는 경우고 다른 하나는 주택을 건설하기 위한 단지 조성 시기다. 이 책에 수록된 11장의 경우도 모두 이들 두 경우에 해당한다. 첫 번째, 주택건설을 목적으로 하는 경우는 제1장에서 제7장까지 및 제11장의 사례를 들 수 있다. 두 번째, 도로건설을 목적으로 하는 경우는 제8장에서 제10장까지를 예로 들 수 있다.

이들 사면안정을 더욱 세분하면 제1장에서 제5장까지의 사면안정은 주택단지 조성을 목적으로 한 경우다. 또한 제6장에서는 경주고속철도의 터널 건설 대신 터널 상부에 대절토 사면을 건설할 경우의 대절토 사면의 안정성을 검토하였고, 제7장에서는 암 절취사면의 안정성을 검토하였다. 끝으로 제11장에서도 아파트를 건설하기 위한 절개사면의 안정성을 검토하였다.

다음으로 도로 건설의 경우는 도로의 기능에 따라 지방도(제8장과 제10장)와 대도시 외곽도로(제9장)의 사면안정성이 검토되었다. 앞으로는 지방도로뿐만 아니라 고속도로에도 산사태의 위험이 상존하므로 주의할 필요가 있다.

이들 검토에서 우리나라에서 발생하는 산사태의 억지대책으로는 산사태억지말뚝의 적용을 적극적으로 검토하였다. 이는 앞으로도 우리나라 산사태나 사면붕괴 억지대책으로 말뚝 사용이 적극 검토될 수 있음을 예고하기도 한다.

끝으로 이번 강좌에서는 원고 정리를 하는 데 아내의 도움을 크게 받아 원고를 무사히 마칠 수 있었음을 밝히며 아내에게 고마운 마음을 여기에 표하고자 한다.

2023년 2월 '홍원표지반연구소'에서

저자 **홍원표**

Contents

Chapter 08   장복로 도로사면안정

Chapter 09   충무시 외곽진입로 절취사면안정성

Chapter 10 고달~산동 간 도로사면안정성

Chapter 11 절개사면안정성

Chapter

01

정선병원 절토사면 안전진단

Chapter
01

정선병원 절토사면 안전진단

1.1 서론

본 과업은 강원도 정선군 정선읍 소재 정선병원 신축부지 서측 사면의 안전진단 및 대책연구에 그 목적이 있으며.[1] 본 과업의 내용을 요약하면 다음과 같다.

(1) 문제사면의 붕괴 원인을 분석한다.
(2) 대책시공사면의 단면을 제시한다.
(3) 대책시공사면의 안정을 위한 억지공법을 제시한다.

본 과업은 근로복지공사에서 제공한 관련 자료와 현장답사에 근거하여 실시하고, 전산 프로그램을 이용하여 사면의 안정성을 검토하고 대책을 제시한다.

끝으로 본 과업은 1987년 10월 15일부터 1987년 11월 4일까지 20일에 걸쳐 수행한다.

1.2 정선병원 신축부지 서측 절토사면의 붕괴 현황 및 원인

1.2.1 사면붕괴 현황

근로복지공사에서 제공한 공사계획 평면도에 나타난 우수출수 위치를 보면 아파트건물 후방

사면에서는 우수로 인한 출수가 발생하지 않았으나 병원 본 건물 후방 사면에서는 폭넓게 출수 현상이 나타났다. 특히 후에 붕괴된 사면 부근에서 출수현상이 심했던 것으로 생각된다. 이는 과업시행자의 현장답사 소감과도 일치한다. 즉, 병원 건물 후방 사면의 흙은 외관상 점토질이 많이 섞여 있고 투수성이 낮다. 따라서 계곡 입구에서 지하로 스며든 빗물은 투수성이 비교적 높은 본 건물 후방 사면으로 출수되었으며, 붕괴가 일어난 사면은 특히 계곡의 유로와 연결되는 위치에 있는 것으로 판단되었다.

붕괴된 사면의 저변 폭과 사면장은 공히 약 40m 정도며, 활동 깊이는 대략 최고 10m에 달하는 것으로 나타났다(그림 1.1 참조).

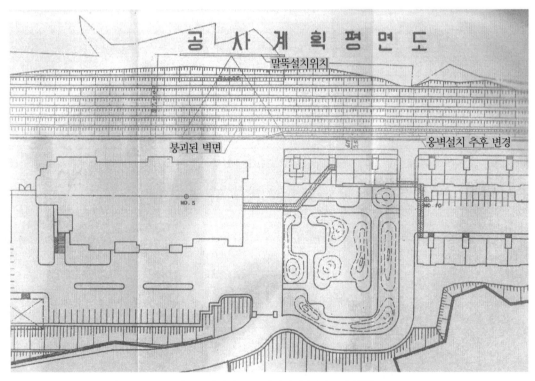

그림 1.1 정선지구 문제사면의 붕괴구간 현황

1.2.2 사면붕괴 원인

일반적으로 사면의 안정성은 사면 내의 투수 발생 여부에 따라 크게 달라진다. 사질토를 예로 들면, 사면 내에 투수가 발생하지 않았다고 가정하는 경우에 안전한 사면의 경사각(i)과 사면

흙의 내부마찰각(ϕ) 사이의 관계는 식 (1.1)과 같다.

$$\tan i \leq \tan \phi \tag{1.1}$$

그러나 만약 사면 내 투수가 있는 경우에는 식 (1.2)와 같다.

$$\tan i \leq \frac{\gamma_b}{\gamma_t} \tan \phi \tag{1.2}$$

이 식에서 γ_b는 부력을 받는 흙의 단위중량, γ_t는 총단위중량을 나타낸다.

만약 사면 흙의 내부마찰각이 45°인 사면이 있다고 하자. 이 사면은 투수가 없을 때 경사각 45°에서 안전율이 1이 되지만, 사면 내에 투수가 있는 경우에는 대략 아래 식 (1.3)으로부터 경사각 24°에서 안전율이 1이 된다.

$$\tan i \leq \frac{0.8}{1.8} \tan 45° \tag{1.3}$$

경사각이 45°인 사면에 투수가 발생하면 사면의 안전율은 0.44에 불과하게 되어 매우 불안정해진다. 점질토인 경우에는 투수의 영향을 사질토와 같이 경사각으로 간단하게 나타낼 수는 없으나 무한사면에서 파괴면의 깊이를 비교해볼 수는 있다. 투수가 없는 경우 파괴면의 깊이(H_c)는 식 (1.4)로 산정되고 투수가 있는 경우에는 식 (1.5)로 산정된다.

$$H_c = \frac{c}{\gamma_b \cos^2 i (\tan i - \tan \phi)} \tag{1.4}$$

$$H_c = \frac{c}{\gamma_t \cos^2 i \left(\tan i - \frac{\gamma_b}{\gamma_t} \tan \phi \right)} \tag{1.5}$$

한편 점성토사면에 대하여 식 (1.4)와 (1.5)를 이용하여 H_c를 산출하면 투수가 있는 경우의 H_c가 투수가 없는 경우보다 훨씬 작은 값을 갖게 되는데, 이는 동일한 사면에서 투수가 있는 경우의 안전율이 훨씬 작게 됨을 의미한다.

이상에서 설명한 바와 같이 정선병원 신축부지 사면의 붕괴 원인은 집중호우로 지하수위가 지표면 높이까지 상승하여 사면 내에 발생한 투수 때문으로 볼 수 있다.

1.3 대책시공사면의 안정성 검토

대책시공사면의 계획단면은 사면의 4m 높이까지 성토하는 구간(No.9 지점 부근)과 성토하지 않은 구간(No.6과 No.2 지점 부근 등)으로 나누어서 결정하였는데, 원칙적으로 사면의 경사는 2:1로 하였으며 5~6m 높이마다 1.5m 폭의 소단을 두었다. 대책시공사면의 단면도는 그림 1.2와 1.3에 나타나 있다.

대한토목학회와 근로복지공사[1,2]에서 분석한 대책시공사면은 가장 불리한 조건에서 안전율이 1.1로서 충분하다고 볼 수 없으므로 이번에 붕괴가 일어난 구간에는 수동말뚝과 앵커를 이용한 사면붕괴 억지책(제1.4절 참조)을 추가 시공하도록 하였으며, 기타 구간은 사면보호 콘크리트블록과 지하매설배수관의 설치 등으로 보강하고자 하였다.

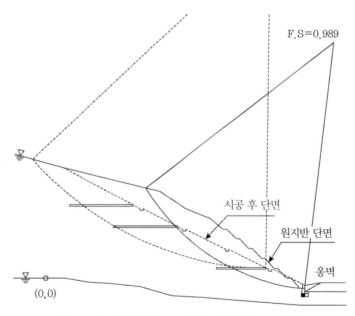

그림 1.2 대책시공 단면과 원지반 단면(#6와 #2 지점)

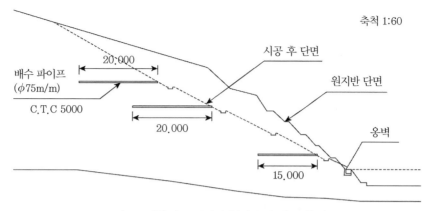

그림 1.3 대책시공 단면과 원지반 단면(#9 측점)

대한토목학회와 근로복지공사[1,2]에서는 전산 프로그램 SNOB를 활용하여 사면안전성을 검토한 바 있다. 이 연구에서는 특히 사면 붕괴 당시의 전단강도를 추정하여 사면안정 역해석을 실시하였다.

1.4 사면안정용 말뚝의 설계

1.4.1 개설

본 현장의 답사 및 기타 자료, 사진에 의하여 종합적으로 판단되는 바와 같이 본 현장 부근에서는 과거 여러 차례의 산사태가 반복되었다. 상부지역의 산사태에 의하여 운반된 붕괴토가 퇴적되어 지금의 상태를 이루고 있다. 따라서 본 현장의 지표면 부근의 지반은 자연적으로 모래, 자갈이 많이 섞인 실트 혹은 점토로 구성되어 있다. 이러한 지반의 경우 갈수기에는 상당한 경사를 가지는 사면에 대해서도 안정을 유지할 수 있으나 해빙기, 장마철 혹은 집중호우와 같이 지표수와 지하수의 영향을 받게 되는 경우는 사면의 안정성이 크게 강하하게 된다. 특히 집중호우 발생 시는 높은 수압으로 인하여 사면붕괴의 가능성이 많게 되므로 이와 같은 악조건에서도 사면의 안정성이 확보되어야만 한다.

그림 1.1의 공사계획 평면도에 표시된 사면붕괴지역에 대하여 고찰해보면 사면경사를 1:2의 완경사로 변경하여 붕괴된 지역을 다시 성토 보수한다고 해도 성토된 부위의 취약성으로 인하여 사면이 재붕괴될 가능성이 타 지역에 비해 크다. 따라서 이 구역에 대해서는 사면경사를 완경사

로 변형시키는 방법 외에 말뚝에 의한 사면붕괴억지공을 채택하는 것이 바람직하다고 생각한다.

그림 1.4에서 보는 바와 같이 사면경사를 1:2로 하고 지하수위가 지표면에 도달하였을 경우의 최소사면안전율은 그림 중에 표시된 원호에 대하여 1.11로 산정된다. 사면의 안전율이 비록 1.0을 넘기기는 하였으나 집중호우에 발생할 수 있는 여러 가지 불확실성 요소를 감안한다면 소요안전율이 1.3 이상 되게 하는 것이 바람직하다.

따라서 그림 1.1에 표시된 위치에 일렬의 말뚝을 50m 폭에 걸쳐 설치하여 다시 발생할지도 모를 2차 붕괴에 대비하고자 한다. 이 말뚝 설치 위치는 그림 1.4에서 보는 바와 같이 사면선단에서 수평거리로 37m 들어간 위치다.

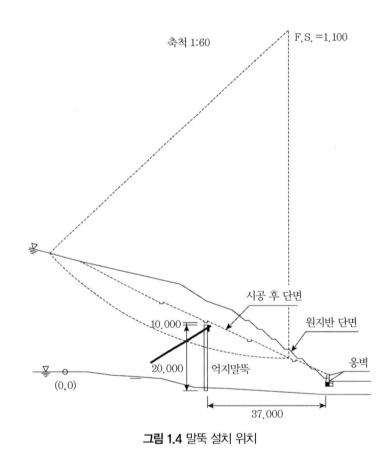

그림 1.4 말뚝 설치 위치

1.4.2 사면안정용 말뚝의 설계법 개요

일반적으로 사면안정용 말뚝의 설계에서는 그림 1.5에서 보는 바와 같이 말뚝 및 사면의 두 종류의 안정에 대하여 검토해야 한다. 우선 붕괴될 토괴에 의하여 말뚝에 작용하는 측방토압을 산정하여[3] 말뚝이 이 측방토압을 받을 때 발생할 최대휨응력을 구하고, 말뚝의 허용휨응력과 비교하여 말뚝의 안전율 $(F_s)_{pile}$을 산정한다.

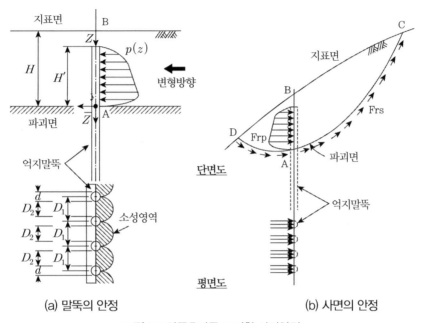

그림 1.5 말뚝효과를 고려한 사면안정

한편 사면의 안정에 관해서는 말뚝이 받을 수 있는 범위까지의 상기 측방토압을 사면안정에 기여할 수 있는 부가적 저항력으로 생각하여 사면안전율 $(F_s)_{slope}$을 산정한다. 이와 같이 하여 산정된 말뚝과 사면의 안전율이 모두 소요안전율 이상이 되도록 말뚝을 결정한다. 여기서 본 사면에 대한 말뚝과 사면의 소요안전율은 각각 1.0 및 1.3으로 한다.

말뚝의 사면안정효과는 말뚝의 설치 간격에도 영향을 받는다. 일반적으로 말뚝의 간격이 좁을수록 말뚝이 지반으로부터 받을 측방토압의 최대치는 커진다. 측방토압이 크면 사면안정에는 크게 도움이 되나 말뚝이 그 토압을 견뎌내지 못하므로 말뚝과 사면에 모두 지장이 없도록 말뚝의 간격도 적절하게 결정해야 한다.

한편 말뚝의 길이는 사면파괴선을 지나 말뚝의 변위, 전단력 및 휨모멘트가 거의 발생하지 않는 길이까지 설치되어야 한다.

1.4.3 말뚝의 사면안정효과

그림 1.4에 표시된 위치에 350×350×12×19 크기의 H-말뚝을 지표면 아래 1m 깊이에서부터 일정 간격 D_1 간격으로 일렬로 배치하였을 경우 말뚝의 사면안정효과를 앞 절에서 설명한 방법에 의거하여 조사해보면 다음과 같다. 그림 1.4에서 보는 바와 같이 말뚝의 사면안정효과를 증대하기 위해 말뚝머리를 어스앵커(earth anchor)로 고정시켰다.

그림 1.6은 횡축으로 말뚝간격비 D_2/D_1의 D_1은 말뚝 중심 간 거리고, $D_2(= D_1 - d)$는 말뚝의 순 간격을 취하며, 종축은 좌측에 말뚝의 안전율 $(F_s)_{pile}$ 우측에 말뚝의 사면안정효과를 고려한 사면안전율 $(F_s)_{slope}$을 취하여 정리한 결과다. 그림 중 'slope'는 말뚝간격비와 사면안전율의 관계를, 'pile'은 말뚝간격비와 말뚝안전율의 관계를 나타내고 있다.

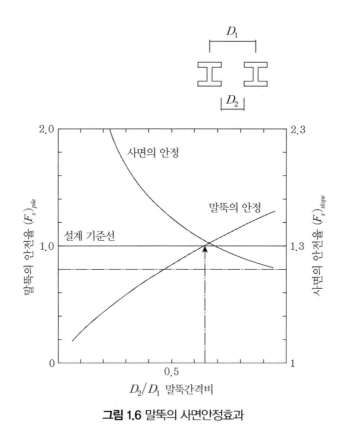

그림 1.6 말뚝의 사면안정효과

또한 그림 1.6에서 말뚝의 안전율 1.0과 사면의 안전율 1.3을 연결한 선은 말뚝과 사면의 소요안전율을 서로 연결시킨 설계기준선으로, 말뚝과 사면의 안전율이 모두 이 선 위에 존재하도록 설계되어야 한다. 그림 중 일점쇄선은 말뚝의 사면안정효과가 없을 경우의 사면안전율을 나타내고 있다.

이 그림과 같이 말뚝간격비 D_2/D_1이 커질수록(즉, 말뚝간격이 커질수록) 말뚝의 안전율은 증가하나 반대로 사면의 안전율은 감소하고 있다. 사면과 말뚝의 안전율이 모두 설계기준선보다 상부에 존재하는 경우의 말뚝간격비 D_2/D_1은 0.65∼0.70 사이다. 따라서 350×350 H-말뚝을 D_2/D_1이 0.65가 되도록 배치하려면 말뚝은 1m 간격으로 배치하는 것이 바람직하다. 이 경우 사면의 안전율은 1.35가 되어 말뚝을 사용함으로써 사면의 안전율을 1.11에서 1.35로 증가시킬 수 있음을 알 수 있다.

1.4.4 말뚝의 거동

가정된 사면의 파괴 시 말뚝의 거동을 계산하여 그 결과를 도시하면 그림 1.7과 같다. 그림 1.7(a)는 말뚝의 변위를, (b)는 전단력을, (c)는 휨모멘트를 나타내고 있다.

이 결과에 의하면 말뚝의 수평변위는 1.4mm 이하가 되어 말뚝의 변형에 대해서도 안정할 것으로 예상되며, 최대전단력은 사면파괴면에서 200KN 정도로 허용전단응력에 훨씬 못 미치고 있다. 휨모멘트도 사면파괴면 상부에서 허용휨응력 이내에 발생함을 알 수 있다.

말뚝 깊이가 20m인 부근에 대하여 조사해보면 변위, 전단력 및 휨모멘트 모두 거의 발생하지 않으므로 말뚝의 길이는 20m 정도면 충분할 것으로 생각된다.

1.4.5 말뚝의 설계

이상에서 검토한 바와 같이 말뚝은 그림 1.1에 표시된 위치에 설치하도록 한다. 이를 상세하게 도시하면 그림 1.4와 같다. 즉, 사면선단에서 수평거리로 37m인 위치에 단면이 350×350×12×19고 길이가 20m인 말뚝을 1m 간격으로 50m 폭에 걸쳐 설치하도록 한다. 또한 이때 말뚝의 사면안정효과를 증대시키기 위하여 지표면에서 1m 깊이에 있는 말뚝머리 부분을 어스앵커로 고정시켜야 한다. 그러기 위해 말뚝머리에 H-말뚝의 띠장을 대고, 이 띠장을 어스앵커로 지지할 수 있게 한다. 이 어스앵커는 수평면과 30°의 각도로, 장기인장강도가 20ton/m가 되도록 견고한 지반까지 설치해야 한다.

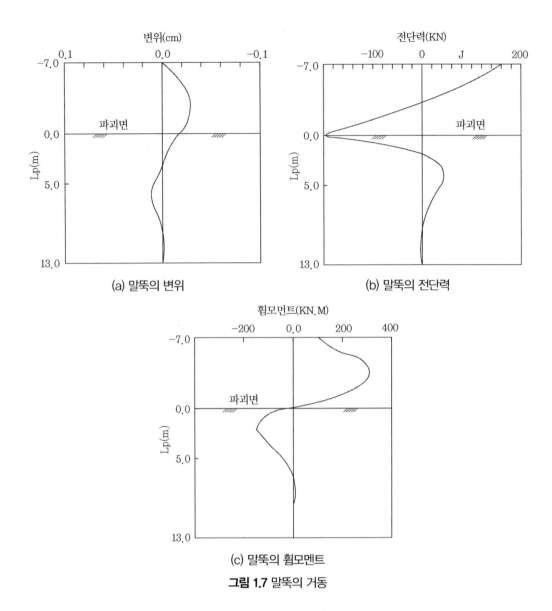

(a) 말뚝의 변위

(b) 말뚝의 전단력

(c) 말뚝의 휨모멘트

그림 1.7 말뚝의 거동

1.5 결론 및 건의사항

(1) 사면의 배수공을 포함한 대책시공단면은 그림 1.2과 1.3에 나타낸 것과 같다. 이 대책시공에
는 사면보호 콘크리트 블록과 지하매설배수관의 설치 등의 보강이 포함되어 있다.

(2) 붕괴지역은 사면을 1:2의 완경사로 성토복구함과 동시에 사면선단에 수평거리 위치에 20m

길이의 350×350×12×19 H-말뚝을 지표면에서 1m 깊이에 1m 간격으로 50m 폭에 걸쳐 설치한다.

(3) 말뚝머리는 띠장으로 연결시킨 후 수평면과 30° 각도의 어스앵커로 지지시킨다. 이때 어스앵커는 20ton/m의 장기인장응력에 견딜 수 있게 설계해야 한다. 또한 이 어스앵커는 예상파괴면을 관통하여 견고한 위치에 정착시켜 충분한 기능을 발휘하도록 한다.

(4) 매설배수관은 적절한 시기에 제팅(jetting)을 하여 막힘이 없도록 관리한다.

• 참고문헌 •

(1)   김명모·홍원표·심재구(1987), '정선병원 절토사면 안전진단 연구보고서', 대한토목학회.

(2)   Craig, R.F.(1983), *Soil Mechanics*, pp.128-129.

(3)   홍원표(1984), '수동말뚝에 작용하는 측방토압', 대한토목학회논문집, 제4권, 제2호, pp.77-88.

대한주택공사 부산 덕천지구
사면안정

Chapter 02 대한주택공사 부산 덕천지구 사면안정

2.1 서론

2.1.1 과업의 목적

본 연구용역은 대한주택공사가 실시한 부산 덕천지구 택지개발 사업지구의 부지조성 공사에서 단지 내 계획 평균 경사도를 1:1.5 ~ 1:2로 계획하였다. 그러나 동 지구가 지형상 급경사지로서 부산지방 특유의 토성, 잦은 사면붕괴사고 등을 감안하여 단지 내 설계사면은 물론 단지 외 남측 상층부 자연사면에 대한 안정 검토가 요구된다. 따라서 현장답사 및 토질조사 등의 자료를 종합적으로 조사·분석하여 사면안정 여부를 검토하고 불안정사면에 대한 안정대책을 강구하였다. 또한 옹벽 구조물에 대해서는 표준옹벽 설계검토, 현지 토질조건을 고려한 고성토 지반상의 옹벽 및 산측 경계면에 설치할 옹벽에 대하여 표준설계의 적용 가능성을 검토하고 이를 적용할 수 없는 경우 적절한 옹벽을 설계하는 데 그 목적이 있다.

그러나 본 서적의 목적이 '사면안정사례'이므로 옹벽설계 부분에 대해서는 대한토질공학회와 대한주택공사에서 실시한 보고서[1]를 참조하기로 하고 여기서는 사면안정 부분에 대해서만 집중적으로 설명하도록 한다.

2.1.2 과업의 범위

본 연구 용역의 과업범위는 다음과 같다.

(1) 토질조사, 시험 및 자료 분석

기존의 시추자료를 보완하기 위하여 7개소에 대한 시추 및 지하수위를 추가 조사하였으며, 동시에 1m 간격을 원칙으로 하여 32회의 표준관입시험 및 3개 시추지점에 대하여 30cm 간격으로 77회의 동적원추관입시험을 시행하였다. 실내시험으로서는 대표적인 시료에 대한 토성시험을 실시하였다. 또한 이 지구의 토질특성을 고려하여 10개 시료에 대한 비압밀비배수 삼축압축시험(UU-test) 및 2개 시료에 대한 압밀비배수 삼축압축시험(CU-test)을 실시하였다. 그 밖에도 이방성의 영향을 관찰하기 위하여 수평, 연직 및 45° 각도의 시료를 채취하여 직접전단시험을 시행하였다. 이상의 자료를 종합, 분석, 검토하여 사면안정 검토 및 옹벽구조물 안정 검토에 적용할 토질정수를 결정하였다.

(2) 사면안정 검토대책 공법

안정 검토에 적용할 토질정수는 토질조사 및 시험자료의 분석, 현장파괴 사면안정해석 역산결과 등을 검토하여 붕적토층, 풍화층 및 연암층으로 대별하여 결정하였으며, 특히 불균질한 풍화토층에 대해서는 잔류강도를 채택하였다.

사면안정 검토는 그림 2.1의 현황 평면도에 표시한 바와 같이 외부수 유입, 건물 및 옹벽 등 구조물 설치에 따른 영향을 고려하여 6개 단면(A-A, B-B, C-C, D-D, E-E 및 F-F 단면)의 설계 사면과 붕괴가 예상되는 단지 외 남측 상층부의 6개 자연사면에 대하여 시행하였다.

단지 내 6개 설계사면은 침투수의 영향, 건물 등 구조물의 하중을 포함하여 토질조건에 따른 원호 및 복합활동면을 가상하여 'STABL' 전산 프로그램으로 검토한 결과, 배수가 양호하고 옹벽설계시공이 완전한 경우 일부 지역을 제외하고 전반적으로 안전한 것으로 생각된다.

그러나 단지외 남측 상층부 자연사면은 옹벽 등의 흙막이구조물이 없으므로, 특히 집중호우 시 사면붕괴가 예상될 수 있는 지역이다. 따라서 사면안정 검토는 그림 2.1의 6개 단면에 대하여 외부수의 유입을 고려하여 각각의 단면에 대하여 집중호우 시와 같이 침투수에 의한 지하수위 변화에 따른 영향에 대하여 검토하였다. 또한 자연사면은 무한사면에 가깝다고 보아 각 단면 및 각 경우에 대하여 활동면을 붕적토층과 풍화토층의 경계면 및 풍화토층과 연암층의 경계면으로 가상하여 검토하였다.

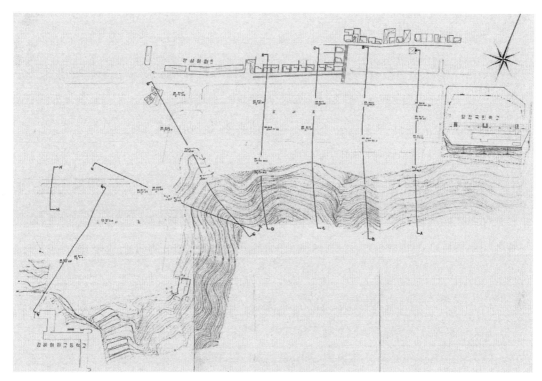

그림 2.1 현황 평면도

사면안정 검토 결과 집중호우 시 침투수가 지표면과 일치할 경우와 같이 불안정한 경우에 대한 대책공법으로서는 산사태 방지용 어스앵커로 상층부가 지지되는 억지말뚝공과 신속한 배수를 위한 조치가 필요함을 제시하였다.

산사태 방지용 억지말뚝공을 채택하는 경우 사용말뚝의 종류, 치수 및 각 단면별 말뚝의 중심간격, 근입깊이는 물론 주변 교란을 방지할 목적으로 천공관입말뚝공법 등의 시공방법을 제시하였으며, 불안정 단면에 대하여 말뚝 설치 후의 사면안정 검토를 병행하였다.

(3) 옹벽의 안정성 검토 및 대책

옹벽의 안정성 검토는 표준옹벽을($H = 7.0$m, 경사각 33.69°, $\phi = 33.7$°), 현지 토질조건을 고려한 고성토 지반상($H = 7.0$m, 경사각 26.57°, $\phi = 30$°) 및 산측 경계면에 설치할 옹벽($H = 7.0$m, 지표면 경사각 33.69°, $\phi = 20$°)에 대하여 각각 시행하였다.

옹벽의 안정성 검토에 적용될 방법은 여러 가지로 논의될 수 있으나 본 과업에서는 건설부

제정 '구조물기초 설계기준', '콘크리트 표준시방서' 및 '미해군의 NAVFAC 설계 편람'을 참고로 검토하였다.

안정검토 결과 불안정한 옹벽에 대해서는 대책공법으로서 뒤채움 흙을 절토하는 방법, 전단키(key)를 확장하는 방법 및 앞굽판을 축소하고 뒷굽판을 확대하여 안정을 도모하는 대책공법을 제시하였고, 옹벽 뒤채움 흙에 대한 원활한 배수대책을 강구하였다.

2.1.3 과업의 수행방법

본 단지에 대하여 대한주택공사가 제공하는 제반 자료와 설계도서 및 대한토질공학회에서 실시하는 추가조사 결과 및 과업 지시서에 의거하여 다음과 같이 과업을 수행한다.

(1) 연구진 전원이 2차에 걸쳐 현장을 답사하여 현장 여건 및 기타 필요한 현황을 파악하고 연구원 1인은 토질조사 시로부터 수시로 현장을 답사하여 결과를 연구에 반영한다.
(2) 본 연구용역에 사용한 각종 도면은 대한주택공사가 제공하는 자료와 대한토질공학회가 실시한 지형 측량 및 7개소의 횡단 측량을 포함한 정밀현황측량 결과로 작성한다.
(3) 시추를 포함하여 토질조사 및 시험을 시행하여 얻은 자료와 대한주택공사가 제공하는 제반 자료를 분석, 검토하여 사면안정검토 및 옹벽안정 검토에 적용한다.
(4) 단지 내 설계사면에 대한 안정을 검토하였을 뿐 아니라 단지 외 자연사면에 대해서도 안정검토를 시행하여 그 대책공법을 강구한다.
(5) 옹벽구조물 표준단면에 대한 안정 여부를 검토하고, 주어진 2개 지점에 대하여 표준설계의 적용성을 검토하며, 부적당한 경우 적합한 옹벽을 제안·설계한다.
(6) 위의 결과를 종합 검토하여 3차에 걸쳐 대한주택공사와 협의하여 과업을 수행한다.

대한주택공사가 제공하는 제반 자료와 설계도서 및 대한토질공학회에서 실시하는 추가조사 결과는 참고문헌[1]에 자세히 분석·설명되어 있으므로 참고문헌[1]을 참조하기로 한다.

2.1.4 연구기간

1989년 10월 19일부터 1989년 12월 28일까지 70일간으로 한다.

2.2 지형분석

본 지역의 사면안정성을 검토하기 위하여 현황 평면도(그림 2.1)에 표시된 A-A 단면부터 F-F 단면까지의 6개 단면을 사면안정 검토용 단면으로 선정하였다.

대한토질공학회 보고서에서 설명한 지반조사 및 대한주택공사에서 실시한 지반조사 보고서 결과에 근거하여 이들 단면에 대한 횡단면도 및 지층구성도를 도시해보면 그림 2.2와 같다.[1]

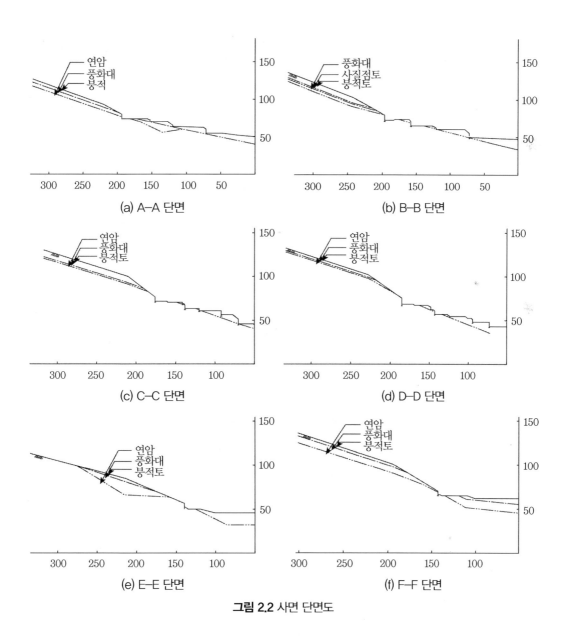

그림 2.2 사면 단면도

이들 도면에서 알 수 있는 바와 같이 이 지역은 표층부에 과거 수차례 상부지역에서 붕괴가 발생하여 운반 퇴적된 붕적토층이 상당히 존재하고 있으며, 그 아래에 안산암의 모암이 풍화된 잔적층이 존재한다. 이 풍화잔적층 하부에는 연암이 존재하고 있다. 붕적토층의 두께는 현황 평면도상의 동측에서 서측으로 갈수록 증가하고 있음을 알 수 있다.

이 지역의 사면경사도는 15~25° 사이로 비교적 완구배며 지중침투수의 영향이 없을 경우에는 안정을 충분히 유지할 수 있는 사면으로 생각된다. 그러나 집중호우, 장마 및 해빙기와 같이 지중 침투수가 많이 발생하는 시기에는 지중 침투수가 투수성이 나쁜 풍화잔적층을 경계로 하여 붕적토층 속에서 흐르게 되는 전형적인 자연 무한사면이 된다. 본 과업 수행자가 우기에 현장답사 시 이 붕적토층의 절토 단면에서 우수출수 현상이 심하였던 것을 확인할 수 있었다. 붕적토의 구성상태도 대략 지표면과 평행을 이루는 상태이므로 지하수위의 상승에 따른 무한사면이 붕괴될 우려가 많다. 즉, 집중호우 시 지중 침투유량이 많게 되면 지하수위가 상승하여 지표면에 도달하게 되며, 이 지하수는 지표면 경사와 평행한 방향으로 형성된 유선을 따라 흐르게 된다.

본 지역의 사면안정해석에서 붕적토, 풍화잔적토 및 연암의 토질정수는 다음과 같이 결정하였다.

2.2.1 붕적토층

붕적토층은 전석, 자갈, 점토, 실트 및 모래가 서로 혼합된 상태로 존재하므로 현장에서의 표준관입시험에 의한 N치로부터 토질정수를 추정하기가 매우 곤란한 것으로 알려져 있다. 뿐만 아니라 실내시험에서도 ϕ10~120cm 크기의 전석과 자갈로 인하여 공시체 제작이 불가능하므로 실내시험에 의한 토질정수 결정도 할 수 없다.

따라서 이러한 붕괴토층의 토질정수는 유사한 토질로 구성된 타 지역 사면의 과거 붕괴 예로부터 사면안정해석 역산 결과를 이용하는 것이 좋다. 본 지역과 같이 화강암과 안산암의 모암지대에 발생한 붕적토층 산사태 예로는 1987년에 발생한 경남 진해시 장복로 주변 산사태[2]를 들 수 있으며, 이 지역의 토질정수를 참고로 하여 지반의 점착력 $c = 2\text{t/m}^2$, 내부마찰각 $\phi = 10°$, 습윤단위중량, $\gamma_t = 1.8\text{t/m}^3$, 포화단위중량 $\gamma_{sat} = 1.9\text{t/m}^3$로 하였다.

2.2.2 풍화잔적층

풍화잔적층은 풍화도에 따라 풍화토로 존재하는 지역과 풍화암의 상태로 존재하는 지역으로 구분된다. 모암의 조직이 풍화된 채로 그대로 존재하나 모암의 절리면이 풍화된 상태로 존재하는 관계로 표준관입시험에 의한 N치는 대단히 높게 나타나고 있으나 편응력이 작용할 경우에 강도가 대단히 저하될 수도 있다.

이 지역에 분포되어 있는 풍화토의 색깔은 다양하며 이들은 회색(No.1 시료), 붉은색과 갈색 (No.3 시료) 및 붉은 계통의 색(No.4 시료)의 네 종류로 구별된다. 이들 풍화토를 채취하여 삼축 압축시험을 실시하였다.

사면안정해석에서는 풍화잔적층을 풍화토와 풍화암을 구별 없이 풍화토로 간주하였으며, 강도는 비배수의 잔류강도를 채택하고자 한다.

각 시료에 대한 비배수삼축압축시험 결과 얻은 잔류 비배수전단강도는 표 2.1과 같다. 표 2.1 중 No.2 시료의 강도는 대단히 적게 나타나고 있으나 이는 공시체 내부에 절리면이 존재하였기 때문으로 여겨진다. 실제 풍화대층에서 발생되는 이와 같은 절리면이 산사태 발생 요인으로 취급되고 있다.

표 2.1 잔류 비배수전단강도

시료 번호	비배수전단강도 c_u(t/m²)	습윤단위중량 γ_t(t/m³)	포화단위중량 γ_{sat}(t/m³)
No.1	9.47	1.81	1.87
No.2	4.25	1.86	1.86
No.3	13.21	1.78	1.85
No.4	9.93	1.72	1.80
평균	9.21	1.79	1.85

본 과업 수행 기간에도 현장 검토 작업 중 풍화토 구간에서 사면이 붕괴된 바 있다. 이때의 지형과 파괴면은 그림 2.3과 같다. 파괴 당시의 사면안전율을 1.0으로 하여 사면안전해석 역산을 실시한 결과 풍화토의 비배수전단강도 c_u는 5.0～5.5t/m²로 판정되었다.

이 값은 표 2.1의 평균 잔류비배수전단강도보다 훨씬 약하고 No.2 시료의 값에 접근하고 있음을 알 수 있다.

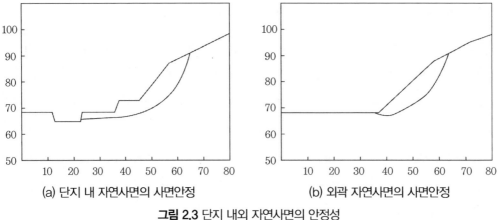

(a) 단지 내 자연사면의 사면안정   (b) 외곽 자연사면의 사면안정

그림 2.3 단지 내외 자연사면의 안정성

따라서 표 2.1에 제공된 실험치를 전부 사용하는 것은 다소 무리가 있을 것으로 예상되므로, 실험치의 평균치와 사면안정해석 역산으로 구한 값의 중간 정도 값을 취하기로 하여 사면안정해석에서 풍화토의 비배수전단강도는 $c_u = 7.0\text{t/m}^2$, $\phi = 0$로 사용하기로 하였다.

2.2.3 연암층

절리 및 균열의 발달로 코어의 회수율이 저조한 연암층으로 이 지역의 토질정수는 내부마찰각 $\phi = 45°$, $c = 0$으로 하고 습윤단위중량 $\gamma_t = 2.0\text{t/m}^3$으로 하였다.

2.3 해석 프로그램

사면안정해석 시에는 본 지역을 크게 두 구역으로 구분하여 취급할 수 있다. 즉, 사면파괴유형 특성상 단지 외곽 남측 배수로를 기준으로 단지 내 유한사면과 외곽의 자연사면의 두 구역으로 구분하는 것이 좋다.

단지 내의 지역은 유한사면에 대한 소규모 파괴가 발생할 것이 예상되며, 단지 외곽 자연사면에서 무한사면 파괴가 발생할 것이다. 따라서 본 과업에서는 이들 지역을 구분하여 각각에 적합한 사면안정해석 프로그램을 사용하였다.

2.3.1 STABL

프로그램 'STABL'은 1975년 Indiana 주 Purdue 대학교의 R.A., Siegel 등에 의해 개발된 프로그램으로 캐스터(Caster, 1971)의 해석방법을 이용하였다. 즉, 전단활동파괴면에서의 한계평형 상태로 해석하여 완전한 평형을 이루지 못하는 임계면을 무작위로 추적하여 임계활동 파괴면을 찾아내는 방법이다. 이 프로그램을 사용하여 단지 내의 사면파괴 가능성이 있다고 예상되는 파괴면에 대해 사면안정해석을 실시하였다.

2.3.2 무한사면 해석 프로그램

무한사면의 안전율은 붕괴토괴의 활동력(F_d)와 저항력(F_{rs})의 비로 구하며, 붕괴토괴를 분활법에 의하여 다음과 같이 구한다.

$$(F_s)_{slope} = \frac{F_{rs}}{F_d} = \frac{\tan\phi(\sum N_n - \sum U_n) + cL}{\sum T_n} \tag{2.1}$$

여기서, ϕ = 파괴면의 내부마찰각
  c = 파괴면의 점착력
  L = 파괴면의 길이
  N_n = 각 절편의 파괴면 중앙점에서의 법선력
  T_n = 각 절편의 파괴면 중앙점에서의 전단력
  U_n = 각 절편의 파괴면 중앙점에서의 간극수압

이상과 같은 원리에 맞게 개발된 무한사면 해석 프로그램을 사용하여 단지 외곽 자연사면 지대의 사면안정해석을 실시하였다.

2.3.3 말뚝 설계 프로그램

말뚝이 일정한 간격으로 일렬로 설치된 경우 줄말뚝의 사면안정효과를 고려할 수 있도록 개발된 프로그램을 사용하여 말뚝 설치 후의 사면안정해석을 실시하였다. 이 프로그램은 다음 사항을 고려하여 개발되었다.

일반적으로 사면활동 방지용 억지말뚝의 설계에서는 그림 1.5에서 보는 바와 같이 말뚝 및 사면의 두 종류의 안정에 대하여 검토해야 한다.

우선 붕괴될 토괴에 의하여 말뚝에 작용하는 측방토압을 산정하여 말뚝이 측방토압을 받을 때 발생할 최대휨응력을 구하고, 말뚝의 허용휨응력과 비교하여 말뚝의 안전율 $(F_s)_{pile}$ 을 산정한다. 한편 사면의 안정에 관해서는 말뚝이 받을 수 있는 범위까지의 상기 측방토압을 사면안정에 기여할 수 있는 부가적 저항력으로 생각하여 사면안전율 $(F_s)_{slope}$ 을 산정한다. 이렇게 산정된 말뚝과 사면의 안전율이 모두 소요안전율 이상이 되도록 말뚝의 치수를 결정한다.

여기서 본 사면에 대한 말뚝의 소요안전율은 1.0으로 하고 사면의 소요안전율은 1.1로 한다.

말뚝의 사면안정효과는 말뚝의 설치 간격에도 영향을 받는다. 일반적으로 말뚝의 간격이 좁을수록 말뚝이 지반으로부터 받을 측방토압의 최대치는 커진다. 측방토압이 크면 사면안정에는 도움이 되나 말뚝이 그 토압을 견뎌내지 못하므로 말뚝과 사면 모두의 안정에 지장이 없도록 말뚝의 간격도 적절하게 결정해야 한다.

한편 말뚝의 길이는 사면의 파괴선을 지나 말뚝의 변위, 전단력 및 휨모멘트가 거의 발생하지 않는 길이까지 확보되어야 한다. 그러나 암반이 비교적 얕은 곳에 존재할 경우는 말뚝을 소켓 (socket) 형태가 되도록 설치해야 한다.

2.4 사면안정성

2.4.1 단지 내 사면의 안정성

그림 2.1의 현황 평면도에 표시된 단지 내의 사면에 대한 안전율을 STABL 프로그램으로 산출하였다.

이 지역의 사면안전율 계산은 다음 사항들의 조건하에 실시하였다.

(1) 단지의 지표면은 단지 조성이 완료된 상태의 설계 지표면에 대하여만 고려한다.
(2) 지하수위는 집중호우 시 지표면까지 상승한 경우를 예상하여 지표면과 일치시킨다.
(3) 옹벽의 설계시공이 안전하게 실시된 것으로 가정하여 옹벽의 벽체를 관통하게 되는 파괴면

은 고려하지 않는다.

(4) 아파트 하중은 설계하중에 15%를 할증하여 $13.8t/m^2(=0.8t/m^2 \times 15$층$\times 1.15)$를 아파트 건립 위치 지표면에 상재하중으로 작용시켰다. 사면안정계산 결과는 표 2.2에 정리하였다.

표 2.2 단지 내 사면안정해석 결과

단면	파괴면	사면안전율
A-A	A1	1.99
	A2	2.36
	A3	0.92
E-E	E1	1.58
F-F	F1	2.36

B-B 단면, C-C 단면 및 D-D 단면의 경우는 연암층이 지표면 부근에 존재하며 풍적토와 풍화토를 지나는 파괴면이 대부분 옹벽을 관통하게 되므로 사면파괴의 가능성이 없을 것으로 판단되어 계산에서 제외하였다.

A-A 단면에서는 3개 구역에 대한 사면안정을 검토하여 이 3개 구역에 각각 A1, A2, 및 A3의 파괴면에 대하여 최소안전율이 표 2.2와 같이 나타났다. 이 결과에 의하면 A1 및 A2 파괴면에 대한 안전율은 충분한 안전율을 가지고 있으나 A3 파괴면은 안전율이 0.92가 되어 위험한 것으로 판단되어 아파트 기초면을 연암까지로 낮추든가 기초지반을 약액 주입 등으로 고결시켜 주는 것이 바람직하다.

E-E 단면 및 F-F 단면에서는 표 2.2에서 보는 바와 같이 사면안전율이 1.5 이상이 되므로 안전한 것으로 판단된다.

따라서 단지 내의 사면은 A-A 단면의 일부 지역을 제외하고 전반적으로 안전하다고 판단된다.

2.4.2 갈수기의 자연사면안정성

그림 2.1의 현황 평면도에 표시된 A-A 단면부터 F-F 단면의 6개 단면 중 단지 남측 외곽 배수로 상부 자연사면 구간에 대한 안전율을 무한사면 프로그램으로 산출하였다.

이 지역의 지표면 구배는 현황 평면도의 등고선으로부터 결정하였다. 이 지역에는 산림이 무성한 관계로 상부에 지반조사 장비가 들어갈 수 없어 비교적 하부에서 실시된 지반조사 결과를 이용하여 붕적토층, 풍화토층 및 연약층을 지표면 경사에 평행하게 가정하였다. 일반적으로 이와 같은 산지에서는 지층 구성이 지표면에 평행을 이루고 있는 것이 무한사면의 특징으로 알려져 있다.

이와 같은 무한사면에서의 파괴는 이질적인 토층의 경계면을 따라 발생하는 것이 보통이므로 붕적토층과 풍화토층 사이를 하나의 파괴면으로 보고 풍화토층과 연암층 사이의 경계면을 또 하나의 파괴면으로 생각하여 지반의 지하수위의 영향이 없을 경우에 대하여 이들 두 개의 파괴면에 대한 사면안전율을 구해보면 표 2.3과 같다.

이 결과에 의하면 각 단면에서 갈수기 자연사면의 사면안전율은 1.26에서 1.80 사이로 충분히 안전한 것으로 판단된다.

표 2.3 갈수기의 자연사면 안전율

단면 ＼ 파괴면	풍화토층 파괴면	붕적토층 파괴면	최소안전율
A-A	1.26	1.71	1.26
B-B	1.38	1.54	1.38
C-C	1.43	1.45	1.43
D-D	2.62	1.60	1.60
E-E	1.80	9.54	1.80
F-F	1.56	2.04	1.56

2.4.3 우기의 자연사면안정성

우리나라는 연평균 강우량의 절반 이상이 6월에서 9월의 우기에 걸쳐 내린다. 따라서 이 기간에 산사태도 가장 많이 발생하고 있다. 특히 부산지역은 태풍에 의한 집중호우의 영향을 많이 받는 지역으로, 호우 시에는 우수가 지중에 침투하여 지하수위가 상승한다. 그러나 이 우수는 대부분 투수성이 나쁜 풍화잔적토층에 침투되기 이전에 붕적토층을 통하여 지표면과 평행하게 하류로 흘러가게 된다. 따라서 호우 시 우수의 침투에 의해 형성되는 지하수위는 붕적토층에 존재한다고 생각한다.

이 지하수위의 상승은 흙의 자중을 무겁게 하여 지반토괴를 붕괴시키려는 활동력을 증가시키며, 지하수위의 상승에 의한 파괴면에서의 부력 증가로 인하여 전단저항 강도의 저하를 초래하여 활동에 저항하려는 저항력을 감소시킨다.

따라서 지하수위의 상승에 따라 자연사면의 안전율은 감소한다. 여기에 지하수위 상승 정도에 따른 사면안전율의 감소 정도를 조사해볼 필요가 있다.

표 2.4는 6개 단면에 대하여 지하수위와 붕적토층 깊이의 비율에 따른 사면안전율의 결과를 정리한 표이다. 이 표에 의하면 지하수위의 상승에 따라 사면안전율이 줄어들고 있음을 분명히 알 수 있다.

표 2.4 지하수위 상승에 따른 사면안전율의 변화

H_w / H 단면	0	1/4	1/2	2/3	3/4	1	비고
A-A	1.71	1.55	1.42	1.34	1.30	1.18	붕적토 파괴
B-B	1.54	1.37	1.23	1.13	1.08	0.94	〃
C-C	1.45	1.29	1.15	1.06	1.02	0.88	〃
D-D	1.60	1.43	1.28	1.18	1.13	0.99	〃
E-E	1.80	-	-	-	-	1.72	풍화토 파괴
F-F	1.56	-	-	-	-	1.49	〃

예를 들어, B-B 단면의 경우, 갈수기의 지하수위가 붕적토층 내에 존재하지 않을 경우(H_w / H = 0의 경우) 사면안전율은 1.54였으나 지하수위가 지표면까지 상승하면(H_w / H = 1의 경우) 사면안전율은 0.94로 감소하여 산사태 발생이 예상된다.

E-E 단면과 F-F 단면의 경우는 붕적토층이 적은 관계로 풍화토층 파괴안전율이 붕적토층 파괴안전율보다 더 낮다. 풍화토층 파괴의 경우는 침투수의 영향을 덜 받는다. 표 2.4의 결과를 그림으로 표시하면 그림 2.4와 같다.

그림에 의하면 지하수위의 변동에 따른 사면안전율의 변동을 보다 확실하게 느낄 수 있다. 이 결과에 의하면 A-A 단면, E-E 단면 및 F-F 단면은 우수의 영향을 받아 지하수위가 지표면과 일치하게 되어도 사면의 안전율은 소요안전율 1.1을 초과하여 안전한 것으로 판단된다.

그러나 B-B 단면, C-C 단면 및 D-D 단면은 그림 2.4(b), (c) 및 (d)에서 보는 바와 같이 지하수위 상승에 따라 사면안전율이 소요안전율 이하로 감소되는 경우도 발생함이 예상된다.

즉, B-B 단면의 경우는 지하수위가 붕적토층의 70% 이상에 도달하게 되면 소요안전율은 확보되지 못한다는 것을 알 수 있다. C-C 단면과 D-D 단면의 경우는 그림 2.4(c)와 (d)에서 보는 바와 같이 지하수위가 붕적토층의 약 60%와 80% 이상에 도달하면 소요안전율을 확보하지 못하

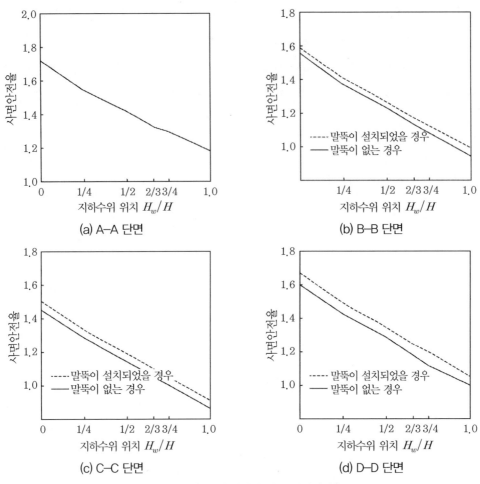

그림 2.4 지하수위 변화에 따른 사면안전율

게 된다. 따라서 이들 단면에서 지하수위가 지표면 아래 각각 2.0m, 2.6m 및 0.5m까지 도달하면 산사태 방지를 위한 조치가 필요하다. 이 결과를 정리하면 표 2.5와 같다.

표 2.5 소요안전율이 확보되지 못하는 지하수위

단면	H_w/H	지표면 아래 지하수위 깊이(m)
B-B	0.7	2.0
C-C	0.6	2.6
D-D	0.8	0.5

2.5 대책공법

이상에서 검토한 바를 다음과 같이 정리할 수 있다.

(1) 단지 내의 사면은 A-A 단면의 일부 지역을 제외하고 전반적으로 안정한 것으로 판단된다. A-A 단면의 불안정하게 판단된 지역에 대해서는 아파트 기초를 연암까지 굴착하여 설치하든가 약액주입에 의한 지반보강을 실시한 후 아파트 기초를 설치함이 바람직하다.

(2) 단지 외곽 자연사면의 경우는 A-A 단면, E-E 단면 및 F-F 단면은 안정하게 판단되나 B-B 단면, C-C 단면 및 D-D 단면에서는 극심한 호우에 의하여 지하수위가 극도로 상승할 경우 불안정한 것으로 판단된다. 이에 대한 대책으로 다음 두 가지 대책공법이 사용될 수 있다. 첫째, 단지 경계 남측 배수로 외측에 말뚝을 일정한 간격으로 일렬로 설치하기로 한다. 사용 말뚝은 300×300×10×15, H-말뚝을 1.5m 간격으로 연암에 충분한 근입장을 갖도록 설치하기로 한다. 이들 말뚝의 두부는 띠장으로 서로 연결하고 앵커로 지지시켜야 한다. 이 경우의 줄말뚝의 사면안정효과를 조사하면 표 2.6 및 그림 2.5와 같다. 이 결과에 의하면 말뚝의 사면안정효과에 의하여 사면안전율은 약간 증가하였으나 아직도 지하수위가 높을 경우 소요 안전율이 확보되지 못하고 있다.

이 대책공법을 채택할 경우는 호우 시 지중의 지하수위가 표 2.5에 제시된 깊이를 넘지 않도록 각별한 주의와 대책이 병행되어야 한다.

(3) 두 번째 대책공법으로 말뚝을 더욱 많이 사용하여 보다 적극적으로 대처하여 지하수위가 지표면까지 상승한 경우에도 소요안전율이 확보되도록 하려면 그림 2.5에 표시된 위치에 말뚝을 설치해야 한다.

즉, B-B 단면의 경우는 300×300×310×15, H-말뚝을 0.8m 간격으로 일렬로 그림 2.5(a)에 표시된 위치에 설치해야 한다. C-C 단면의 경우는 1m 간격으로 3열을 그림 2.5(b)에 표시된 위치에 설치해야 한다. 한편 D-D 단면의 경우는 1m 간격으로 그림 2.5(c)에 표시된 위치에 일렬로 설치해야 한다.

이들 말뚝의 각 열은 두부를 띠장으로 연결하고 앵커로 연암층에 고정시켜야 하며 말뚝의 깊이는 연암층에 충분한 근입장을 갖도록 해야 한다.

(4) 말뚝설치공법은 항타공법보다 천공공법이 좋으며, 단지 내의 사면 정리작입은 산사태억지말

뚝 시공이 완료된 후에 실시하는 것이 바람직하다.

(5) 우수의 지중침투를 방지하기 위하여 자연사면 내에 배수로를 설치하여 표면배수를 시켜야 하며 침투된 지하수는 조속히 배출시킬 수 있도록 맹암거 등을 설치해야 한다.

(6) 법면 절토시공 시는 절토지반의 경사각을 절토사면의 설계경사각보다 적게 되도록 시공 시에 주의를 기해야 한다.

표 2.6 말뚝효과를 고려한 사면안전율

단면 \ 수면깊이비	1/1	3/4	2/3	1/2	1/4	0
BB	0.975	1.120	1.168	1.265	1.410	1.584
CC	0.918	1.056	1.105	1.194	1.336	1.500
DD	1.082	1.228	1.277	1.374	1.520	1.702

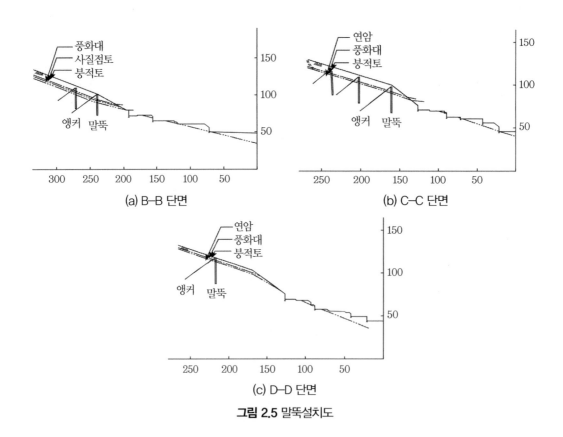

(a) B-B 단면

(b) C-C 단면

(c) D-D 단면

그림 2.5 말뚝설치도

• 참고문헌 •

(1) 이종규 · 강병희 · 박성재 · 홍원표(1989), '대한주택공사 부산덕천지구 사면안정검토 연구용역보고서', 대한토질공학회, 대한주택공사.

(2) 강병희 · 김상규 · 박성재 · 홍원표 · 이재현(1987), '장복로 사면붕괴 방지 대책 연구용역보고서', 대한토목학회, 경상남도 진주시.

대동아파트 신축부지 절개사면 안전성

Chapter 03 대동아파트 신축부지 절개사면 안전성

3.1 서론

본 과업은 부산광역시 부산진구 전포동 190번지 일대에 대동아파트를 건축하기 위해 산지경사면을 절토하여 부지를 조성하였기 때문에 아파트 후면 전체와 좌우면 일부가 급경사의 절개사면을 이루고 있다.[7] 이 급경사는 자연상태의 안전 유지가 어렵고 상부토사의 흘러내림이나 암편의 붕락, 붕괴 등으로 향후 활동(land sliding)으로 발전하여 재해의 위험성을 내포하고 있다.

현장에서는 이를 방지하기 위하여 절개사면에 숏크리트(shotcrete), 록볼트(rock bolt), 록앵커(rock anchor)를 시공하고 최하단에 옹벽 설치 등으로 안전대책을 수립하였다.

이에 이들 사면안정 대책 구조물에 대해 안정성을 검토하고 필요시 보완대책을 제시하는 데 본 과업의 목적이 있다.[7]

기 제출된 자료에 의거하여 절개사면 측점 No.0 + 15.5 ~ 64 + 12, 약 116.5m 구간에 대한 안정성 검토와 사면안정보완 시공구조물의 적합 여부 및 필요시 보상방법을 제시하는 것 등을 과업의 범위로 하였다.

본 과업은 현장에 관한 제반자료의 검토와 현장답사에 의거하여 실시된다. 검토연구를 위한 자료는 시공자의 제공에 의하였으며 2회에 걸쳐 현장답사를 실시하였다.

제출된 자료는 다음과 같다.

(1) 전포동 대동아파트 현황도(평면도, 단면도)[5] 2부

(2) 지질조사보고서[4] 2부

(3) 시공사진첩[6] 2부

　한편 검토연구 수행 일정은 다음과 같다.

(1) 현장예비답사: 1991.11.30.～1991.12.01.

(2) 현장확인답사: 1991.12.02.～1991.12.03.

(3) 분석검토: 1991.12.04.～1991.12.30.

3.2 부지 현황

3.2.1 지질분포

　부지 인근의 기반암은 불국사화강암류로서 흑운모화강암과 화강반암이 분포되어 있다. 대부분의 지역이 점토 및 암편이 불규칙하게 혼합된 토사에 의해 피복되어 있으며 일부는 미풍화된 암괴가 노두 형태로 지표에 노출되어 있다. 토사는 2～3m 두께로 점토, 자갈, 호박돌로 구성되어 있고 풍화잔류토가 3～4m, 풍화암이 2～3m, 연암이 2～3m로 하부는 신선한 경암이 점이적으로 형성되어 있다.

　풍화를 받은 부분은 절리 균열이 발달되어 있고 기계적인 풍화작용보다는 화학적인 풍화작용을 받아 화강암류의 장석성분을 점토화하여 점토성분이 많음이 특징이다. 암석의 구성성분은 중립～조립의 입상으로 석영, 장선, 흑운모 등이 주 광물이고 부분적으로 반상(斑狀) 구조를 보이기도 한다.

3.2.2 수리, 구조지질학적인 분포

　아파트 부지는 황령산을 중심으로 발달한 산계 중턱에 위치하고 지맥의 형성이 미약하여 좌우 변화보다는 상하 변화가 높은 산지 경사부에 부지를 조성하였다. 좌우 변화가 적은 관계로 수계의 발달이 빈약하고 따라서 계곡천의 지배를 벗어나고 있다.

　산림의 상태는 양호한 편으로 강우에 의한 침식도도 낮고 강우의 침투 상태도 빈약하여 갈수기 지하수의 유출량도 미흡한 편이다.

수직적인 지하지질구조상태는 토사층, 풍화암층, 연암층, 경암층으로 구분되고 지하수의 침투는 각 층 내로의 침투보다는 경계면을 따라 유입률이 높을 것으로 판단된다. 따라서 각 지층의 경계면이 판상의 연속면을 이루며 절리, 균열 등은 불연속면을 이루고 있다.

3.2.3 절개사면의 구성

현재 절개사면은 경사면이 숏크리트로 피복되어 있기 때문에 지층 구성 상황을 전혀 관찰할 수 없다. 따라서 지층의 상태는 기 제출된 시공도면과 시공사진 및 인근의 절개면의 실제 상황을 고려하여 구분할 수밖에 없다.

전체적인 구성 양상은 최상부에 점토자갈 호박돌이 혼성된 토사층이, 그 하부는 풍화잔류토와 풍화암이 연압과 접촉되어 있고 옹벽상단부부터 신선한 경암이 형성되어 있다.

3.3 사면안정공 공사 현황

3.3.1 숏크리트

절개사면의 굴곡면을 따라 와이어메쉬(wire mesh)(규격 8×100×100)를 전면에 피복하고 그 위에 이형 철근(ϕ19)을 200×200 형태로 덧씌운 후 록볼트로 고정한 후(록앵커 부분은 록앵커로 고정) 숏크리트로 시공되었다. 숏크리트로 시공된 두께는 평균 30m 정도이고 굴곡에 따라 움푹 팬 부분은 50m 이상 형성된 곳도 있다.

숏크리트의 사용재료는 포틀랜드 시멘트와 세골재(ϕ5mm), 조골재(ϕ15mm), 급결제고 세골재와 조골재의 혼합비율은 6:4이며, 급결재의 분량은 시멘트 중량의 6% 이하로 되어 있다.

숏크리트의 압축강도는 24시간 이내에 80kg/cm² 이상, 28일 강도 180kg/cm² 이상으로 시공하였다.

3.3.2 록볼트

록볼트는 경암 위치에서 비교적 절리와 균열이 없는 신선한 부분과 암괴 형태의 독립개소로 존재하는 부분 및 하단 옹벽 전 구간에 걸쳐 설치·시공되었다. 이 록볼트를 경암 부분에서는 3×3m 간격으로 종횡 등분포 시공하였고 옹벽 구간에서는 옹벽 상단으로부터 1.0m 위치에 횡방향으로 2m 간격으로 1열 설치·시공되었다.

절개사면 정상부에 노출된 암괴 부분과 암굴착 시 발생한 균열 부위에는 간격의 구분 없이 록볼트 설치로 불규칙하게 배치하여 총 727개소에 설치·시공되었다.

록볼트의 표준규격은 40mm 직경으로 천공하고 이형 철근(ϕ25mm)을 길이 3~4m로 하였으며 지압판은 300×300×10으로 하였고, 급결재로는 레진을 사용하였다. 록볼트 시공은 숏크리트로 덮여 있어 절개사면에서는 관찰할 수가 없어 설계도면과 시공사진으로만 확인할 수 있었다.

3.3.3 록앵커

록앵커는 최상부 토사부분부터 연암부분까지의 구간으로 비교적 슬라이딩 가능성이 높다고 판단되는 부분에 대해서만 시공되었다.[1,2] 록앵커의 배치는 종방향으로 2m 간격, 횡방향으로 3m 간격으로 시공하였으나 위험성이 높은 부분에서는 추가공을 실시하여 총 207개 공을 시공하였다. 록앵커의 천공경은 76mm, 길이는 12m(자유장 5.0m, 정착장 7.0m)로 사용하였고, 스트랜드는 12.7mm 강연선을 네 가닥 사용하였으며, 지압판은 300×300×20 이상으로 하여 허용인장력이 본당 40ton이 되게 하였다.[5,6] 이들 록앵커는 숏크리트로 덮여 있는 상태였으므로 설계도면과 시공사진으로 판단하였다.

3.3.4 배수공

배수구는 옹벽 구간에서는 직경 50mm의 PVC 파이프를 횡방향 2m 간격으로 설치했고, 사면부위에 대해서는 직경 50~100mm 배수공을 50개소 설치하였다.[5,6]

3.4 무보강 사면의 안정검토

제3.4절에서는 사면안정공이 실시되지 않은 상태에서의 사면의 안정성을 검토해보기로 한다.

3.4.1 사면의 검토조건

(1) 활동은 장기적으로 보아 경암과 연암의 경계면을 따라 평면상으로 발생한다.

(2) 활동이 시작되면 절개사면 상부에 인장균열이 수직으로 발생한다.

(3) 인장균열 내에는 우수에 의거 지하수가 충진되고 활동면을 따라 흐르면서 상단부에 양압력 (U = uplift water pressure)이 작용하여 수직균열부 내에서는 횡압(V)으로 작용한다.

(4) 절개사면의 경사각(ϕ_f), 활동면의 경사각(ϕ_p), 사면토사의 내부마찰각(ϕ) 사이의 관계는 그림 3.1과 같다.

(5) 사면 정상에 발생한 인장균열은 균열깊이의 2/3가 지하수로 채워져 있는 상태로 가정한다 (그림 3.2 및 3.3 참조).

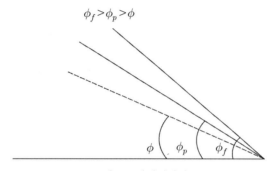

그림 3.1 사면경사각

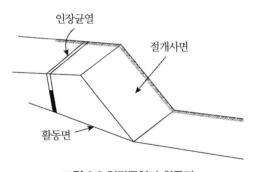

그림 3.2 인장균열과 활동면

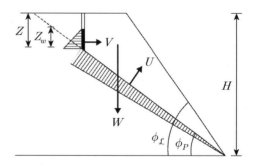

그림 3.3 인장균열과 활동면에서의 수압

3.4.2 사면의 제정수 설정

(1) 절개사면 시공도면의 단면도에 의거 경암선과 경사면 정부를 잇는 선이 수평면과 이루는 각도를 절개사면의 경사각(ϕ_f)으로 채택한다. 이 값은 평균 57.5°다.

(2) 활동면의 경사각(ϕ_P)

활동면은 연암과 경암과의 경계면이 수평면과 이루는 각도, 임계 불연속파괴면 추정법으로 산출되는 각도다. 여기서는 후자를 택하도록 한다.

$$\phi_P = \frac{1}{2}(\phi_f + \phi) = \frac{1}{2}(57.5° + 22.5°) = 40°$$

여기서 ϕ는 사면 토사의 내부마찰각이다.

(3) 절개사면 토질의 내부마찰각(ϕ)

절개사면 토질의 내부마찰각(ϕ)은 암반체의 내부마찰각(30°)과 경계면 토질이 갖는 내부마찰각(15°)의 평균치 22.5°[1]로 정한다.

(4) 단위체적중량(γ_t)

사면 토사의 단위체적중량은 토사의 단위체적중량(1.7), 풍화암의 단위체적중량(2.0), 연암의 단위체적중량(2.6)의 평균치로 2.1t/m³로 정한다.

$$(1.7 + 2.0 + 2.6) \times \frac{1}{3} = 2.1$$

(5) 수중단위체적중량(γ_w) = 1.0t/m³으로 정한다.

(6) 점착력(c)

수직고와 c와의 관계(암의 공학적성질과 설계, 시공에의 응용(3), p.658)에서 c값을 채택한다.

표 3.1 사면 수직고(H)와 점착력(c)의 관계[3]

수직고(H, m)	점착력(c, t/m^2)
5	0.5
10	1.0
15	1.5
20	2.0
25	2.5

3.4.3 사면의 안정해석

사면안정성은 사면을 구성하는 지층이 균일층이 아니고 토사층, 풍화대층, 연암층, 경암층의 4개 층으로 이루어져 있기 때문에 안정검토 해석에 어려움이 뒤따른다. 따라서 절개사면에 활동현상이 발생한다고 하면 그 발생 형태를 유추하기가 어렵기 때문에 금번 검토해석에서는 경암에서는 변위가 없는 것으로 간주하고 최악의 조건인 연암 상단부 전체가 미끄러져 내려오는 것으로 가정하여 해석에 임하고자 한다. 부지 인근에서 활동현상이 발생하여 인명과 재산상에 손실이 있었으며 이곳은 연암 상부 풍화암의 일부와 토사가 강우 시 갑자기 불어난 침투수와 함께 이수(mud flow) 현상이 발생하였고, 상단부에서는 원호활동 형태와 인장균열의 형태를 그대로 관찰할 수 있으며, 슬라이딩 진행 방지를 위한 산사태억지말뚝 시공작업 광경도 볼 수 있었다.

측점별 현황표에서 시종점과 중간은 비교적 경사가 급하고 수직고가 큰 단면 5개 측점에 대해 사면안정해석에 임하고자 한다. 검토 대상 측점에서의 조건을 정리하면 표 3.2와 같다. 이 표에는 사면보강효과를 고려하지 않은 경우, 즉 각 측점에서의 무보강 사면의 사면안전율도 함께 정리하였다.

사면보강공의 보강효과를 고려하지 않은 경우의 각 측점별 해석은 다음과 같다.

표 3.2 측점별 사면조건 및 사면안전율(무보강 시)[7]

측점	경사각	사면 높이(m)	사면안전율 (보강효과 불고려 시)	비고
No.0 + 15.5	57	14.6	0.703	검토 대상
No.1	45	22.5	-	
No.1 + 5.5	54	22.5	-	
No.1 + 13	60	21.8	-	
No.2	59	23.6	0.659	검토 대상
No.2 + 12	62	21.4	-	
No.2 + 14	64	21.3	0.579	검토 대상
No.3	60	20.6	-	
No.3 + 11.5	57	21.2	0.65	검토 대상
No.4	60	21.2	-	
No.4 + 11	68	17.4	0.531	검토 대상

(1) 측점 No.1 + 15.5(그림 3.4(a) 참조)[1]

① 절개사면 경사각 $\phi_f = 57°$

활동면 경사각 $\phi_p = 40°$

내부마찰각 $\phi = 22.5°$

사면높이 $H = 14.6$m

단위체적중량 $\gamma_t = 2.1$t/m^3

수중 단위체적중량 $\gamma_w = 1.0$t/m^3

점착력$(c) = 1.5 \times \dfrac{14.6}{15} = 1.46$t/m^2(표 3.1의 c와 H와의 관계로부터)

② 인장균열

거리(b)[1]$= H \times (\sqrt{\cot\phi_f \cot\phi_p} - \cot\phi_f) = 14.6 \times (\sqrt{\cot57° \cot40°} - \cot57°) = 3.3$m

깊이$(z) = H \times (1 - \sqrt{\cot\phi_f \tan\phi_p°}) = H \times (1 - \sqrt{\cot57\tan40°})$

$= 14.6 \times (\sqrt{\cot57° \tan40°}) = 3.8$m

지하수충진깊이$(Z_w) = 2/3 = 2/3 \times 3.8 = 2.5$m

③ 활동부분 단면적계산(A)

$$A = \frac{1}{2}(HX - DZ)^{(1)} = \frac{1}{2}(14.6 \times 7.8 - 4.5 \times 3.8) = \frac{1}{2}(113.88 - 17.1) = 48.3\text{m}^2$$

④ Force 산출(No.0 + 15.5)

중량(W) $= \gamma_t A = 2.1 \times 48.3 = 101.4t - m$

양압력

$$U = 1/2\gamma_w Z_w(H - Z)\text{cosec}\phi_p = \frac{1}{2} \times 1.0 \times 2.5 \times (14.6 - 3.8)\text{cosec}40° = 20.99$$

수평력

$$V = \frac{1}{2}\gamma_w Z_w^2 = \frac{1}{2} \times 1.0 \times (2.5)^2 = 3.12$$

⑤ 안전율(F)

$$F = \frac{CAl + (W\cos\phi_p - U - V\sin\phi_p) \times \tan\phi}{W\sin\phi_p + V\cos\phi_p}$$

$$= \frac{1.46 \times 17 + (101.4\cos40° - 20.99 - 3.12\sin40°) \times \tan22.5°}{101.4\sin40° + 3.12\cos40°}$$

$$= \frac{24.82 + (77.67 - 20.99 - 2.00) \times 0.414}{65.09 + 2.38} = \frac{47.45}{67.47} = 0.703 < 1.0$$

(2) 측점 No.2(그림 3.4(b) 참조)

① 절개사면 경사각 $\phi_f = 59°$

활동면 경사각 $\phi_p = 40°$

내부마찰각 $\phi = 22.5°$

사면높이 $H = 13.6\text{m}$

단위체적중량 $\gamma_t = 2.1\text{t/m}^3$

수중 단위체적중량 $\gamma_w = 1.0\text{t/m}^3$

점착력(c) $= 1.5 \times \dfrac{13.6}{15} = 1.36\text{t/m}^2$(표 3.1의 c와 H와의 관계로부터)

② 인장균열

$$거리(b)= H\times \sqrt{\cot\phi_f\cot\phi_p} - \cot\phi_f) = 13.6\times(\sqrt{\cot59°\cot40°} - \cot59°) = 3.3\text{m}$$

$$깊이(z)= H\times(1- \sqrt{\cot59\tan40°}) = 13.6\times(1- \sqrt{\cot59°\tan40°}) = 4.0\text{m}$$

$$지하수충진깊이(Z_w)= 2/3z = 2/3\times4.0 = 2.6\text{m}$$

③ 활동부분 단면적계산(A)

$$A = \frac{1}{2}(HX- DZ) = \frac{1}{2}(13.6\times8.0 - 5.3\times4) = \frac{1}{2}(108.8 - 21.2) = 43.8\text{m}^2$$

④ Force 산출(No. 2)

중량(W)$= \gamma_t A = 2.1\times43.8 = 91.9$

양압력

$$U = 1/2\gamma_w Z_w(H- Z)\cosec\phi_p = \frac{1}{2}\times1.0\times2.6\times(13.6 - 4.0)\cosec40° = 19.4$$

수평력

$$V = \frac{1}{2}\gamma_w Z_w^2 = \frac{1}{2}\times1.0\times(2.6)^2 = 3.38$$

⑤ 안전율(F)

$$F = \frac{CAl+ (W\cos\phi_p - U- V\sin\phi_p)\times\tan\phi}{W\sin\phi_p + V\cos\phi_p}$$

$$= \frac{1.36\times15+ (91.9\cos40° - 19.4 - 3.38\sin40°)\times\tan22.5°}{91.9\sin40° + 3.38\cos40°}$$

$$= \frac{20.4+ (70.39 - 19.4 - 2.16)\times0.414}{58.99 + 2.58} = \frac{40.61}{61.57} = 0.659 < 1.0$$

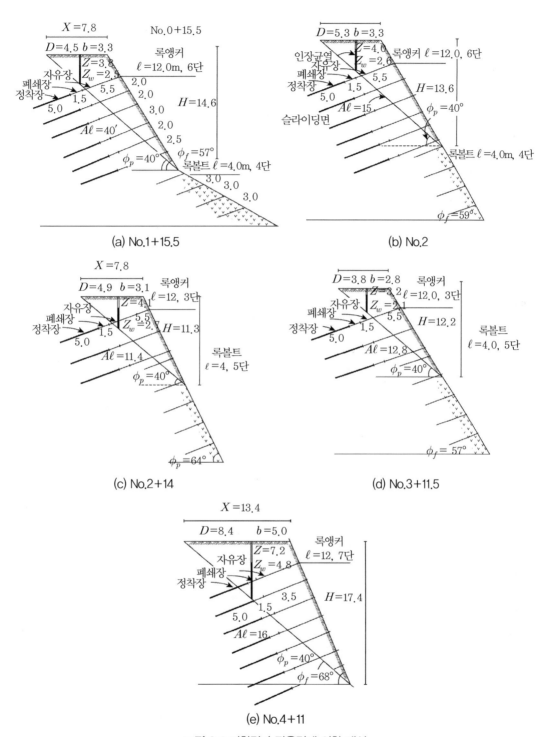

그림 3.4 저항력과 작용력에 의한 해석

(3) 측점 No.2+14(그림 3.4(c) 참조)

① 절개사면 경사각 $\phi_f = 64°$

활동면 경사각 $\phi_p = 40°$

내부마찰각 $\phi = 22.5°$

사면높이 $H = 11.3$m

단위체적중량 $\gamma_t = 2.1$t/m^3

수중 단위체적중량 $\gamma_w = 1.0$t/m^3

점착력$(c) = 1.5 \times \dfrac{11.3}{15} = 1.13$t/m^3(표 3.1의 c와 H와의 관계로부터)

② 인장균열

$$거리(b) = (H \times \sqrt{\cot\phi_f \cot\phi_p} - \cot\phi_f)$$
$$= 11.3 \times (\sqrt{\cot 64° \cot 40°} - \cot 64°) = 3.1\text{m}$$
$$깊이(z) = H \times (1 - \sqrt{\cot\phi_f \tan\phi_p})$$
$$= 11.3 \times (1 - \sqrt{\cot 64° \tan 40°}) = 4.1\text{m}$$
$$지하수충진깊이(Z_w) = 2/3z = 2/3 \times 4.1 = 2.7\text{m}$$

③ 활동부분 단면적계산(A)

$$A = \frac{1}{2}(HX - DZ) = \frac{1}{2}(11.8 \times 8 - 4.9 \times 4.1) = \frac{1}{2}(90.4 - 20.09) = 35.1\text{m}^2$$

④ Force 산출

중량$(W) = \gamma_t A = 2.1 \times 35.1 = 73.7$

양압력

$$U = 1/2 \gamma_w Z_w (H - Z)\mathrm{cosec}\phi_p = \frac{1}{2} \times 1.0 \times 2.9 \times (11.3 - 4.1)\mathrm{cosec}40° = 15.11$$

수평력

$$V = \frac{1}{2}\gamma_w Z_w^2 = \frac{1}{2} \times 1.0 \times (2.7)^2 = 3.64$$

⑤ 안전율(F)

$$F = \frac{CAl + (W\cos\phi_p - U - V\sin\phi_p) \times \tan\phi}{W\sin\phi_p + V\cos\phi_p}$$

$$= \frac{1.13 \times 11.4 + (73.7\cos40° - 15.11 - 3.164\sin40°) \times \tan22.5°}{73.7\sin40° + 3.64\cos40°}$$

$$= \frac{12.88 + (56.45 - 15.11 - 2.33) \times 0.414}{47.31 + 2.78} = \frac{29.03}{50.09} = 0.579 < 1.0$$

(4) 측점 No.3+11.5(그림 3.4(d) 참조)

① 절개사면 경사각 $\phi_f = 57°$

활동면 경사각 $\phi_p = 40°$

내부마찰각 $\phi = 22.5°$

사면높이 $H = 12.2\text{m}$

단위체적중량 $\gamma_t = 2.1\text{t/m}^3$

수중 단위체적중량 $\gamma_w = 1.0\text{t/m}^2$

점착력(c) = $1.5 \times \dfrac{12.2}{15} = 1.22\text{t/m}^2$(표 3.1의 c와 H와의 관계로부터)

② 인장균열

거리(b) = $H \times (\sqrt{\cot\phi_f\cot\phi_p} - \cot\phi_f)$

$\qquad = 12.2 \times (\sqrt{\cot57°\cot40°} - \cot57°) = 2.8\text{m}$

깊이(z) = $H \times (1 - \sqrt{\cot\phi_f\tan\phi_p})$

$\qquad = 12.2 \times (1 - \sqrt{\cot57°\tan40°}) = 3.2\text{m}$

지하수충진깊이(Z_w) = $2/3z = 2/3 x 3.2 = 2.1\text{m}$

③ 활동부분 단면적계산(A)

$$A = \frac{1}{2}(HX - DZ) = \frac{1}{2}(12.2 \times 6.6 - 3.8 \times 3.2) = \frac{1}{2}(80.52 - 12.16) = 34.1\text{m}^2$$

④ Force 산출(No. 3 + 11. 5)

중량(W) $= \gamma_t A = 2.1 \times 34.1 = 71.6$

양압력

$$U = 1/2\gamma_w Z_w (H - Z)\mathrm{cosec}\phi_p = \frac{1}{2} \times 1.0 \times 2.1 \times (12.2 - 3.2)\mathrm{cosec}40° = 14.69$$

수평력

$$V = \frac{1}{2}\gamma_w Z_w^2 = \frac{1}{2} \times 1.0 \times (2.1)^2 = 2.2\mathrm{m}$$

⑤ 안전율(F)

$$F = \frac{CAl + (W\cos\phi_p - U - V\sin\phi_p) \times \tan\phi}{W\sin\phi_p + V\cos\phi_p}$$

$$= \frac{1.22 \times 12.8 + (71.6\cos40° - 14.69 - 2.2\sin40°) \times \tan22.5°}{73.7\sin40° + 3.64\cos40°}$$

$$= \frac{15.61 + (54.84 - 16.69 - 1.41) \times 0.414}{47.31 + 2.78} = \frac{30.82}{47.37} = 0.65 < 1.0$$

(5) 측점 No.4 + 11(그림 3.4(e) 참조)

① 절개사면 경사각 $\phi_f = 68°$

활동면 경사각 $\phi_p = 40°$

내부마찰각 $\phi = 22.5°$

사면높이 $H = 17.4\mathrm{m}$

단위체적중량 $\gamma_t = 2.1\mathrm{t/m}^3$

수중 단위체적중량 $\gamma_w = 1.0\mathrm{t/m}^3$

점착력(c) $= 1.5 \times \dfrac{17.4}{15} = 1.74\mathrm{t/m}^2$(표 3.1의 c와 H와의 관계로부터)

② 인장균열

거리(b) $= H \times (\sqrt{\cot\phi_f\cot\phi_p} - \cot\phi_f)$

$\qquad = 17.4 \times (\sqrt{\cot68°\cot40°} - \cot68°) = 5.0\mathrm{m}) = 5.0\mathrm{m}$

$$\text{깊이}(z) = H \times (1 - \sqrt{\cot\phi_f \tan\phi_p}) = 7.2\text{m}$$

$$= 17.4 \times (1 - \sqrt{\cot68°\tan40°}) = 7.2\text{m}$$

$$\text{지하수충진깊이}(Z_w) = 2/3z = 2/3 x 7.2 = 4.8\text{m}$$

③ 활동부분 단면적계산(A)

$$A = \frac{1}{2}(HX - DZ) = \frac{1}{2}(17.4 \times 13.4 - 8.4 \times 7.2) = \frac{1}{2}(233.16 - 60.48) = 86.3\text{m}^2$$

④ Force 산출(No. 3 + 11.5)

중량(W) $= \gamma_t A = 2.1 \times 86.3 = 181.2$

양압력

$$U = 1/2\gamma_w Z_w(H - Z)\cosec\phi_p = \frac{1}{2} \times 1.0 \times 4.8 \times (17.4 - 7.2)\cosec40° = 38.06$$

수평력

$$V = \frac{1}{2}\gamma_w Z_w^2 = \frac{1}{2} \times 1.0 \times (4.8)^2 = 11.52$$

⑤ 안전율(F)

$$F = \frac{CAl + (W\cos\phi_p - U - V sin\phi_p) \times \tan\phi}{W\sin\phi_p + V\cos\phi_p}$$

$$= \frac{1.74 \times 16 + (181.2\cos40° - 38.06 - 11.52\sin40°) \times \tan22.5°}{181.2\sin40° + 11.52\cos40°}$$

$$= \frac{27.84 + (138.79 - 38.06 - 7.39) \times 0.414}{116.33 + 9.92} = \frac{66.48}{125.15} = 0.531 < 1.0$$

3.5 사면안정공의 구조계산 검토

3.5.1 지점별 슬라이딩력 산출

5개 측점에 대해 슬라이딩력과 지지저항력(앵커로 시공하였기 때문에 앵커력)을 비교·검토한다. 단위폭의 슬라이딩력은 식 (3.1)을 사용한다.

$$T = \frac{W(\sin \phi_p - 0.83 \cos \phi_p \tan \phi) + 2V + 1.67\,U \times \tan \phi - 0.37\,CAl}{0.83 \sin \beta \tan \phi + \cos \beta} \tag{3.1}$$

여기서, T = 1m 폭에 작용하는 슬라이딩력

$\quad\quad W$ = 슬라이딩 토량의 중량

$\quad\quad \phi_p$ = 슬라이딩면의 경사각

$\quad\quad \phi$ = 절개사면 토질의 내부마찰각

$\quad\quad V$ = 인장균열 내의 수압에 의한 수평력

$\quad\quad U$ = 슬라이딩 상단으로 작용하는 부력

$\quad\quad \beta$ = 내부마찰각(ϕ) + 앵커설치각도(α) = 22.5 + 20 = 42.5°

단, f_e = 1.5, f_ϕ = 1.2, f_u = 2.0, f_w = 1.0으로 한다.

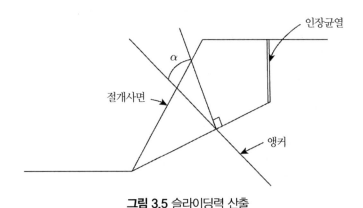

그림 3.5 슬라이딩력 산출

(1) No.0 + 15.1

$$T = \frac{101.4 \times (\sin 40° - 0.83 \cdot \cos 40° \tan 22.5) + 2 \times 3.12 + 1.67 \times 20.29 \times \tan 22.5}{0.83 \cdot \sin 42.5 \cdot \tan 22.5 + \cos 42.5}$$

$$- 0.67 \times 1.46 \times 17$$

$$= \frac{101.4 \times (0.642 - 0.263) + 6.24 + 14.51 - 16.62}{0.231 + 0.737}$$

$$= \frac{42.56}{0.968} = 43.96T - m \ \text{폭}$$

$$\begin{bmatrix} \sin40° - 0.83 \cdot \cos40° \cdot \tan22.5° = 0.379 \\ 0.83 \cdot \sin42.5 \cdot \tan22.5° \qquad\quad = 0.231 \\ \cos42.5° \qquad\qquad\qquad\qquad\quad = 0.737 \end{bmatrix}$$

(2) No.2

$$T = \frac{91.9 \times 0.379 + 2 \times 3.38 + 1.67 \times 19.4 \times \tan22.5 - 0.67 \times 1.36 \times 15}{0.231 + 0.737}$$

$$= \frac{41.34 + 6.76 + 13.41 - 13.66}{0.968}$$

$$= \frac{41.34}{0.968} = 42.7T - m \ \text{폭}$$

(3) No.2+14

$$T = \frac{73.7 \times 0.379 + 2 \times 3.64 + 1.67 \times 15.11 \times \tan22.5° - 0.67 \times 1.13 \times 11.4}{0.231 + 0.737}$$

$$= \frac{27.93 + 7.28 + 10.44 - 8.63}{0.968}$$

$$= \frac{37.02}{0.968} = 38.24 \, T - m \ \text{폭}$$

(4) No.3+11.5

$$T = \frac{71.6 \times 0.379 + 2 \times 2.2 + 1.67 \times 14.69 \cdot \tan22.5 - 0.67 \times 1.22 \times 12.8}{0.231 + 0.737}$$

$$= \frac{27.13 + 4.4 + 10.15 - 10.46}{0.968}$$

$$= \frac{31.22}{0.968} = 32.25 \, T - m \ \text{폭}$$

(5) No.4+11

$$T = \frac{181.2 \times 0.379 + 2 \times 11.52 + 1.67 \times 38.06 \cdot \tan22.5 - 0.67 \times 1.74 \times 16}{0.231 + 0.737}$$

$$= \frac{68.67 + 23.04 + 26.31 - 18.65}{0.968}$$

$$= \frac{99.37}{0.968} = 102.65 - m \ \text{폭}$$

3.5.2 작용력과 저항력의 검토

(1) No.0 + 15.5

슬라이딩력(3m 폭): 3×43.96 = 131.88t

저항력(6단 실시): 131.88÷6단 = 21.98t/본

(2) No.2

슬라이딩력(3m 폭): 3×42.7 = 128.1t

저항력(6단으로 실시되었으나 그림과 같이 하는 것이 바람직함): 128.1÷5단 = 25.62t/본

(3) No.2 + 14

슬라이딩력(3m 폭): 3×38.24 = 114.72t

저항력(3단 실시): 114.72÷3단 = 38.24t/본

(4) No.3 + 11.5

슬라이딩력(3m 폭): 3×32.25 = 96.75t

저항력(3단 실시): 96.75÷3단 = 32.25t/본

(5) No.4 + 11

슬라이딩력(2.7m 폭): 3×102.65 = 277.15t

저항력(7단 시공): 96.75÷3단 = 32.25t/본

따라서 본당 앵커력이 40ton 이상이면 안전율을 만족시킬 수 있다.

3.5.3 저항력의 구조검토(앵커력 40t/본 기준)

(1) 자유장(L_f)

절개사면 표면에서 슬라이딩 면까지의 거리다.

(2) 폐쇄장(L_e)

$$L_e = \sqrt{\frac{3M_K \cdot P}{\pi \sigma_n \cdot \tan^2 \phi}}$$

여기서, M_K = 안전율 1.5

P = 앵커력 40t

ϕ = 내부마찰각 2

$\sigma_n = \sigma_V \cdot K_o (K_o = 100 \times \dfrac{0.3}{1-0.3} = R\Omega D$가 50%)

$$42.86 \times 0.6 = \sqrt{\frac{3 \times 1.5 \times 40 \times 10^3}{3.14 \times 25.71 \times \tan^2 22.5}}$$

$$= \sqrt{\frac{180,000}{13.85}}$$

$$= 114.00\text{cm} \rightarrow 1.5\text{m} \ \text{적용}$$

(3) 정착장

$$L_b = \frac{M_k \cdot P}{2.83_\gamma D} = \frac{1.5 \times 40 \times 10^3}{2.83 \times 6.0 \times 7.5} = \frac{60,000}{127.35}$$

$$= 471\text{cm} \rightarrow 5.0\text{m} \ \text{적용}$$

여기서, M_K = 안전율 1.5

P = 앵커력 40×10^3

D = 공경(7.5m)

γ = 지반의 마찰저항 6.0

(4) 앵커장의 검토

앵커력 40ton을 얻기 위해서는 폐쇄장 1.5, 정착장 5.0, 6.5m이어야 하고 잔여길이 5.5m는 자유장이므로 도면에서 보는 바와 같이 정착장의 위치가 슬라이딩면과 인장균열 범위 외에 존재하므로 문제점이 없는 것으로 판단된다.

(5) 앵커인장재의 검토

사용재료 PC 스트랜드(KSD 7002 SWPC7B)

공칭경: 12.7m/m

단면적: 98.71mm^2

인장강도 P_u = 18.7t/본

항복강도 P_γ = 15.9t/본

허용인장력

- $P_{a1} = 0.6P_u = 0.6 \times 18.7 = 11.2t$/본
- $P_{a2} = 0.75P_\Upsilon = 0.75 \times 15.9 = 11.9t$/본

작은 값 11.2t/본을 적용

따라서 본당 앵커력은 최대 44.8t(11.2×4가닥)이 된다.

(6) 부착력 검토

허용부착 응력도 $f_a = \dfrac{1}{10}\sigma_c(\sigma_c = 180\text{kg/cm}^2) = \dfrac{1}{10} \times 180 = 18\text{kg/cm}^2$

PC강선의 부착응력도 τ_a

$$\tau_a \cdot \frac{P}{\pi \cdot n \cdot d \cdot L_b} = \frac{40 \times 10^3}{3.14 \times 4 \times 1.27 \times 500} = 5.01\text{kg/cm}^2$$

$$\frac{\tau_a}{f_a} = \frac{5.01}{18} = 0.278 < 1.0 \quad \therefore \text{ O.K}$$

3.6 해석 결과 및 건의사항

아파트부지를 축조하기 위해 산경사지의 절토와 암석 절삭에 의해 형성된 절개사면에 대한 안정성과 사면안정공으로 시공한 구조물에 대한 안전성을 검토한 결과와 건의사항은 다음과 같다.

(1) 사면 보강공이 없는 경우에 사면의 안정성은 저항력과 활동력에 의한 해석 결과 모두 불안정하게 판정되었다. 따라서 보강시설이 필요하였던 것으로 판단된다.

(2) 사면을 구성하고 있는 수리 구조 지질학적 상태를 고려하여 슬라이딩 가능 영역을 최악의 조건으로 간주하여 연암상부의 전체토층을 대상으로 한 경우, 각 측점별 사면에 대해 검토한 결과 현재 시공되어 있는 록앵커, 록볼트, 숏크리트 구조물로서 사면의 안정성은 확보된 것으로 판단하였다.

(3) 그러나 금번 검토영역에서는 록앵커의 개념을 영구적인 것으로 간주하였기 때문에 록앵커체의 장기적인 부식문제와 앵커두부의 인장고정처리 문제를 감안하면 록앵커 자체의 수명이 단축될 수 있으므로 향후 록앵커체의 변위 등에 계속 관찰을 요한다.

(4) 록볼트는 경암 부분의 암발파 시의 균열로 인한 암편이나 암괴의 붕락현상과 독립노두 암괴의 굴러떨어짐 현상, 하부옹벽의 변위 방지를 목적으로 시공하였기 때문에 현재는 문제점이 발견되지 않으나 항시 변위 여부 등에 대해 유의하여 미세한 변위가 발생하였을 시 즉시 보강작업을 실시하도록 해야 한다.

(5) 숏크리트는 시공상태가 비교적 양호하여 사면의 표층부 보호에는 문제점이 없는 것으로 판단된다. 그러나 사면정부의 자연사면과 접하는 부분은 비교적 시공두께가 얇고 다른 부분에 비해 풍화 속도가 빠르고 파괴되기 쉬운 곳이므로 숏크리트 위에 별도로 콘크리트를 피복시켜 보호해줄 필요가 있다.

(6) 기 시설된 배수공은 토사 유입으로 출구가 막히지 않도록 하여 지하수 배출효율을 최대로 하는 것이 좋다.

(7) 사면정부의 자연사면과 접하는 부분의 자연경사면에 형성된 배수로는 유지관리에 유의하여 산지에서 사면 쪽으로의 지하수 직접 유입을 적극 방지하도록 해야 한다. 특히 자연 경사면에 인장균열이 발생하여 지하수가 직접 유입되고 이 인장균열 깊이의 2/3 이상이 지하수로 채워지면 사면 안전성에 대단히 큰 지장을 주게 되므로 인장균열 발생 여부를 각별히 관찰하

여 대처해야 한다.

(8) 사면과 산경사지의 접촉부 일부 구간에 형성되어 있는 독립노두는 록볼트로 보강하였으나 노두하부를 콘크리트로 둘러싸 불안감을 제거하는 것이 좋다.

(9) 본 구간의 좌우쪽로는 활동현상으로 인장균열이 발생하여 산사태 억지말뚝 시공작업을 시행하고 있다. 인장균열의 연장이 본 구간으로 확대되는지의 여부를 유의·관찰하여 대비하도록 해야 한다.

(10) 절개사면 전체가 숏크리트로 피복되어 있기 때문에 시각적인 개념과 미관을 감안하여 식생시설을 설치하거나 녹색 계통으로 피복하여 생활 안정감을 높이도록 하는 과업을 연구해보는 것이 좋다.

(11) 끝으로 본 안정성 검토연구는 시공자가 제공한 자료에 의거하여 실시되었으므로 실제 상황이 제공된 자료와 다를 수도 있다. 만약 이로 인한 사면의 이상이 발생할 징후가 보일 경우는 즉각 전문가의 자문을 받을 것을 건의한다.

• 참고문헌 •

(1) Hoek, E. and Bray, J.W.(1981), *Rock Slope Engineering*, Institution of Mining, 3rd Ed., p.100; 158.

(2) Hobst, L. and Zailc, J., Anchoring in Rock & Soil.

(3) 토질공학회, 암의 공학적 성질과 설계, 시공에의 응용, p.658.

(4) 동아지질, 지질조사보고서.

(5) 대동건설 제출분, 대동아파트 현황도.

(6) 대동건설, 사진첩, 제출분.

(7) 홍원표·김석진(1991), '대동아파트 신축부지 절개사면안정성 검토연구보고서', 대한토목학회.

Chapter

04

북평공단 철도 주변 성토사면안정성

Chapter 04 북평공단 철도 주변 성토사면안정성

4.1 서론

한국토지개발공사가 시행하고 있는 북평국가공단 조성사업 지구 내 철도 주변(B지구)에 조성된 고성토사면의 보강을 위해 상단사면에는 부직포 보강토구조물 공법이, 하단사면에는 모래자갈 치환공법을 적용하였고, 사면 전체의 활동 방지를 위해서는 억지말뚝공법을 적용하였다.[1]

본 연구는 제시된 자료에 의거하여 대표 단면의 안정성을 검토하고, 변위가 발생한 구간에 대해 파괴 원인을 규명하여 보강대책을 제시하는 데 목적을 두고 있다.[1]

본 과업은 발주자 측에서 제공한 자료에 의거하여 구체적으로 다음 사항을 검토한다.

(1) 현장답사 및 조사
(2) 자료의 검토(토질조사 자료 및 설계자료)
(3) 대표 단면의 안정성 검토
(4) 변위 발생 구간에 대한 보강대책 제시

또한 본 과업은 1994년 7월 4일부터 1994년 8월 4일까지 30일간에 걸쳐 수행한다.

4.2 현장답사 및 조사

그림 4.1은 현장답사 시 현장에서 관찰된 사면의 변위 발생 상황을 개략적으로 도시한 그림이다. 사면의 활동변위는 억지말뚝 및 하단사면 보강이 완료된 후 상단 사면보강 공법인 부직포 보강토구조물을 시공하던 중 발생하였다.

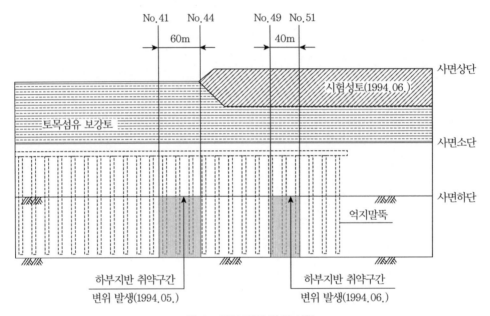

그림 4.1 사면 변위 발생 상황

시공 중 발생한 변위와 시험재하 성토 후 발생한 변위의 상태를 현장답사를 통하여 조사하였다. 이에 대한 실측자료를 (주)○○주택으로부터 제공받았으며, 이를 정리한 것은 그림 4.2 및 4.3과 같다.

현장답사 당시에 상단 보강토 구조물은 우선 총높이 5m 중 일차적으로 3m를 전 구간에 걸쳐 완성되었다. 이 기간 중에는 사면활동의 징후는 발견되지 않았다. 그러나 나머지 2m 높이의 부직포 보강토구조물을 측점 No.44까지 완성해온 시점에서 측점 No.41에서 측점 No.44까지의 약 60m 구간에 걸쳐 활동파괴가 발생하였다.

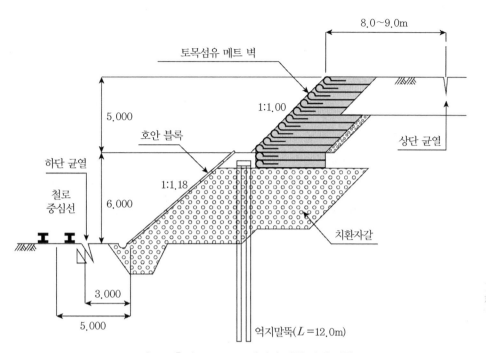

그림 4.2 측점 No.41~44에서의 변위 발생 상황

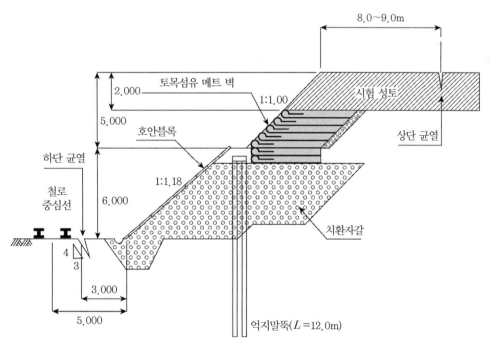

그림 4.3 측점 No.49~51에서의 변위 발생 상황

이러한 현상이 발생함으로써, 잔여 2m 높이의 보강토 구조물 미시공 구간에 대해서도 취약구간의 존재 여부를 의심해야 하는 상황이 되었으므로, 이를 확인하기 위하여 잔여 2m 높이의 부직포 보강토구조물 미시공 구간에 대하여 최종 계획고까지 시험 성토를 실시하였다. 그 결과, 그림 4.1과 같이 측점 No.49에서 No.51까지의 연장 40m 구간에서 활동전단파괴가 발생하여 취약구간 1개소가 추가로 발견되었다.

이들 두 개소에서의 변위의 상태는, 즉 시공 중 발생한 변위와 시험재하성토 시 발생한 변위의 상태는 거의 동일하였다. 균열 발생 위치는 그림 4.2와 4.3에서 보는 바와 같이 상단 지표에 발생한 균열의 위치는 사면 상단에서 8~9.0m 떨어진 곳에 도로의 종방향으로 직선에 가깝게 한 줄로 나타나 있었으며, 하부 지표에 발생한 균열은 사면선단에서 3m의 떨어진 거리에 나타나 있었다.

4.3 자료의 검토

4.3.1 토질조사 자료

(1) 기본설계 대표 단면 결정 시 토질조사 자료 검토

① 철도 B지역 성토사면 시공 중 초기 변형으로 인해 철로에 수평방향 변위가 발생함에 따라 성토사면의 안정성 확보를 위한 보강대책 방안 수립을 위해 시추조사를 실시하였다. 시추조사는 성토사면의 횡단방향으로 두 공 실시하였으며, 그 결과 얻어진 지층분포 단면은 그림 4.4와 같다.

② 1993년 7월 성토사면의 횡단방향으로 수행한 시추공 No.BH-21 및 BH-22의 토질조사 결과를 검토한 결과, N치가 9 이상($c_u \geq 5.6t/m^2$)으로 추정되어 비교적 큰 강도를 나타냈다. 이들 값은 성토부에서 발생한 실제 파괴 원인을 설명할 수 없어 추가적으로 1992년 11월에 수행되었던 성토 경계부위 원지반에 대한 시추공 No.B-5의 토질조사자료((주)○○)를 검토하였다. 그 결과 연약층 상부 두께 약 2.0m는 $c_u t/m^2 \fallingdotseq 105.6t/m^2$로 하부의 기초지반은 $c_u \fallingdotseq 4.0t/m^2$ 정도로 추정·보고한 것을 확인할 수 있었다.

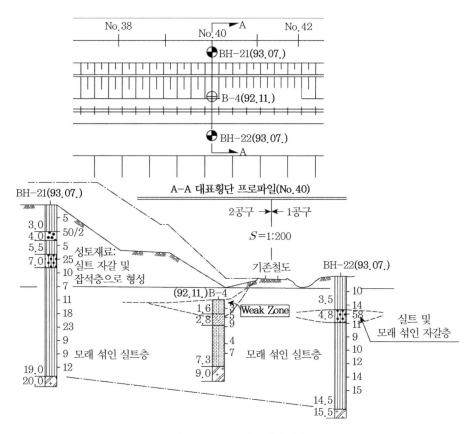

그림 4.4 측점 No.40 위치에서의 지층 단면도

(2) 시공 시의 토질조사 자료 검토

1993년 11월 시공 중 실시한 시추조사 결과는 다음과 같다.

① 본 조사자료는 억지말뚝 시공지점 하단 성토사면에서 종방향 지층의 분포 특성을 파악하기 위해 대략 100m 간격으로 5공을 시추·조사한 결과다.

② 본 지역에 대한 종방향 지층분포 단면은 그림 4.5와 같이 나타나고 있다.

③ 본 조사자료에 의하면 성토사면의 종방향인 억지말뚝 시공지점의 지층분포는 기초지반이 대부분 실트 및 점토로 이루어져 있으며, 표준관입 시험 결과 $N > 12$ 이상으로 되어 있어, 기본 설계 시 가정한 강도보다 비교적 안정된 상태를 나타내고 있다. 한편은 기반암의 분포도 종단상으로는 불규칙적인 변화거동은 나타내지 않고 있으나, 단지 지형적인 특성에 의해 측점 No.35에서 No.55 방향으로 평균 +0.8%의 종단 구배로 서서히 변화되는

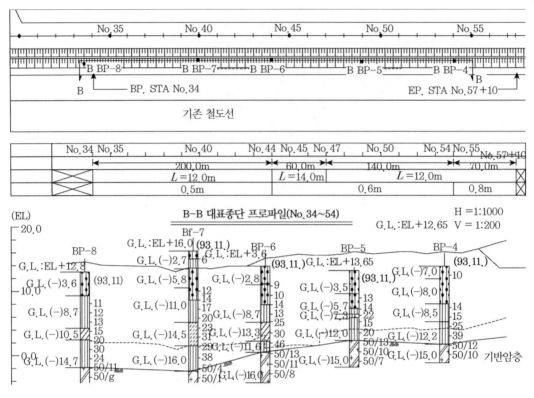

그림 4.5 B-B 지층단면도

특성만 나타나고 있다.

(3) 변위 발생 인접지점의 횡단 자료 검토

1994년 7월 실시한 시추자료를 검토하면 다음과 같다.

① 본 조사자료는 상단사면 성토시공 중 성토사면에 국부적인 변형이 발생하여 이에 대한
안정성 검토를 위해 대표 측점에 대해서 사면의 횡단방향으로 시추조사를 세공 실시하여
얻어진 조사자료다. 이 조사자료에 의한 횡방향 지층분포 단면은 그림 4.6과 같다.

② 시공 시(1993.11.)에 실시된 시추자료(BP-5)에 의하면, 하부지반 강도는 대부분 N치 14
이상으로 비교적 양호한 것으로 되어 있으나, 변위 발생 후(1994.07.) 실시한 시추자료
(BH-1, BH-2)에 의하면 성토체 상당 부분이 N치 6~9의 비교적 강도가 낮은 상태를
보이고 있으며, 사면 하단의 원지반 하부에도 N치 8~10 정도의 상대적으로 약한 층이

발견되었다.

③ 성토사면 하부의 기반암층의 경계면은 상당한 경사를($\theta = 30°$) 이루고 있다.

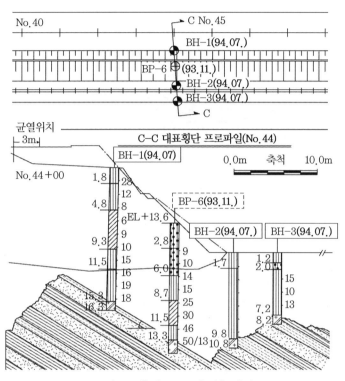

그림 4.6 측점 No.44의 지층 단면도

4.3.2 설계자료의 검토

(1) 상단 사면보강을 위한 부직포 보강토 구조물의 설계

당초 성토사면의 조성 계획이 상단 5m의 부분은 특별한 보강대책 없이 1:1 경사의 사면으로 이루어져 있어서 이를 보강하기 위해 그림 4.7과 같은 부직포 보강토구조물을 도입하였다. 인장재는 P.E. mat를 사용하고, 전면보호는 TEXSOL 녹화토를 사용한 것으로 새로운 시도로 보인다.

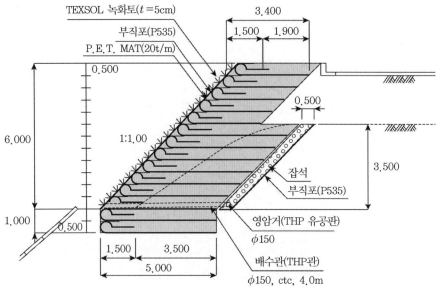

그림 4.7 상단 부직포 보강사면 대표 단면

(2) 하단사면의 모래 섞인 자갈 치환공법 검토

하단사면은 구배 1:1.5에 높이 6m로 되어 있었으나 성토재료가 불량하여 당초 보강계획으로
는 네일링 공법으로 사면을 안정시키고, 표면을 TEXSOL 녹화토로 보강하는 공법이 검토되었
으나, 시공단계에서는 하단사면을 모래자갈로 치환하고 사면의 표면을 콘크리트 블록으로 피복
하는 공법으로 그림 4.8과 같이 시행되었다. 안정해석 계산 자료가 제출되지 않았으나, 하단 사

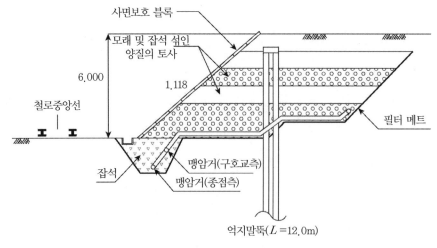

그림 4.8 모래자갈 치환공법

면만을 대상으로 할 때는 충분히 효과를 기대할 수 있는 방법이었다.

(3) 억지말뚝의 구조계산 검토

그림 4.9는 전체 사면의 안정대책으로 적용한 억지말뚝의 설치도면이다. 즉, 사면 전체의 안정을 위해 사면 중간에 위치한 소단에 억지말뚝을 설치하는 방안이 제시되었다. 이 보고서에는 말뚝의 길이가 15.4m로 제안되었으며, 안정성에 상당한 여유가 있는 설계였다. 그러나 1993년 11월에 제출된 실제 시공보고서에서는 소단부에 제4.3절에서 보는 바와 같이 다섯 공의 토질조사를 실시하였다. 그 자료를 토대로 안정해석을 실시하여 말뚝의 길이를 대부분 12.0m로 단축시켰다.

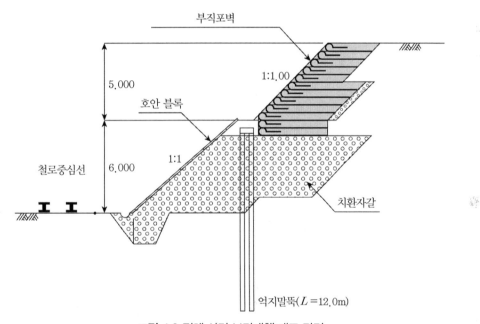

그림 4.9 전체 사면 보강대책 대표 단면

기본계획에서 15.4m로 제시된 말뚝의 길이를 12.0m로 단축시킴으로써 예산 절감 효과는 있었으나 구조물의 안정성에 확보되어 있던 여유분의 안전율을 삭감하는 결과를 초래하였다.

물론 말뚝의 길이를 12.0m로 한 경우에도 하부 지반이 N치 10 이상의 굳은 지층일 경우에는 안정성 확보에는 큰 문제점은 없다. 또한 기본계획에서 추천된 대로 길이 15.0m 이상의 말뚝을 매설하면 대부분 풍화암층에 근입되므로 안정성에 대해 불안한 지점은 전 구간에 대해 없었을 것이다.

그러나 조사된 다섯 개소의 지층에 대한 자료에 의하면, 하부지반의 강도는 대부분 N치 10 이상으로서 성토하중에 의해 하부 점성토층의 강도가 증진되어 성토사면의 기초지반으로서 적합한 안정상태가 이루어진 것으로 판단할 수 있었을 것으로 보인다.

흙의 강도에 의존하는 구조물의 설계에서는 자료가 부족할 경우에는 안전율을 매우 크게 정해야 하는데, 이때에는 예산이 과다하게 되는 문제점이 따르게 된다. 따라서 경제적이고 안전한 합리적인 흙구조물의 설계를 위해서는 토질조사에 투자를 많이 하는 것이 오히려 실익이 된다는 것은 이미 알려진 사실이다.

4.4 대표 단면의 안정성 검토

4.4.1 대표 단면의 선정 및 검토 범위

(주)○○주택의 요청에 따라 제시된 대표 단면에 대해 제공된 토질조사 자료를 이용하여 안정성 검토를 시행하여 1994년 7월 12일에 우선 중간보고서를 제출하였다. 이때 제시된 대표 단면에 대한 안정성 검토의 목적은 변위가 발생하지 않고 이미 완성된 구간에 대한 보강방법의 적정성을 사후 확인하는 데 있었을 것으로 판단된다.

설계자료에 의하면 상단 보강토 구조물과 하단의 모래자갈 치환단면은 전 구간에 걸쳐 동일한 조건으로 동일한 재료에 의해 시공되도록 계획되어 있으므로, 한 개의 대표 단면으로 전 구간에 대한 안정성 검토가 가능하다.

억지말뚝의 안정성 검토에서는 토질조건이 전 지역에 걸쳐 동일한 경우 대표 단면의 숫자를 적게 하여도 문제가 없지만, 토질의 변화가 클 경우에는 변화구간마다 대표 단면을 결정해야 한다. 보링 조사 위치도 최소한 사면의 상단, 중앙, 하단의 3개소에서 실시하여 횡단 자체 내에서의 토질변화도 반영해야 한다.

그러나 이미 시공 시에 소수의 보링 조사로 단면검토가 수행되어 사면 전체가 완성된 지역에 대해서는 사용된 보링 데이터의 숫자는 적더라도 그 구역에 대한 대표성이 양호한 것으로 인정할 수 있으므로 새삼스러운 안정성 검토가 필요하지 않은 것으로 판단된다.

측점 No.44 단면에서 시행된 횡방향으로 배치된 3개소의 토질조사 자료와(1994.07.) 시공단계에서 시행된 토질조사 자료(1993.11.)를 사용하여 측점 No.44 단면에 대한 안정성 검토를 시행하면, 변위 구간의 문제점을 파악하는 데 비교 자료가 제공되어 문제해결에 도움이 될 것이다. 따라서 대표 단면으로는 측점 No.44 단면을 선택하여 안정성 검토를 수행하는 것이 본 과업의 목적을 위해 타당한 것으로 판단된다.

4.4.2 대표 단면의 안정성 검토

안정성 검토는 상단의 부직포 보강토구조물의 안정성 검토, 하단의 모래자갈 치환단면의 안정성 검토 및 억지말뚝 시공 후의 사면 전체의 안정성 검토의 세 부분으로 나누어 시행하였다.[1]

우선 보강토 구조물 설치구간의 안전율은 안정해석 결과[1]와 같이 충분하였다. 다음 모래자갈 치환하단사면의 안정성사면 상단부를 하중으로 고려한 안정성 모두가 검토 결과 문제점이 없었다.[1] 마지막으로 억지말뚝 설치 후의 사면 전체 안정성에 대한 검토에서도 안전하게 나타났다.[1] 이 결과를 현장조사 시 관찰한 실제 상황과 비교해볼 때 부직포구조물과 하단의 모래자갈 치환사면의 경우에는 특별한 문제점이 없으나, 억지말뚝의 경우에는 측점 No.44 단면의 오른쪽은 변위가 발생치 않았고 왼쪽은 변위가 발생하였으므로, 측점 No.44 단면을 기준하여 좌우측 지층 강도가 상이할 것으로 추정된다.

즉, 제출한 자료만을 이용하여 대표 단면에 대한 안정성을 검토한 결과는 안정한 것으로 판정되었으나 실제에서는 안전한 구역과 불안전한 구역이 모두 존재하는 것으로 확인된 셈이다. 따라서 안정해석 결과와 실제가 모두 안정한 구간에 대해서는 대표 단면의 타당성이 인정되지만 실제 현장에서 변위가 발생한 구간에 대해서는 구성된 '대표 단면'이 단면의 일반적 특성을 올바르게 나타내고 있지 못함을 알 수 있다. 즉, 이러한 구간에 대해서는 대표 단면보다 강도가 적은 토층이 실제로는 존재하고 있을 것으로 판단할 수 있다.

4.5 변위 발생 원인 검토

현장에서 조사된 균열의 위치, 상단 및 하단 균열의 형상, 말뚝의 근입깊이 등을 구속조건으로 하여 활동원의 모형을 추정한 결과는 그림 4.10과 같으며, 활동전단면은 기존 마이크로파일의 하단부를 통과하고 있는 것으로 추정된다.

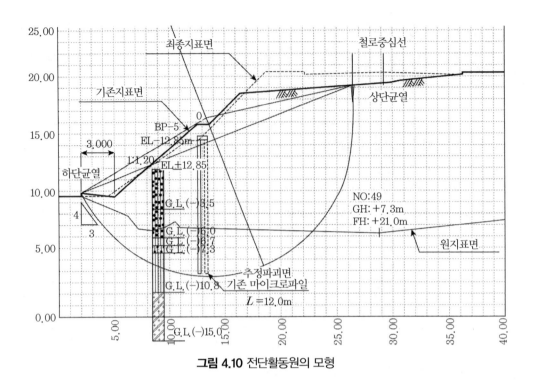

그림 4.10 전단활동원의 모형

변위 발생의 원인을 추정하기 위해 위에서 결정한 원호활동 모형에 작용 가능한 하중(수압, 활하중)과 확정된 토질조사 자료인 성토재의 강도정수를 사용하여 안전율이 1.0이 되는 한계평형상태에서의 원지반의 강도를 역계산하는 방법을 사용하였다.

아래와 같은 조건들에 대해 검토가 시행되었다.

(1) 측점 No.44 단면 토질조건과 추정파괴 모형에 대해 최악의 하중조건을 적용했을 때의 안정성 검토: 여기서 최악의 하중조건은 성토체가 포화되고, 지표면에 1t/m^2의 등분포 하중이 작용하는 경우를 의미한다.

(2) 추정파괴모형에 대해 최악의 하중조건을 적용하였을 때 원지반 강도의 역계산

(3) 추정파괴모형에 대해 상재하중만을 적용하였을 때 원지반 강도의 구역별 역계산

(4) (3)항과 동일하나 상재하중을 무시한 경우

이와 같은 방법으로 계산한 결과는 그림 4.11에 수록되어 있다.

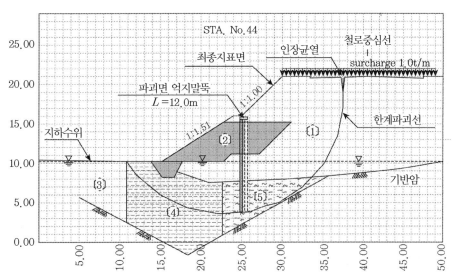

그림 4.11 변위발생 원인 해석

토질		3	4	5	최소안전율	비고
case I	Su	9.0	5.0	10.0	1.862	간극비 0.5, $f_s = 1.509$
	N val.	15	8	16		
case II	Su	5.4	3.0	6.0	1.000	case I의 강도의 40% 감소 비배수강도 c_u, $r_u = 20.5$
	N val.	9	5	10		
case III	Su	3.6	2.0	4.0	1.018	case I 강도의 60% 감소, 비배수전단강도 c_u, $r_u = 0.0$
	N val.	6	4	7		
case IV	Su		3.0		1.042	상재하중이 없는 경우 $f_s = 1.088$
	N val.		5			

* Unit of Su: ton per square meters
** $Su = q_u/2$, $q_u = N/8$(kg/sq.cm)

이 결과로부터 얻어진 사항은 다음과 같다.

(1) 측점 No.44 단면에서 조사된 토질조건에서는 최악의 하중조건, 성토층은 모두 포화되어 있고 도로하중이 전부 작용할 경우에도 안전율은 대단히 커서 충분히 안전하다.

(2) 변위 발생 구간의 토질조건에 대해 검토한 결과, 이 구간의 하부 지반강도는 파괴 당시에 최악의 하중이 작용하였다면, 측점 No.44 단면과 제시된 하부의 강도에 비해 약 40%가 작은 N치, 즉 5에서 10에 이르는 강도를 가지고 있을 것으로 추정된다.

(3) 파괴 당시에 도로하중만 작용했을 경우에는 측점 No.44 단면의 강도에 비해 약 60%가 작은

지반의 N치, 즉 4에서 7에 이르는 비교적 연약한 상태를 나타내고 있을 것으로 추정된다.

이러한 분석의 결과로부터 측점 No.41~44 구간과 측점 No.49~51 구간에는 하부 지층에 초기 토질조사에서 파악하지 못한 N치가 4에서 10에 이르는 비교적 연약한 지층이 존재하여 변위 발생의 원인이 된 것으로 사료된다.

4.6 보강대책

4.6.1 억지말뚝 설치

변위 발생 구간에 대한 보강대책으로는 소단부에 설치되어 있는 억지말뚝과 동일한 구조의 억지말뚝을 사용하여 그림 4.12와 4.13에서 나타낸 바와 같이 하단 사면의 중간 위치에서 암반층 2m의 심도까지 근입시킨다. 측점 No.41~44와 측점 No.49~51 두 구간의 구조물 규격과 배치간격 등은 동일하나 말뚝의 길이는 지점마다 상이하게 될 것이다.

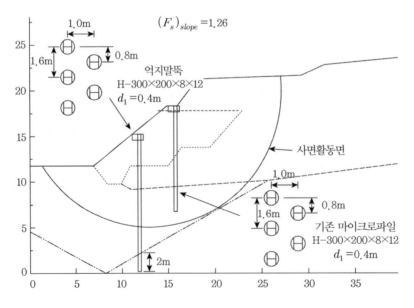

그림 4.12 측점 No.41~44 억지말뚝 보강 배치도

말뚝의 설치 방법은 predrilling을 실시한 후 말뚝을 삽입하고 공내의 공간을 시멘트그라우팅
으로 충진한다.

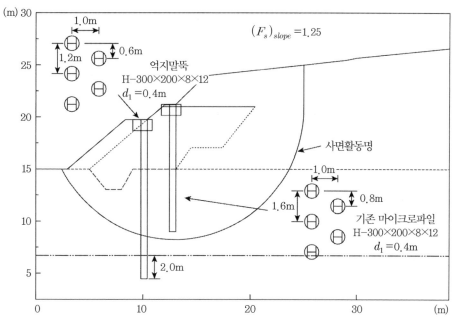

그림 4.13 측점 No.49~51 억지말뚝 보강 배치도

4.6.2 억지말뚝 매설작업 방법

억지말뚝을 매설하기 위한 작업방법은 현지의 작업공간 확보가 어려우므로 면밀히 검토하여
안전에 문제가 없도록 해야 한다. 본 연구에서는 다음의 두 가지 경우를 제안하나 현장에서는
경제성, 안전성, 시공성 등을 감안하여 적합한 안을 선택 또는 고안할 수 있다.

(1) 1안: 그림 4.14와 같이 하부사면에 작업공간 확보를 위한 토공 소단(berm)을 설치하고, 말뚝
을 시공할 수 있다.

(2) 2안: 그림 4.15와 같이 1안과는 반대로 작업공간 확보를 위해 사면을 굴착하고 말뚝을 시공
할 수 있다. 이때 굴착 시 안정을 위해 압성토가 필요하다.

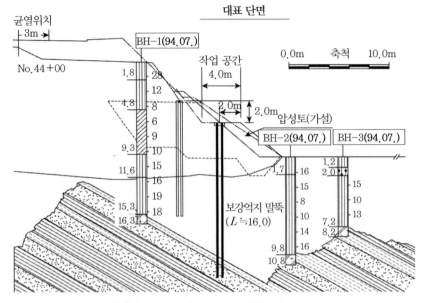

그림 4.14 억지말뚝 설치를 위한 소단 설치

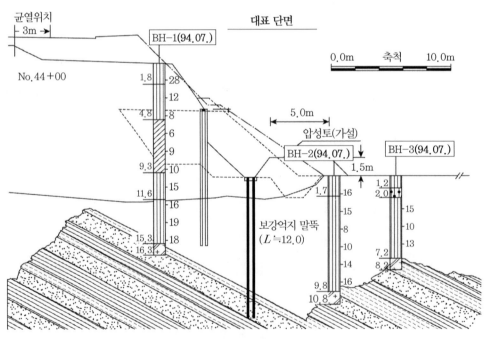

그림 4.15 억지말뚝 설치를 위한 굴착

4.6.3 억지말뚝 머리 강결을 위한 띠장 설치

H-형강 말뚝의 머리는 전후열 모두 말뚝의 규격과 동일한 규격의 H-형강으로서, 토압이 작용하는 쪽에 띠장을 각각 용접에 의해 부착시켜야 한다. 그림 4.16과 같이 이 띠장의 전후열의 말뚝접합부를 동일한 규격의 H-형강으로 사재를 연결하여 트러스(truss)를 형성해야 한다.

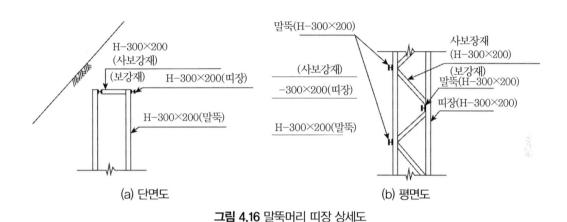

그림 4.16 말뚝머리 띠장 상세도

4.6.4 변위구간 인접구역에 대한 보강

변위구간 인접구역으로 파괴가 확산될 우려가 있으므로, 파괴 예방의 목적으로 측점 No.44부터 측점 No.49 구간에 대해 위에서 제안한 보강방안의 약 1/2 수준으로, 즉 말뚝의 간격을 2배로 하여 억지말뚝을 설치할 것을 추천한다. 만약 이 구간에 대해 지반조사를 실시하여 충분히 안전한 강도가 확인될 경우에는 보강할 필요가 없을 것이다.

4.7 결론 및 건의사항

상기 자료검토, 현장답사, 원인분석, 대책공법 제안 등의 일련의 검토과정을 통하여 얻어진 결론 및 건의사항을 요약하면 다음과 같다.

(1) 사면 하부에는 초기 토질조사에서 파악하지 못한 연약 점성토층이 존재하고 있으며, 이들의 강도와 분포는 지점에 따라 크게 변화하는 불균일한 상태일 것으로 추정된다.

(2) 상단 부직포 보강토구조물, 하단의 모래자갈 치환, 콘크리트 블록 사면보호공법, 소단부에 설치한 억지말뚝 공법으로 구성된 대표 단면에 대한 안정성을 제시된 자료를 이용하여 검토한 결과, 변위 발생 구간을 제외하고는 특별한 문제가 없는 것으로 판정되었다.

(3) 변위 발생 구간의 파괴면은 기존 억지말뚝의 하단부를 통과하고 있으며, 변위 발생의 원인은 퇴적층 하부에 존재하는 N치 4~10의 비교적 연약토층 때문인 것으로 추정된다.

(4) 변위 발생 구간에 대한 보강대책은 소단에 설치한 억지말뚝과 동일한 규격 및 배치 방법으로 하단사면의 중앙부에서 암반층 2m 심도에 도달하는 억지말뚝을 설치할 것을 추천한다.

(5) 변위가 발생한 두 지점 사이 구간의 하부지층의 강도가 변위 발생 지역과 큰 차이가 있는 경우에는 변위가 확산될 우려가 있으므로, 이 구간에 대해서도 변위 발생 구간에 적용한 보강 방안의 수준의 강도로 사전에 보강할 필요가 있다. 그러나 지반강도를 조사하여 충분한 안정성이 확보될 경우에는 이 구역에 대한 사전 보강조치를 생략할 수 있다.

(6) 억지말뚝 설치를 위한 작업공간 확보 방안에 대하여 2개의 안이 추천되었으므로 현장에서 경제성, 작업의 안전성, 시공성, 공기 등을 감안하여 적절한 방안을 선택 또는 고안하여 사용할 수 있을 것이다.

● 참고문헌 ●

(1) 백영식·홍원표·임철웅(1994), '북평공단 철도주변 성토사면 보강공법에 대한 안정성 연구보고 서', 한국지반공학회.

부산 황령산 유원지 내 운동시설 조성공사 현장사면안정성

Chapter
05

부산 황령산 유원지 내 운동시설 조성공사 현장사면안정성

5.1 서론

본 연구는 부산광역시 남구 황령산 유원지 내 운동시설을 조성하기 위한 토목공사에 수반된 절개사면의 사면안정성을 검토하고 필요한 사면안정 보강대책 방안을 마련하는 데 그 목적이 있다.[1] 본 연구에서 검토될 기술사항의 범위는 다음과 같다.

(1) 현장답사
(2) 기존자료검토
(3) 절개사면의 안정성판단
(4) 사면보강대책 방안구상
(5) 보강 후 사면안정성 검토

본 연구에서는 (주)○○○플랜이 제공하는 자료와 대덕공영주식회사에서 실시한 추가 지반조사보고서를 토대로 검토·분석하였다. 또한 수차례의 현장답사도 실시하였으며 현장조사 후 검토에 필요할 것으로 판단되어 (주)○○○플랜과 대덕공영주식회사에 제공하도록 요청한 자료는 다음과 같다.

(1) 주변 현황 지형측량도 및 사면단면도

(2) 현황 사진

(3) 지반조사보고서 및 지질구성도

(4) 구조물 설치 설계도

(5) 사면안정성 검토에 관한 기존 자료

(6) 기타 관련 도서

5.2 사면안정성 검토

5.2.1 검토 단면

대상 지역은 부산광역시 남구 황령산에 위치하는 유원지 내 운동시설 조성공사 현장의 절개 사면으로서, 금련산~황령산계에서 분지되어 남동방향으로 내려와 바다로 연하는 산계의 중턱에 해당한다.

대상 지역에 분포하는 지질은 암회색 응회질 퇴적암층이며 지반조사 결과에도 나타나 있듯이 암반의 공학적인 분류법인 R.M.R 분류를 행한 결과 대상 지역 전체에 걸쳐서 불량한 암반상태를 나타내고 있는 실정이다.

대상 지역의 절개사면도 Romada에 의하여 제안된 암반사면 분류법인 SMR(Slope Mass Rating)을 이용하여 분류한 결과 사면의 안정성이 부분적인 안정에서 매우 불안정의 범위 내에 있는 것으로 나타나고 있어 전반적으로 불안정한 상태에 있는 것으로 나타났다. 그리고 대상 현장의 절개사면 중에는 이미 인장균열이 발생되어 있는 구간도 있어 우기에는 이와 관련되어 대규모 파괴가 발생할 가능성이 있으므로 사면안정 대책이 시급히 요구되는 실정이다.

대상 지역의 시추조사 및 지표지질조사를 토대로 대상 절개사면의 대표적 단면으로 그림 5.1~5.6에 도시된 바와 같이 5개의 단면을 선정하였다. 이들 5개 단면에서의 지질단면도는 지반조사 보고서에 도시된 바와 같다. 단면 2의 경우에는 그림 5.3(a)에서 보는 바와 같이 상부사면과 하부사면으로 나누어 상부사면의 경우에는 그림 5.3(b)와 같이 도시하였고, 하부사면의 경우에는 그림 5.3(c)와 같이 도시하였다. 이와 마찬가지로 단면 4의 경우에도 그림 5.5(a)에서 보는 바와 같이 상부사면과 하부사면으로 나누어 상부사면의 경우에는 그림 5.5(b)와 같이 도시하였고, 하부사면의 경우에는 그림 5.5(c)와 같이 도시하였다. 또한 단면 1과 단면 3은 상부사면으로 분류하였고, 단면 5는 하부사면으로 분류하였다.

각각의 단면에서의 지층 구성은 다음과 같다.

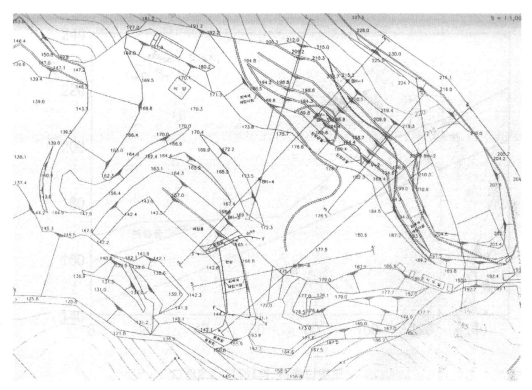

그림 5.1 연구 대상 지역의 평면도

(1) 상부사면

① 단면 1

단면 1의 지층구성은 그림 5.2에서 보는 바와 같이 상부로부터 매립층, 연암층, 경암층의 순으로 되어 있다. 단면 1의 연암층과 경암층의 경계면은 지반조사보고서에서 단면 1 위치의 지층구성과 단면 2 위치의 지층구성의 경향을 고려하여 결정하였다. 단면 1의 경우에는 지반조사시의 구역 1, 2에 속하며 구역 1, 2의 암반 상태는 연암파쇄대로서 RMR 결과를 살펴보면 불량한 것으로 나타나고 있다. 또한 SMR 결과를 살펴보면 부분적인 안정~불안정 상태에 있다.

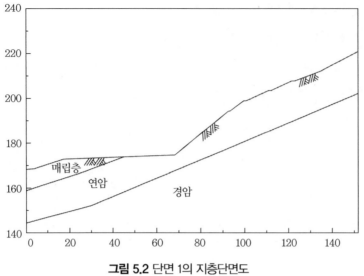

그림 5.2 단면 1의 지층단면도

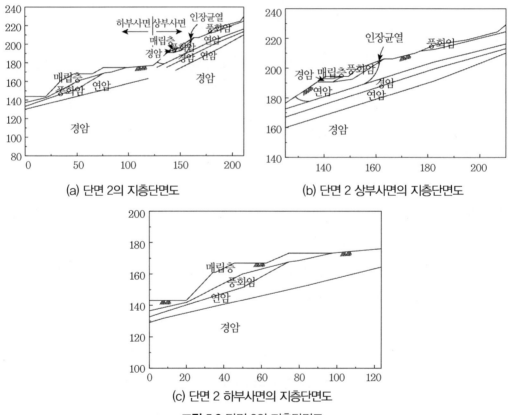

(a) 단면 2의 지층단면도

(b) 단면 2 상부사면의 지층단면도

(c) 단면 2 하부사면의 지층단면도

그림 5.3 단면 2의 지층단면도

② 단면 2

단면 2에서 상부사면의 지층단면도는 그림 5.3(b)와 같다. 단면 2의 상부사면을 살펴보면 사면활동이 발생한 부분에서는 매립층, 풍화암층, 경암층이 존재하고 있는데, 본 지역에서는 지층이 연암층과 경암층이 교차적으로 발생하고 있는 것이 특징이다. 즉, 연암층 – 경암층 – 연암층 – 경암층의 순서로 지층이 나타나고 있다.

단면 2의 상부사면은 지반조사 시의 구역 3에 속하며 인장균열이 발생하여 활동파괴가 이미 일어난 것으로 조사된 지역이다. 단면 2의 상부사면이 속해 있는 구역 3의 암반의 상태는 연암 파쇄대로서 RMR 결과를 살펴보면 매우 불량한 것으로 나타나고 있다. SMR 결과도 역시 불안정 상태에 있다.

③ 단면 3

단면 3의 경우에도 단면 1과 마찬가지로 연암과 경암층으로 구성되어 있으며 그림 5.4에서 볼 수 있는 바와 같이 연암 – 경암 – 연암의 순으로 되어 있다. 단면 3 상부의 지층구성은 단면 2와 단면 4의 지질단면도를 참조하여 동일 경향으로 가정하여 결정하였다.

단면 3의 경우에는 지반조사 시의 구역 3에 속하고, 구역 3의 암반의 상태는 연암파쇄대로서 RMR 결과를 살펴보면 매우 불량한 것으로 나타나고 있으며, SMR 결과를 살펴보면 불안정한 상태에 있는 것으로 나타나고 있다.

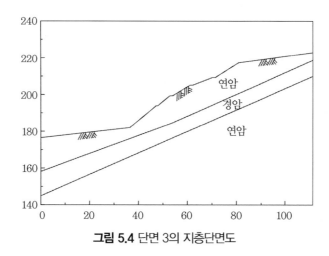

그림 5.4 단면 3의 지층단면도

④ 단면 4

단면 4에서 상부사면의 지층단면도는 그림 5.5(b)와 같다. 단면 4의 상부사면을 살펴보면 일부분 풍화암층이 존재하기도 하지만 이는 매우 일부에서만 나타나고 있고 주를 이루는 층은 연암층과 경암층으로서 연암층 – 경암층 – 연암층의 순서로 나타나고 있다.

단면 4의 상부사면은 지반조사 시의 구역 4에 속하고, 암반의 상태는 연암파쇄대로서 RMR 결과를 살펴보면 불량한 것으로 나타나고 있으며, SMR 결과는 부분적인 안정 상태에 있는 것으로 나타나고 있다.

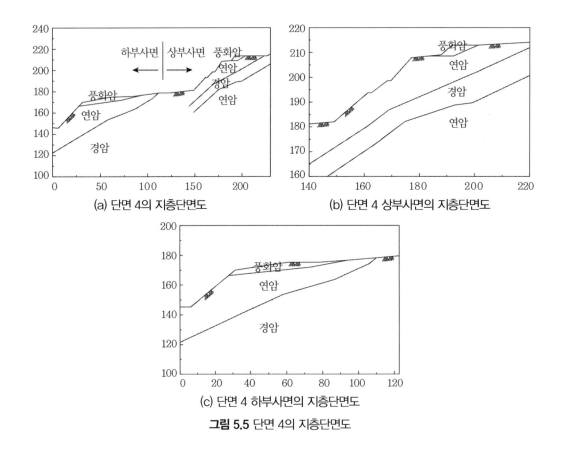

(a) 단면 4의 지층단면도

(b) 단면 4 상부사면의 지층단면도

(c) 단면 4 하부사면의 지층단면도

그림 5.5 단면 4의 지층단면도

(2) 하부사면

① 단면 2

단면 2에서 하부사면의 지층단면도는 그림 5.3(c)와 같다. 단면 2의 하부사면을 살펴보면 매립층, 풍화암층, 연암층, 경암층이 존재하고 있으며, 매립층 – 풍화암층 – 연암층 – 경암층의 순서로 나타나고 있다.

단면 2의 하부사면은 지반조사 시의 구역 6에 속하고, RMR 결과를 살펴보면 매우 불량한 것으로 나타나고 있으며, SMR 결과를 살펴보면 불안정 상태에 있다. 그러나 이 결과는 지표면에 드러나 있는 지층이 매립층이기 때문인 것으로 판단된다.

② 단면 4

단면 4에서 하부사면의 지층단면도는 그림 5.5(c)와 같다. 단면 4의 하부사면을 살펴보면 풍화암층, 연암층, 경암층이 존재하고 있으며, 풍화암층 – 연암층 – 경암층의 순서로 나타나고 있다.

단면 4의 하부사면은 지반조사 시의 구역 7에 속하며, 암반의 상태는 연암파쇄대로서 RMR 결과를 살펴보면 불량한 것으로 나타나고 있고, SMR 결과를 살펴보면 불안정한 상태에 있는 것으로 나타나고 있다.

③ 단면 5

단면 5의 경우에도 단면 4의 하부사면과 마찬가지로 풍화암층, 연암층, 경암층으로 구성되어 있으며, 그림 5.6에서 볼 수 있는 바와 같이 풍화암 – 연암 – 경암의 순으로 되어 있다.

단면 5의 경우에는 단면 4의 하부사면과 마찬가지로 지반조사 시의 구역 7에 속하며 구역 7의 암반의 상태는 연암파쇄대로서 RMR 결과를 살펴보면 불량한 것으로 나타나고 있다. 또한 SMR 결과를 살펴보면 불안정 상태에 있는 것으로 나타나고 있다.

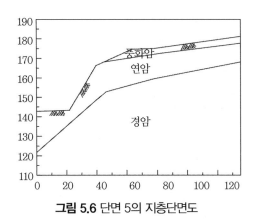

그림 5.6 단면 5의 지층단면도

5.2.2 토질정수

대상 지역에 분포되어 있는 매립층, 풍화암층, 연암층, 경암층의 토질정수는 시추조사, 표준 관입시험, 현장 암반강도 측정시험 등의 시험 결과를 참고로 하고, 대상 지역에서 실시한 공내재 하시험 결과로 얻을 수 있는 변형계수값이 지반조사보고서의 지반별 지반정수의 적용 범위에서 해당되는 지반명을 찾아 그 지반의 지반정수 적용 범위에서 가장 작은 지반정수값을 채택하는 방식으로 표 5.1과 같이 추정하였다.

표 5.1 해석에 사용된 지반정수

지층		$\gamma_t(\text{t/m}^3)$	$\phi(°)$	$c(\text{t/m}^2)$	$\gamma_{sat}(\text{t/m}^3)$
매립층		1.7	25	1.0	1.85
풍화암층		2.0	30	5.0	2.0
연암층		2.0	30	10.0	2.0
경암층		2.5	35	150.0	2.5
절리층진물층	첨두강도	-	14.5	3.5	-
	잔류강도	-	13	1.8	-

즉, 매립층의 토질정수는 $c = 1.0\text{t/m}^2$, $\phi = 25°$, 습윤단위중량$(\gamma_t) = 1.7\text{t/m}^3$, 포화단위중량 $(\gamma_{sat}) = 1.85\text{t/m}^3$로 결정하였으며, 풍화암층의 경우에는 $c = 5.0\text{t/m}^2$, $\phi = 30°$, 습윤단위중량$(\gamma_t) = 2.0\text{t/m}^2$, 포화단위중량$(\gamma_{sat}) = 2.0\text{t/m}^3$로 결정하였다. 또한 연암층의 토질정수는 $c = 10.0\text{t/m}^2$, $\phi = 30°$, 습윤단위중량$(\gamma_t) = 2.0\text{t/m}^3$, 포화단위중량$(\gamma_{sat}) = 2.0\text{t/m}^3$로 결정하였다. 경암층의 토질정수 는 $c = 150.0\text{t/m}^2$, $\phi = 35°$, 습윤단위중량$(\gamma_t) = 2.5\text{t/m}^3$, 포화단위중량$(\gamma_{sat}) = 2.5\text{t/m}^3$로 결정하였 다. 절리면 전단시험 결과에 의하면 충진물이 협재되어 있는 불연속면에서의 토질정수는 $c = 2.0 \sim$ 4.0t/m^2, $\phi = 13 \sim 16°$로 나타났다.

또한 강우로 인하여 지하수위가 지표면까지 도달한 지반의 완전포화상태에서 단면 2의 상부 사면 내 실제 파괴된 파괴면에 대하여 사면안전율을 1.0으로 하고 역해석을 실시하여 파괴면에 서의 토질정수를 구한 결과 $c = 1.8\text{t/m}^2$, $\phi = 13°$가 얻어져, 절리면충진물 전단시험 결과와 좋은 일치를 보이고 있다. 따라서 대상 사면에서 파괴가 일어날 경우에 파괴면(암층경계면 사이의 충 진물)의 강도정수는 이 값이 될 것이 예상된다. 그러므로 대상 사면의 사면안정해석에서 사용된 가상 파괴면에서의 토질정수는 역해석 결과로 얻어진 $c = 1.8\text{t/m}^2$, $\phi = 13°$로 결정·사용한다. 가상 파괴면은 대부분 연암층과 경암층의 경계면에 협재하는 충진물층에서 발생하는 것으로 하였는데, 두 층의 경계면에서는 투수성과 전단강도 특성의 차이에 의하여 우기에는 강도가 상당히 감소되어 잔류강도 상태에 도달하게 되는 것이 보통이다.

그러나 건조 시와 같이 지하수위의 영향을 고려하지 않을 경우에는 경계면에서의 전단강도가 첨두강도 상태로 증가하여 안정한 상태에 놓이게 된다. 따라서 가상파괴면이 첨두강도를 갖는 경우도 고려하여 해석을 실시할 필요가 있다. 이 경우에는 가상파괴면에서의 토질정수값을 절리면 전단시험 결과를 평균하여 $c = 3.5t/m^2$, $\phi = 14.5°$로 결정하였다.

5.2.3 강우와 지하수위

지반조사 시에는 대상 사면에서 지하수위가 발견되지 않았다. 또한 단면 2의 상부사면의 경우 사면붕괴 시의 지하수위에 대한 자료는 구할 수가 없었다.

그러나 강우강도가 흙의 투수계수의 5배가 넘게 되면 우수가 지중에 침투하기 시작하여 침윤전선이 지층에 형성되기 시작하고 이 상태가 계속되면 하부에서부터 지하수위가 상승하면서 동시에 간극수압이 증가하는 것으로 연구 결과 밝혀졌다.

대상 사면의 경우에는 사면 전반에 걸쳐서 연암의 파쇄 정도가 심하고 파쇄대가 폭넓게 분포하므로 우기에 우수의 지중침투가 활발히 발생할 것이 예상된다. 따라서 본 연구에서는 이러한 우수의 지중침투로 인하여 지하수위가 지표면에 도달하였을 때(이를 완전포화로 표현하기로 한다)를 추정하여 사면안전율을 구해보도록 한다. 또한 동절기나 가뭄이 계속되어 사면 내에 지하수위가 존재하지 않을 때(이를 지하수위 무시로 표현하기로 한다)도 추정하여 사면 안전율을 구해보도록 한다.

지하수위 무시의 경우에는 완전포화 시와는 달리 가상파괴면에서의 강도정수가 첨두강도 상태에 도달하였을 경우와 잔류강도 상태에 도달하였을 경우의 두 가지 경우에 대하여 사면안전율을 구해보도록 한다.

5.2.4 해석 프로그램

우리나라의 자연사면을 절개하였을 경우 사면파괴는 주로 무한사면 파괴형태로 발생하고 있다. 따라서 본 연구에서는 무한사면의 사면안정해석이 가능한 프로그램인 SPILE(Ver.1.0)을 사용한다. 이 프로그램은 사면안정 대책공법으로 억지말뚝공법을 채택하였을 경우에 억지말뚝의 사면안정효과를 고려할 수 있도록 작성된 프로그램이기도 하다. 그러나 단면 2의 하부사면과 같이 매립토층이 존재하는 경우에 대해서는 무한사면파괴형태가 발생하지 않을 경우도 예상하여 원호활동파괴형태의 사면안정해석이 가능한 프로그램 STABL도 사용하였다. 단면 2의 상부사면에서도 파쇄절리의 상태가 심하면 원호활동파괴도 발생할 수 있다. 이러한 경우 프로그램 STABL을 사용할 수 있다.

(1) SPILE

프로그램 'SPILE'은 산사태억지말뚝 해석 프로그램으로 개발된 프로그램(과학기술처산하 한국정보산업연합회 프로그램등록번호 94-01-12-2970)이다. 본 프로그램은 사면의 안정해석과 말뚝의 안정해석의 두 부분으로 크게 구분되어 있다. 사면의 안전율은 붕괴 토괴의 활동력과 저항력의 비로 구해지며 절편법에 의하여 산출되도록 하였다. 사면활동에 저항하는 저항력은 사면파괴면에서의 지반의 전단저항력과 억지말뚝의 저항력의 합으로 구성되어 있다. 이 프로그램은 다음 사항을 고려하여 개발되었다.

일반적으로 사면활동 방지용 말뚝의 설계에서는 그림 1.5에 도시된 바와 같이 말뚝 및 사면의 두 종류의 안정에 대하여 검토해야 한다.

우선 붕괴될 토괴에 의하여 말뚝에 작용하는 측방토압을 산정하여 말뚝이 이 측방토압을 받을 때 발생할 최대휨응력을 구하고, 말뚝의 허용휨응력과 비교하여 말뚝의 안전율을 산정한다. 한편 사면의 안정에 관해서는 말뚝이 받을 수 있는 범위까지의 상기 측방토압을 사면안정에 기여할 수 있는 부가적 저항력으로 생각하여 사면안전율을 산정한다. 이와 같이하여 산정된 말뚝과 사면의 안전율이 모두 소요안전율 이상이 되도록 말뚝의 치수를 결정한다. 여기서 말뚝의 소요안전율은 1.0으로 하고 사면의 소요안전율은 1.2로 한다.

말뚝의 사면안정효과는 말뚝의 설치 간격에도 영향을 받게 된다. 일반적으로 말뚝의 간격이 좁을수록 말뚝이 지반으로부터 받을 측방토압의 최대치는 커진다. 측방토압이 크면 사면안정에는 도움이 되나 말뚝이 그 토압을 견뎌내지 못하므로 말뚝과 사면 모두의 안정에 지장이 없도록 말뚝의 간격도 결정해야 한다.

한편 말뚝의 길이는 사면의 파괴선을 지나 말뚝의 변위, 전단력 및 휨모멘트가 거의 발생하지 않는 길이까지 확보되어야 한다. 그러나 암반이 비교적 얕은 곳에 존재할 경우는 말뚝이 소켓

형태가 되도록 설치해야 한다.

(2) STABL

프로그램 'STABL'은 1975년 Indiana Purdue 대학교의 R.A. Siegel 등에 의해 개발된 프로그램으로 Castes(1971)의 해석방법을 이용하였다. 즉, 전단활동 파괴면에서의 한계평형상태로 해석하여 완전한 평형을 이루지 못하는 임계면을 불규칙하게 추적하여 임계활동파괴면을 찾아내는 방법이다.

5.2.5 대상 사면의 안정성

대상 사면의 지층단면을 각층의 토질정수와 함께 도시하면 각각 그림 5.7(a)~(g)와 같다. 이들 단면에 대해서 그림 5.8(a)~(g)에 도시한 것과 같은 인장균열로 시작된 가상파괴면으로부터 평면파괴가 발생한다고 하여 해석을 실시한 결과는 표 5.2와 같다.

그림 5.8(a)~(g)에 도시한 가상파괴면은 파괴가 연암층과 경암층의 경계에서 발생한다고 가정하여 결정하였으며, 암반 내부에 협재되어 있는 절리충진물층에서도 파괴면이 형성된다고 가정하여 결정하였다.

대상 사면의 소요안전율을 1.2로 하였을 경우, 표 5.2의 결과에서 볼 수 있는 바와 같이 완전포화 시의 안전율은 검토 대상 단면 전체에 걸쳐서 소요안전율을 만족시키지 못함을 알 수 있다. 따라서 대상 사면이 완전히 포화되어 있을 경우에는 파괴가 발생할 수도 있음을 알 수 있다.

지하수위의 영향을 고려하지 않고 지반의 첨두강도를 적용하면 전 단면에 걸쳐서 최소사면안전율이 1.0을 초과하고 있어 본 사면의 안전성이 절대적으로 위험한 것으로는 나타나지 않고 있다.

또한 지하수위의 영향을 고려하지 않고 지반의 잔류강도를 적용하면 단면 1과 단면 2의 상부사면을 제외한 모든 사면에서는 최소사면안전율이 1.0에 근접하고 있어서 첨두강도를 고려하였을 때와 마찬가지로 절대적으로 위험한 것으로는 나타나지 않고 있다.

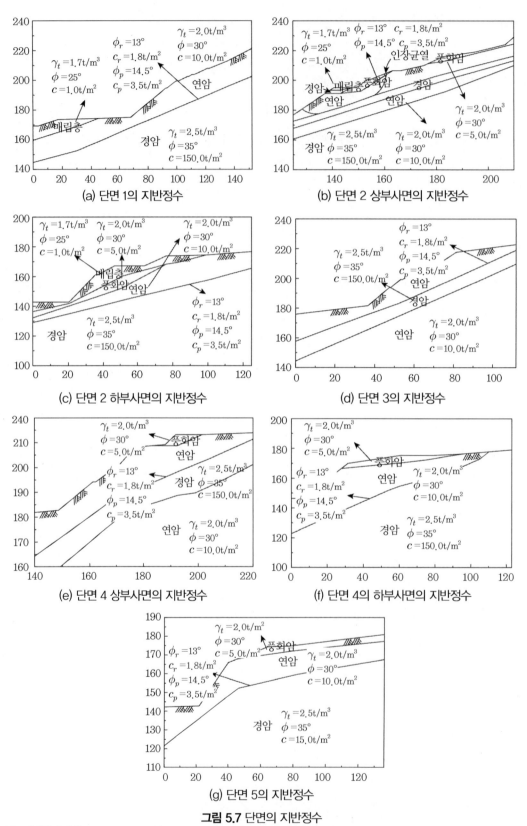

(a) 단면 1의 지반정수

(b) 단면 2 상부사면의 지반정수

(c) 단면 2 하부사면의 지반정수

(d) 단면 3의 지반정수

(e) 단면 4 상부사면의 지반정수

(f) 단면 4의 하부사면의 지반정수

(g) 단면 5의 지반정수

그림 5.7 단면의 지반정수

표 5.2 평면파괴에 대한 사면안정해석 결과

단면			완전포화 시 최소사면안전율	지하수위 무시 최소사면안전율		비고
				첨두강도 고려 시	잔류강도 고려 시	
상부 사면	1	1-1	1.07	2.25	1.38	
		1-2	0.93	1.96	1.26	
		1-3	0.6	1.31	0.9	최소사면안전율
	2	2-1	-	-	-	기존 파괴면
		2-2	0.59	1.28	0.84	
		2-3	0.46	1.03	0.71	최소사면안전율
		2-4	0.74	0.16	1.11	
	3	3-1	1.07	2.25	1.38	
		3-2	0.72	1.56	0.99	최소사면안전율
		3-3	0.75	1.17	1.11	
	4	4-1	0.92	1.91	1.16	
		4-2	0.67	1.43	0.94	
		4-3	0.63	1.37	0.92	최소사면안전율
하부 사면	2	2-5	0.8	1.39		
		2-6	0.8	1.47		
		2-7	1.67	-		
		2-8	0.87	1.93	1.4	
		2-9	0.75	1.66	1.24	최소사면안전율
	4	4-4	1.0	2.12	1.49	
		4-5	1.07	2.25	1.51	
		4-6	0.8	1.76	1.32	최소사면안전율
	5	5-1	0.79	1.73	1.21	최소사면안전율
		5-2	0.82	1.8	1.33	

한편 대상 사면에 대하여 원호활동파괴에 대해 사면안정해석을 실시한 결과는 표 5.3과 같다. 표 5.3의 원호파괴에 대한 사면안정해석 결과와 표 5.2의 평면파괴에 대한 사면안정해석 결과를 비교해보면 모든 단면에서 원호파괴를 고려한 경우의 최소사면안전율이 평면파괴를 고려한 경우의 최소사면안전율보다 크게 나타나고 있음을 알 수 있다.

이상의 결과로 미루어보아 대상 사면에서는 우기에 지하수위가 상승하여 지표면이 완전히 포화되었을 때 파괴가 발생할 수도 있으며, 만약 파괴가 발생한다면 원호파괴보다는 평면파괴형태로 파괴가 일어날 수 있음을 알 수 있다.

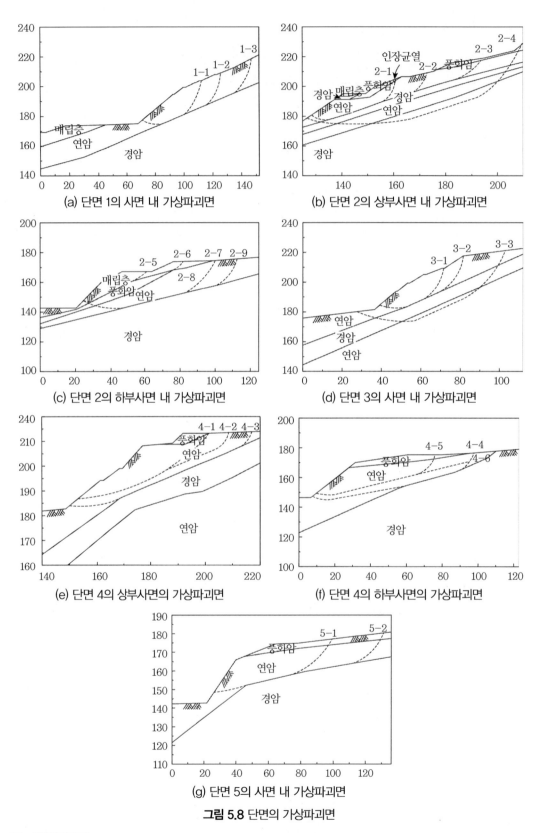

(a) 단면 1의 사면 내 가상파괴면

(b) 단면 2의 상부사면 내 가상파괴면

(c) 단면 2의 하부사면 내 가상파괴면

(d) 단면 3의 사면 내 가상파괴면

(e) 단면 4의 상부사면의 가상파괴면

(f) 단면 4의 하부사면의 가상파괴면

(g) 단면 5의 사면 내 가상파괴면

그림 5.8 단면의 가상파괴면

표 5.3 원호파괴에 대한 사면안정해석 결과

단면		완전포화 시의 최소사면안전율	지하수위 무시 최소사면안전율	
			첨두강도 고려 시	잔류강도 고려 시
상부사면	단면 1	1.03	1.57	1.41
	단면 2	0.7	1.63	1.27
	단면 3	0.95	1.43	1.28
	단면 4	1.04	1.54	1.37
하부사면	단면 2	1.13	1.63	1.45
	단면 3	1.03	1.63	1.47
	단면 4	1.15	1.71	1.54

5.3 사면보강방안의 기본 고찰

산사태방지 대책공법의 정리 방법으로는 여러 가지가 있다. Schuster(1992)는 사면안정공법을 배수공, 절토공, 압성토공 및 지반보강공의 네 가지로 크게 구분하였다. 한편 山田은 산사태방지 대책공을 억지공과 억제공의 두 가지로 크게 구분하였다. 그러나 이들 대책공법은 기능상으로 분류한다면 현재의 사면안전율이 확보되어 있는가에 따라 구분할 수 있다. 즉, 현재 사면안전율이 확보되어 있는 경우는 안전율이 감소하지 않게 해야 하고 사면안전율이 확보되어 있지 않은 경우는 안전율이 확보되도록 해야 한다.

따라서 본 연구에서는 산사태방지 대책공법을 안전율유지공법과 안전율증가공법의 두 가지로 크게 구분·정리하고자 한다. 즉, 현재의 사면안정성은 확보되어 있으나 우수의 침투, 세굴 등에 의하여 사면안전율이 감소되는 것을 방지하기 위하여 적용되는 사면안전율유지공법과 사면안정성이 확보되지 못할 것이 미리 예정되는 사면에 적용할 수 있는 사면안전율 증가공법의 두 가지로 크게 구분·정리하고자 한다.

본 현장에 적용 가능한 사면보강방안을 정리해보면 다음과 같다.

5.3.1 안전율유지공법

평상시 안전한 사면이라도 여러 가지 자연적 원인에 의하여 사면의 안정성이 감소되어 종국에는 산사태가 발생할 수 있다. 따라서 산사태를 방지하려면 이러한 자연적 원인으로부터 사면을 보호해야 한다. 자연적 작용의 대표적인 예로는 우수나 융설수의 침식작용과 비탈면의 풍화작용을 들 수 있다. 이러한 작용으로부터 사면을 보호하기 위해서는 비탈면을 공기 중에 노출시키지 말고 여러 가지 방법으로 피복시켜줄 필요가 있다. 또한 지중에 침투된 물은 즉각 배수될 수 있게 하여 사면의 활동력과 저항력에 물의 영향이 미치지 못하게 처리해야 한다. 즉, 사면지반이 포화되면 활동력이 증가하고 저항력이 감소하게 되어 산사태가 유발된다. 이 영향을 최소화시킬 수 있는 대책공법을 안전율유지공법이라 할 수 있다. 안전율유지공법은 물리역학적 방법과 생물화학적 방법의 두 가지로 크게 구분할 수 있다. 물리역학적 방법으로는 배수공과 블록공을 들 수 있으며 생물화학적 방법으로는 피복공과 표층안정공을 들 수 있다.

본 연구에서는 대상 사면의 현장 상황을 고려하여 안전율유지공법 중에서 생물화학적 방법인 피복공과 표층안정공을 사용하여 사면을 안정시키는 것에 대해 고려해보고자 한다(표 5.4 참조). 이들 각 공법에 대하여 고찰해보면 다음과 같다.

표 5.4 안전율유지공법

공법	특징
식생공	• 사면을 잔디 등의 식물로 피복 • 우수에 의한 사면의 세굴 및 풍화 방지 → 경사면 보호 　－장점: 미관상 유리 　－단점: 대상 사면이 파쇄암인 경우 잔디 등의 생장애 불리
숏크리트공	• 사면을 숏크리트로 피복 • 우수에 의한 사면의 세굴 및 풍화 방지 → 경사면 보호 　－장점: 파쇄암으로 구성된 사면의 세굴 및 풍화방지책으로 유효 　－단점: 미관 불량 → Ivy-net 등을 사용하여 개선 가능
표층고화처리공	• 사면에 표층고화제를 주입 → 우수의 침투 방지, 사면의 세굴 및 풍화 방지 　－장점: 우수의 침투방지, 사면의 세굴 및 풍화 방지 → 가장 효과적 　－단점: 대상 사면에 파쇄암이 존재할 경우 처리 곤란 → 경제성 저하

(1) 식생공

이 공법은 위에서 열거한 공법 중에서 피복공에 해당하는 것으로 경사면을 잔디 등의 식물로 피복함으로써 우수에 의한 침식을 방지하여 경사면을 보호하려는 공법이다. 경사면 보호공으로 가장 보편적으로 사용되며 아직까지도 사용 빈도가 높은 공법이다. 그 이유는 이 공법이 비교적 경제적이고 경사면 보호공으로 효과가 있기 때문인 것으로 판단된다. 식생공법으로는 Seed Spray, Texsol 등이 많이 사용되고 있다. 이 공법의 장점으로는 미관상 우수하다는 것을 들 수 있다.

그러나 본 연구의 대상 사면이 파쇄암으로 이루어져 있다는 것을 고려하면 이러한 지반은 잔디 등의 생장에 불리하므로 대상 현장에 적용하기에는 어느 정도 문제가 발생할 소지가 있는 것으로 판단된다.

(2) 숏크리트공

이 공법 또한 식생공과 마찬가지로 피복공에 해당하는 것으로 경사면을 숏크리트로 피복하여 우수에 의한 사면의 세굴 및 풍화를 방지하여 경사면을 보호하려는 공법이다. 이 공법의 장점으로는 본 연구의 대상 사면과 같이 파쇄암으로 구성된 사면의 세굴 및 풍화방지책으로 유효하다는 점을 들 수 있으며, 단점으로는 식생공과 반대로 미관이 불량하다는 점을 들 수 있다. 그러나 경사면에 숏크리트를 실시한 후에 그 위에 Ivy-net를 설치하게 되면 담쟁이넝쿨이 자라서 숏크리트 면을 덮게 되므로 어느 정도 이러한 단점은 보완이 가능할 것으로 판단된다.

(3) 표층고화처리공

이 공법은 주입재를 주입하여 불안정한 토질의 안정도를 향상시키고 지하수나 침투수의 유입을 막아 사면지반이 불안정하게 되는 것을 막아주는 공법이다. 이 공법 중에는 주입공법만이 아니라 어느 정도의 강도나 강성을 가지는 재료를 병용하여 사면지반의 강도를 보강시키는 공법도 있다.

이 공법의 장점으로는 경사면에 우수가 침투되는 것을 방지하고 사면지반의 세굴 및 풍화를 방지하는 데 다른 공법들에 비하여 가장 효과적이라는 점을 들 수 있다. 그러나 단점으로 대상 사면과 같이 파쇄암이 다량 존재하는 지반에 대해서는 시공성과 경제성이 저하되므로 처리가 곤란하다는 점을 들 수 있다. 따라서 본 대상 사면에 이 공법을 안전율유지공법으로 사용하기에는 부적합할 것으로 판단된다.

5.3.2 안전율증가공법

현장조사 등에 의하여 사면안정성이 충분하지 못함이 판명된 사면에 대해서는 산사태 발생을 방지하기 위하여 사면의 안전율을 적극적으로 증가시킬 수 있는 대책이 마련되어야 한다. 이러한 대책으로는 두 가지 종류의 방법이 이용될 수 있다. 하나는 사면의 활동에 저항시키기 위한 저항력을 증가시켜주는 방법이고, 다른 하나는 사면이 안전하도록 사면의 활동력을 감소시켜주는 방법이다. 우선 저항력 증가법으로는 억지말뚝, 앵커, 옹벽, 성토 등을 사용하여 이들 재료의 전단, 휨, 인장, 압축 등의 역학적 저항 특성을 이용하는 물리적 방법과 지반안정약액을 이용하여 직접 지반의 강도를 증가시켜줌으로써 사면활동에 저항하도록 하는 화학적 방법을 들 수 있다.

한편 활동력감소법으로는 사면상부의 흙을 제거시키는 절토공과 사면의 경사를 보다 완만하게 변경시키는 사면구배변경법을 들 수 있다.

본 연구에서는 대상 사면의 현장 상황을 고려하여 이상의 안전율증가공법 중에서 억지말뚝공, 앵커공, 쏘일네일링공 그리고 록볼트공을 사용하여 사면을 안정시키는 공법을 고려해보고자 한다(표 5.5 참조). 이들 공법에 대하여 고찰해보면 다음과 같다.

표 5.5 안전율증가공법

공법	특징
억지말뚝공	• 사면의 활동토괴를 관통하여 부동지반까지 말뚝을 일렬로 설치 → 활동토괴에 대해 역학적으로 저항 −장점: 대규모 사면 활동 방지에 효과적 → 안전율 증대 효과가 큼 −단점: 대규모 장비진입로가 확보되어야 함
앵커공	• 앵커재 두부에 작용한 하중을 정착지반에 전달하여 사면안정 도모 −장점: 변위를 미소하게 할 수 있음 −단점: 대상 사면과 같은 파쇄암 사면에 대한 효과가 불량
쏘일네일링공	• 철근이나 강봉을 가상파괴면보다 깊게 사면 내에 삽입 → 사면안정 −장점: 시공장비 소규모, 경제적 −단점: 대상 사면과 같은 파쇄암 사면에 대한 효과 불량 지하수위 존재 시 효과 불량
록볼트공	−장점: 시공장비 소규모, 경제적, 중규모 파괴 방지에 적합 −단점: 파쇄암 사면에 설치 곤란 → 콘크리트 블록 등을 사용 설치

(1) 억지말뚝공

이 공법은 사면의 활동토괴를 관통하여 부동지반까지 말뚝을 일렬로 설치함으로써 사면의 활동하중을 말뚝의 수평저항으로 받아 부동지반에 전달시키는 공법이다. 이러한 억지말뚝은 수동말뚝의 대표적인 예의 하나로 억지말뚝공을 사용하는 억지말뚝공은 활동토피에 대하여 역학적으로 저항하는 공법이라 할 수 있다. 이 공법은 사면안전 증가 효과가 커서 우리나라에서도 최근에는 사용하는 횟수가 늘어나고 있는 실정이다(그림 1.5 참조).

말뚝의 거동은 말뚝과 주변지반의 상호작용에 의하여 결성된다. 말뚝의 사면안정효과를 얻기 위해서는 말뚝과 사면 둘 다의 안정성이 충분히 확보되도록 말뚝의 설치위치, 간격, 직경, 감성, 근입깊이 등을 결정해야 한다. 억지말뚝으로 사용되는 말뚝은 강관말뚝, H-말뚝, PC 말뚝, PHC 말뚝 등을 들 수 있다.

이 공법의 장점은 특히 대규모 사면활동 방지에 효과적이라는 점이다. 특히 우리나라와 같이 평면파괴형태 사면파괴가 많이 발생하는 지역에서는 매우 효과적인 공법이다. 그러나 억지말뚝을 설치하기 위하여 대규모 장비진입로가 확보되어야 하는 단점도 갖고 있다.

(2) 앵커공

앵커공법은 고강도 강재를 앵커재로 하여 보링공 내에 삽입하여 그라우트 주입을 실시함으로써 앵커재를 지반에 정착시켜 앵커재 두부에 작용한 하중을 정착지반에 전달하여 안정시키는 공법이다. 이 공법은 구미 각국에서 오래전부터 많이 사용되고 있다.

앵커공법은 고강도의 강재를 사용하여 프리스트레스를 가하는 점에 공법의 특징이 있다. 이렇게 프리스트레스를 가할 경우에 얻을 수 있는 장점은 정착된 구조물에 하중이 작용하는 경우 구조물의 변위를 영으로 하거나 혹은 미소하게 할 수 있다는 점이다.

그러나 단점으로 대상 사면과 같이 파쇄암으로 이루어진 사면에서는 효과가 불량하다는 점을 들 수 있다. 또한 장기적인 측면에서는 프리스트레스가 감소할 우려가 있으므로 영구적인 대책공으로 사용하기에는 어려움이 있을 것으로 판단된다.

(3) 쏘일네일링공

이 공법은 철근이나 강봉을 가상파괴면보다 깊게 사면 내에 삽입하여 사면의 안정효과를 갖게 하는 공법으로 최근 많이 사용되고 있는 공법 중의 하나다. 이 공법의 장점으로는 억지말뚝과는 정반대로 시공장비가 소규모라는 점을 들 수 있다. 그러나 본 대상 사면과 같이 파쇄암으로 형성된 사면에서는 효과가 불량할 수도 있다는 점과 지하수위가 존재할 때 사면안정효과가 불량하므로 배수공을 특히 주의하여 시공해야 한다는 단점을 갖고 있다.

(4) 록볼트공

이 공법은 앞에서 열거한 다른 안전율 증가공법들과는 달리 표층부의 중규모 파괴 방지에 적합한 공법으로 다른 공법과 병행하여 사용하는 것이 바람직할 것으로 판단된다.

이 공법의 장점은 시공장비가 소규모이고 경제적이라는 점을 들 수 있다. 그러나 대상 사면이 파쇄암으로 되어 있는 사면에 설치하기에는 곤란하므로 콘크리트 블록 등을 사용하여 설치해야 하는 단점을 갖고 있다.

5.4 사면안정 대책공법의 채택

5.4.1 사면안정 대책안

본 연구에서는 앞 장에서 열거한 사면안정 대책공들을 사용하여 대상 사면의 사면안정 대책안으로서 다음과 같이 4개의 안을 마련하여 검토하였다. 각각의 사면안정 대책안은 안전율 증가공과 안전율 유지공을 병행하여 적용하는 것으로 하였으며, 안전율 증가공은 대규모 및 중규모 파괴에 대하여 사면을 안정시키는 역할을 하도록 하고 안전율 유지공은 소규모 파괴를 방지하는 역할을 하도록 하였다. 각각의 사면안정 대책안에 대하여 살펴보면 다음과 같다. 또한 다음에 열거한 사면안정 대책안에 대하여 종합적으로 요약하면 표 5.6과 같다.

표 5.6 사면안정 대책안 종합요약

방안	I안	II안	III안	IV안
사면안정 대책	● 안전율 증가공: 록앵커 ● 안전율 유지공 : 숏크리트+Ivy-net ● 자재규격 및 설치간격 : R/A(PCstrand(ϕ12.7)) + 숏크리트($t=30$cm) + Ivy-net ● R/A 간격 : 수직 2~3m, 수평 2~3m	● 안전율 증가공 : 쏘일네일링 ● 안전율 유지공 : 숏크리트+Ivy-net ● 자재 및 규격 : 쏘일네일링(SD 40, ϕ25) +숏크리트($t=30$cm) + Ivy-net ● 네일 설치간격 : 수평 1.5m, 수직 1.5m	● 안전율 증가공 : 억지말뚝 ● 안전율 유지공 : 록볼트+식생공 ● 자재 및 규격 : 억지말뚝(H-300×300×10, ϕ450) + R/B(ϕ25) + 식 생공 ● 억지말뚝 열수 : 1열단, 단면 1과 단면 2 상부사면은 2열 설치	● 안전율 증가공 : 억지말뚝 ● 안전율 유지공 : 숏크리트+Ivy-net ● 자재 및 규격 : 억지말뚝(H-300×300×10, ϕ450) + R/B(ϕ25) + 숏 크리트($t=30$cm) + Ivy -net ● 억지말뚝 열수 : 1열단, 단면 1과 단면 2 상부사면은 2열 설치
설계조건	● Rock Anchor가 소요안 전율을 만족시키는 설계 ● 숏크리트는 표토층의 풍화, 세굴·침식을 방 지하도록 함	● 네일이 소요안전율을 만족시키도록 설계 ● 숏크리트는 표토층의 풍화, 세굴·침식을 방 지하도록 함	● 억지말뚝공이 소요안 전율을 만족시키도록 설계 ● 표토층의 파괴는 R/B 와 식생공으로 방지하 도록 함	● 억지말뚝공이 소요안 전율을 만족시키도록 설계 ● 표토층의 파괴는 R/B 와 숏크리트로 방지하 도록 함
장점	● 억지말뚝공에 비해 장 비진입로가 소규모임	● 국부적인 파괴 및 대 규모 파괴에 대해 동 시에 고려 가능	● 소규모 파괴(식생공), 중 규모 파괴(R/B) 및 대 규모 파괴(억지말뚝)에 대해 동시에 방지 가능 ● 미관상 유리	● 소규모 파괴(숏크리트), 중규모 파괴(R/B) 및 대규모 파괴(억지말뚝) 에 대해 동시에 고려 가능 ● 경사면 지반의 풍화, 세 굴·침식에 유리
단점	● R/A의 설치 개수가 너 무 많음→공사비 증대 ● 장기적인 측면에서 프 리스트레스력의 감소 가 예상됨	● 파쇄대에서의 네일링 의 효과가 의문시됨 ● 숏크리트 경사면에 배 수공 등을 설치하여 배수에 특히 주의를 해 야 함	● 파쇄암 지역에서 잔디 의 생장 불리 ● R/B를 설치하기 위해 콘크리트 블록을 사용 해야 함 ● 경사면 지반의 풍화, 세 굴·침식에 불리	● 미관 불량→Ivy-net 등 을 사용하여 개선 가능
평가	-	-	권장 방안	차선 권장 방안

(1) 제1안(그림 5.9(a) 참조)

이 방법은 안전율증가공으로서 록앵커공을 적용하고 안전율유지공으로서 숏크리트공과 Ivy-net을 적용하는 방법이다. 이 방법에서는 록앵커가 소요안전을 만족시키도록 설계되어야 하며 숏크리트는 표토층의 풍화·세굴·침식을 방지하도록 해야 한다.

이 방법의 장점은 억지말뚝공에 비해 장비진입로가 소규모라는 것을 들 수 있다. 그러나 대상 사면에서 소요 사면안전율을 얻기 위한 앵커의 설치수가 너무 많아지므로 공사비가 증대될 가능성이 있는 점과 장기적인 측면에서 프리스트레스력의 감소가 예상되므로 영구적인 대책은 될 수 없을 것이라는 점을 단점으로 들 수 있다. 또한 본 대상 사면과 같이 파쇄암 사면에서의 앵커공의 효과가 의문시되는 점도 단점으로 들 수 있다.

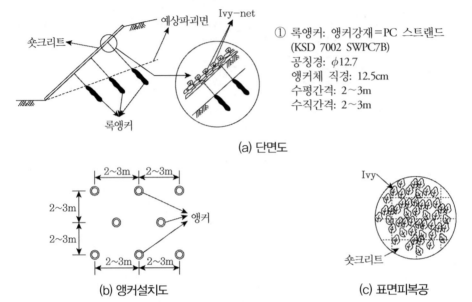

(a) 단면도

① 록앵커: 앵커강재=PC 스트랜드
(KSD 7002 SWPC7B)
공칭경: $\phi 12.7$
앵커체 직경: 12.5cm
수평간격: 2~3m
수직간격: 2~3m

(b) 앵커설치도

(c) 표면피복공

② 숏크리트: 와이어메쉬(규격 85×100×100)를 전면에 피복 → 그 위에 이형철근($\phi 19$)을 200×200 형태로 덧씌운 후 록볼트로 고정 → 숏크리트 시공(시공 후 두께는 평균 30cm 정도)
③ Ivy-net: 담쟁이넝쿨+와이어망

그림 5.9(a) 제1안(록앵커+숏크리트+Ivy-net)

(2) 제2안(그림 5.9(b) 참조)

이 방법은 안전율증가공으로서 쏘일네일링공을 적용하고 안전율유지공으로서 숏크리트공과 Ivy-net를 적용하는 방법이다. 이 방법에서는 우선 네일이 소요사면안전율을 만족시키도록 설계 되어야 하며, 숏크리트는 제1안과 마찬가지로 표토층의 풍화·세굴·침식을 방지하도록 해야 한다.

이 방법의 장점으로는 네일로서 국부적인 파괴 및 대규모 파괴에 대하여 동시에 대처할 수 있다는 점을 들 수 있다. 그러나 네일의 특성상 본 대상 사면과 같이 파쇄암으로 이루어진 사면 에서의 효과가 의문시되는 점과 숏크리트 경사면에 배수공 등을 설치하여 배수에 특히 주의를 해야 하는 점을 단점으로 갖고 있다.

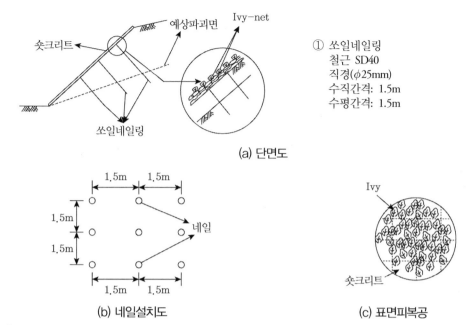

(a) 단면도

① 쏘일네일링
   철근 SD40
   직경(φ25mm)
   수직간격: 1.5m
   수평간격: 1.5m

(b) 네일설치도

(c) 표면피복공

② 숏크리트: 와이어메쉬(규격 85×100×100)를 전면에 피복 → 그 위에 이형철근(φ19)을 200×200 형태로 덧씌운 후 룩볼트로 고정 → 숏크리트 시공(시공 후 두께는 평균 30cm 정도)
③ Ivy-net: 담쟁이넝쿨＋와이어메쉬

그림 5.9(b) 제2안(쏘일네일링＋숏크리트＋Ivy-net)

(3) 제3안(그림 5.9(c) 참조)

이 방법은 안전율증가공으로서 억지말뚝공을 적용하고 안전율유지공으로서 록볼트공과 식생공을 적용하는 방법이다. 이 방법에서는 억지말뚝이 소요안전율을 만족시키도록 설계되어야 하며 표토층의 파괴는 록볼트공과 식생공으로 방지할 수 있다는 특징을 갖는다.

이 방법의 장점으로는 소규모 파괴는 식생공이 방지할 수 있고, 중규모 파괴는 록볼트가 방지할 수 있으며, 대규모 파괴는 억지말뚝이 방지할 수 있으므로 소규모파괴부터 대규모파괴까지 동시에 방지 가능하다는 점을 들 수 있다. 또한 미관상으로도 유리하다는 점도 장점으로 들 수 있다.

단점으로는 대상 사면과 같이 파쇄암 지역에서는 잔디의 생장이 불리하므로 식생공을 효과적으로 시공할 수 있을지 의문시되는 점과 파쇄암 사면에 록볼트를 설치하기 위해서는 콘크리트 블록 등을 사용하여야 하는 점 등을 들 수 있다.

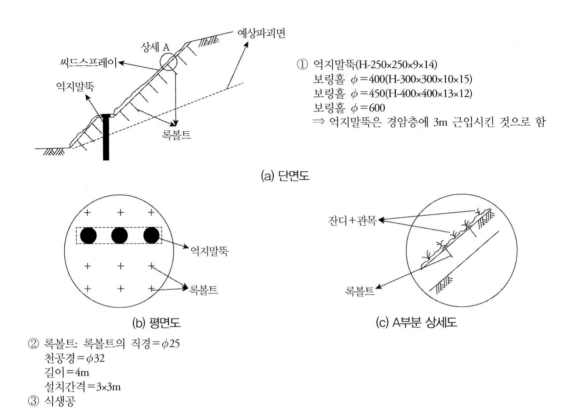

① 억지말뚝(H-250×250×9×14)
   보링홀 ϕ=400(H-300×300×10×15)
   보링홀 ϕ=450(H-400×400×13×12)
   보링홀 ϕ=600
   ⇒ 억지말뚝은 경암층에 3m 근입시킨 것으로 함

(a) 단면도

(b) 평면도

(c) A부분 상세도

② 록볼트: 록볼트의 직경=ϕ25
   천공경=ϕ32
   길이=4m
   설치간격=3×3m
③ 식생공

그림 5.9(c) 제3안(억지말뚝+록볼트+식생공)

(4) 제4안(그림 5.9(d) 참조)

이 방법은 안전율증가공으로서 억지말뚝공을 사용하고 안전율유지공으로서 록볼트공과 숏크리트공 그리고 Ivy-net공을 사용하는 방법이다. 이 방법에서는 우선 억지말뚝이 소요안전율을 만족시키도록 설계되어야 하며 표토층의 파괴는 록볼트와 숏크리트로 방지할 수 있는 특징을 갖는다.

이 방법의 장점으로는 제3안과 마찬가지로 소규모 파괴는 숏크리트가 방지할 수 있고, 중규모 파괴는 록볼트가 방지할 수 있으며, 대규모 파괴는 억지말뚝이 방지할 수 있으므로 소규모 파괴부터 대규모 파괴까지 동시에 방지 가능하다는 점을 들 수 있다. 또한 경사면 지반의 풍화·세굴·침식에 유리하다는 점도 장점으로 들 수 있다.

단점으로는 사면에 숏크리트를 시공하므로 미관이 불량하다는 점을 들 수 있다. 그러나 이 단점은 Ivy-net 등을 사용하여 미관의 개선이 가능하다.

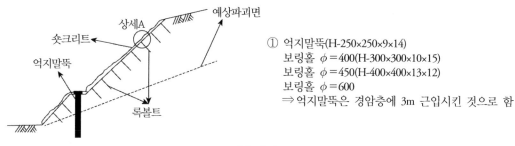

① 억지말뚝(H-250×250×9×14)
　　보링홀 ϕ=400(H-300×300×10×15)
　　보링홀 ϕ=450(H-400×400×13×12)
　　보링홀 ϕ=600
　　⇒ 억지말뚝은 경암층에 3m 근입시킨 것으로 함

(a) 단면도

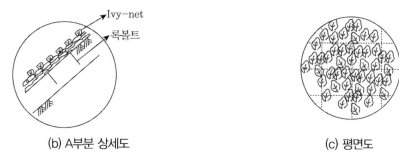

(b) A부분 상세도　　　　　　　　　　　　(c) 평면도

② 록볼트: 록볼트의 직경＝ϕ25
　　천공경＝ϕ32
　　길이＝4m
　　설치간격＝3×3m
③ 숏크리트: 와이어메쉬(규격 85×100×100)를 전면에 피복→그 위에 이형철근(ϕ19)을 200×200 형태로 덧씌운 후 록볼트로 고정→숏크리트로 시공(시공 후 두께는 평균 30cm)
④ Ivy-net: 담쟁이넝쿨＋와이어망

그림 5.9(d) 제4안(억지말뚝＋록볼트＋숏크리트＋Ivy-net)

5.4.2 사면안정설계

(1) 채택방안

본 연구에서는 전 절에서 열거한 사면안정 대책방안 중에서 현장상황 및 경제성 등의 제반조건을 검토하면 제3안과 제4안의 채택을 권장할 수 있다. 그중에서도 특히 제4안을 우선 권장안으로 채택하는 것이 바람직하다.

제3안 및 제4안의 채택 시 다음과 같은 기본 방침을 정하고 세부적인 사면안정 대책을 수립한다.

① 대상 지역에 이미 발생한 인장균열에 대해서는 사면안정대책공을 시공하기 전에 먼저 시멘트그라우트(조강재를 사용하여)로 충진시키는 것으로 한다.

② 대상 지역의 사면구배는 현재의 지표면 형상을 최대한 유지하도록 한다.

③ 사면의 안정은 갈수기는 물론 우기의 최악의 경우인 완전 포화사면의 상태까지도 확보하도록 한다.

④ 억지말뚝은 3종류의 H-말뚝(250×250×9×14, 300×300×10×15, 400×400×13×21)을 사용하는 것으로 하여 각각의 억지말뚝을 사용하였을 경우의 사면안정효과를 검토하는 것으로 하였으며, 억지말뚝의 설치는 1.5~3.0m 간격으로 경암층 아래 3m 깊이까지 관입시키는 것으로 한다.

⑤ 억지말뚝시공은 천공 후 H-말뚝을 삽입하고 공내에 시멘트그라우트 혹은 무근콘크리트로 H-말뚝을 피복하여 부식을 방지한다.

⑥ 말뚝의 두부는 띠장으로 연결한 후 철근콘크리트 캡핑을 실시한다.

⑦ 말뚝의 설치 위치는 사면의 소단 위치에서 선정하며 말뚝 설치 후 상부는 소단의 지표면과 일치시킨다.

⑧ 사면의 소요안전율은 1.2로 한다.

⑨ 말뚝의 소요안전율은 강재에 발생응력과 허용응력 비가 1.0 이내가 되도록 한다.

⑩ 숏크리트의 시공은 절개사면의 굴곡면을 따라 와이어메쉬를 전면에 피복하고 그 위에 이형 철근을 덧씌운 후 록볼트로 고정하고 숏크리트로 시공하도록 한다. 시공 후 평균 두께는 30cm 정도가 되도록 한다(그림 5.10 참조).

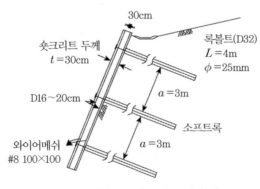

그림 5.10 숏크리트 단면 예

⑪ 록볼트는 길이 3~4m인 이형철근(ϕ25)을 3×3m 간격으로 설치하되 추가로 보강이 요구되는 부분에는 간격의 구분 없이 필요한 만큼 배치한다(그림 5.10 참조).

⑫ 숏크리트면 위에 Ivy-net를 설치한다(그림 5.9 참조).

⑬ 사면안정 대책공을 시공한 후에 대상 사면에 지하수위계와 경사계 등을 설치하여 장기간 계측을 실시한다.

(2) 보강검토 대상 사면

대상 사면의 5개의 단면들 중에서 그림 5.8에 도시된 가상파괴면에 대하여 사면안정성 검토 결과, 최소사면안전율이 발생한 가상파괴면을 선정하면 단면 1의 경우에는 1-3 파괴면이고, 단면 2의 상부사면의 경우에는 2-3 파괴면이다. 단면 2의 하부사면의 경우에는 2-9 파괴면이며 단면 3은 3-2 파괴면에서 최소사면안전율이 얻어졌다. 단면 4의 상부사면과 하부사면에서 최소사면안전율이 얻어진 파괴면은 각각 4-3과 4-6이며, 단면 5의 경우에는 5-1 파괴면에서 최소사면안전율이 얻어졌다. 각각의 최소사면안전율이 얻어진 파괴면에서 완전포화 시에 소요안전율에 대한 부족분은 표 5.7에 나타나 있다. 따라서 억지말뚝의 설계에서는 앞에서 열거한 파괴면을 보강검토 대상 사면으로 정하고 그 가상파괴면에서의 사면안전율이 소요안전율을 만족시키도록 설계하는 것으로 한다.

표 5.7 각각의 가상파괴면에서의 소요안전율에 대한 부족한 안전율

인장균열		완전포화 시의 부족한 안전율	잔류강도를 고려할 경우의 부족한 안전율(지하수위 무시)
상부사면	1-3	0.60	0.30
	2-3	0.74	0.50
	3-2	0.48	0.21
	4-3	0.57	0.28
하부사면	2-9	0.45	· (없음)
	4-6	0.4	· (없음)
	5-1	0.38	· (없음)

(3) 억지말뚝설계

억지말뚝이 사면에 일정한 간격으로 일렬로 설치된 경우 줄말뚝은 산사태 억지효과를 갖게 된다. 따라서 대상 사면의 안정화를 위하여 억지말뚝을 일렬로 설치하고자 한다.

일반적으로 산사태 억지용 억지말뚝의 설계에서는 말뚝과 사면 모두의 안정에 대하여 검토

해야 한다.

우선 파괴면 상부의 붕괴 토괴의 이동에 따라서 말뚝에 작용하는 측방토압을 산정하여 말뚝이 측방토압을 받을 때 발생하는 최대휨응력을 구하고 말뚝의 허용휨응력과 비교하여 말뚝의 안전율 $(F_s)_{pile}$을 산정한다.

한편 사면의 안정에 관해서는 말뚝이 받을 수 있는 범위까지의 측방토압을 산출하여 사면안정에 기여할 수 있는 부가적 저항력으로 생각하여 사면안전율 $(F_s)_{slope}$을 산정한다. 이와 같이 말뚝과 사면의 안전율이 모두 소요안전율 이상이 되도록 말뚝의 치수를 결정한다. 여기서 말뚝의 소요안전율은 1.0으로 하고 사면의 소요안전율은 1.2로 한다.

억지말뚝의 설계에는 줄말뚝의 사면안정효과를 고려할 수 있도록 개발된 프로그램 SPILE을 사용하였다.

억지말뚝의 설치위치는 그림 5.11(a)~(g)에 도시된 바와 같다. 이들 그림에서 점선으로 표시된 억지말뚝의 설치 위치는 두 번째 열의 억지말뚝 설치위치인데, 이것은 한 열의 억지말뚝으로도 소요안전율을 확보하지 못할 경우 두 열의 억지말뚝을 설치하여 소요안전율을 확보하고자 할 때 사용된다.

그림 5.11은 한 열의 억지말뚝을 설치할 경우의 설치위치 평면도이며 그림 5.12는 두 열의 억지말뚝을 설치할 경우의 설치위치 평면도다.

억지말뚝의 설치시공은 다음과 같이 실시한다.

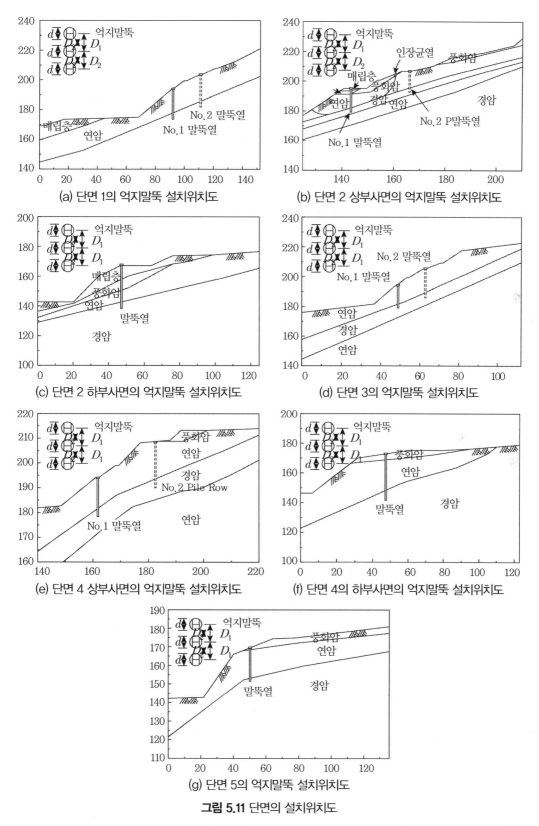

(a) 단면 1의 억지말뚝 설치위치도

(b) 단면 2 상부사면의 억지말뚝 설치위치도

(c) 단면 2 하부사면의 억지말뚝 설치위치도

(d) 단면 3의 억지말뚝 설치위치도

(e) 단면 4 상부사면의 억지말뚝 설치위치도

(f) 단면 4의 하부사면의 억지말뚝 설치위치도

(g) 단면 5의 억지말뚝 설치위치도

그림 5.11 단면의 설치위치도

5.4.3 억지말뚝 보강사면의 설계

(1) 억지말뚝 설계

억지말뚝의 설계안으로 표 5.8에 정리한 바와 같이 세 가지 안을 고려할 수 있다.

표 5.8 억지말뚝 설계안

방안		제1안	제2안	제3안
상부 사면	말뚝치수	H-250×250×9×14	H-300×300×10×15	H-400×400×13×21
	천공경(mm)	ϕ400	ϕ450	ϕ600
	말뚝열수	2열	부분 2열	1열
	말뚝설치간격(m)	2.0	제1열: 1.5m 제2열: 2.0m	1.5
	말뚝설치위치	그림 5.12 참조	그림 5.13 참조	그림 5.14 참조
하부 사면	말뚝치수	H-250×250×9×14	H-300×300×10×15	H-400×400×13×21
	천공경(mm)	ϕ400	ϕ450	ϕ600
	말뚝열수	1열	1열	1열
	말뚝설치간격(m)	2.0	2.5	3.0
	말뚝설치위치	그림 5.12 참조	그림 5.13 참조	그림 5.14 참조

① H-250×250 말뚝 사용의 경우

　가. 상부사면

　　　말뚝치수: H-250×250×9×14

　　　천공경: ϕ400

　　　말뚝열수: 2열

　　　말뚝설치간격: 2.0m

　　　말뚝설치위치: 그림 5.12 참조

　나. 하부사면

　　　말뚝치수: H-250×250×9×14

　　　천공경: ϕ400

　　　말뚝열수: 1열

　　　말뚝설치간격: 2.0m

　　　말뚝설치위치: 그림 5.12 참조

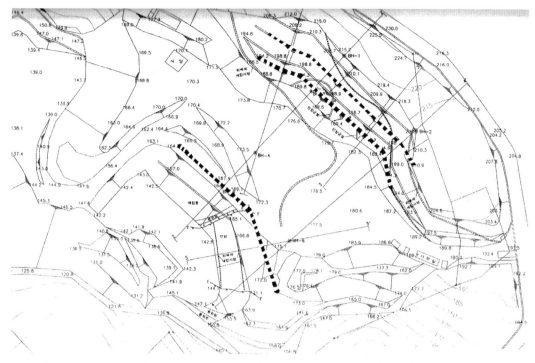

그림 5.12 H−250×250 억지말뚝 설치 시 설치위치도(평면도)

② H-300×300 말뚝 사용의 경우

　가. 상부사면

　　말뚝치수: 300×300×10×15

　　천공경: ϕ450

　　말뚝열수: 단면 2 부분은 2열, 그 밖의 지역은 1열

　　말뚝설치간격: 제1열 1.5m, 제2열 2.0m

　　말뚝설치위치: 그림 5.13 참조

　나. 하부사면

　　말뚝치수: H-300×300×10×15

　　천공경: ϕ450

　　말뚝열수: 1열

　　말뚝설치간격: 2.5m

　　말뚝설치위치: 그림 5.13 참조

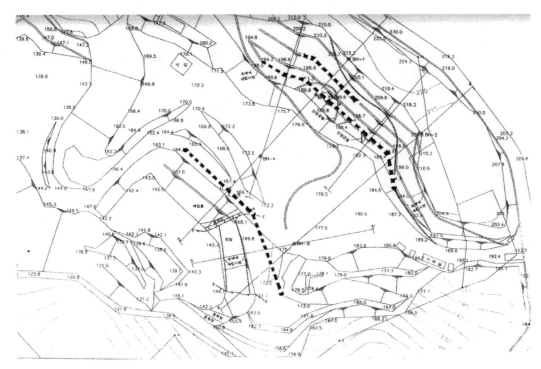

그림 5.13 H-300×300 억지말뚝 설치시의 설치위치도(평면도)

③ H-400×400 말뚝 사용의 경우

　가. 상부사면

　　　말뚝치수: 400×400×13×21

　　　천공경: ϕ600

　　　말뚝열수: 1열

　　　말뚝설치간격: 1.5m

　　　말뚝설치위치: 그림 5.14 참조

(2) 억지말뚝 설치 심도

(3) 억지말뚝 두부

　억지말뚝 두부에는 띠장을 대고 철근콘크리트 캡을 두도록 한다. 이때 이 캡의 상면은 지표면과 일치하도록 한다.

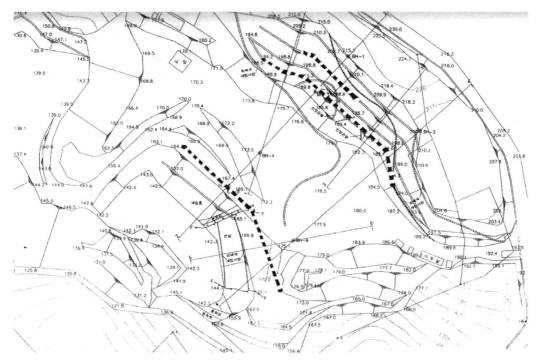

그림 5.14 H-400×400 억지말뚝 설치 시의 설치위치도(평면도)

(4) 억지말뚝 시공

억지말뚝 시공을 설치할 때는 반드시 천공 후 H-말뚝을 삽입하도록 하고, H-말뚝을 삽입한 후에는 시멘트 그라우팅이나 무근콘크리트로 천공 내 구멍을 메꾸어 H-말뚝의 부식을 방지한다.

(5) 보강사면의 안정성

본 연구에서는 세 종류의 H-말뚝을 사용하는 경우에 대해 검토하였다. 여기서는 이들 세 종류의 억지말뚝을 사용한 경우의 각각의 사면안전율을 비교하여 각각의 억지말뚝의 사면안정 효과를 평가해본다.

① H-250×250 말뚝을 사용한 경우

먼저 H-250×250 말뚝을 사용하였을 경우에 각각의 가상파괴면에 대한 보강 전후의 최소사면 안전율을 계산해보면 표 5.9와 같다.

표 5.9 H–250×250 말뚝을 사용한 경우의 최소사면안전율

사면	단면	억지말뚝 보강 전 사면안전율		억지말뚝 보강 후 사면안전율		
		완전포화	지하수위 무시	완전포화	지하수위 무시	말뚝열수
상부사면 (말뚝중심간격 2.0m)	1	0.60	0.90	0.94	1.24	1
				1.20	1.50	2
	2	0.46	0.71	0.82	1.07	1
				1.13	1.37	2
	3	0.72	1.0	1.26	1.54	1
				1.58	1.80	2
	4	0.63	0.92	1.0	1.29	1
				1.29	1.58	2
하부사면 (말뚝중심간격 2.0m)	2	0.75	1.24	1.17	1.67	1
	4	0.8	1.36	1.20	1.72	
	5	0.79	1.21	1.26	1.68	

H-말뚝(250×250×9×14)을 대상 사면에 1열로 시공하였을 경우 상부사면의 단면 1, 단면 2 그리고 단면 4를 제외한 단면들에서 소요안전율을 만족하는 것으로 나타났다. 그러나 상부사면의 단면 1, 단면 2 그리고 단면 4에서는 사면이 완전히 포화되었을 경우에는 억지말뚝을 1열 시공하더라도 소요안전율에 도달하지 못하여 다소 사면이 위험해질 수도 있다. 따라서 부족한 사면안전율을 보완하기 위해서는 억지말뚝을 2열로 시공하는 것이 바람직하다. 표 5.9와 같이 상부사면에 억지말뚝을 말뚝중심간격이 2.0m가 되도록 하고 2열로 시공하였을 경우의 사면안전율은 모두 소요안전율을 만족시키고 있음을 알 수 있다.

따라서 H-말뚝(250×250×9×14)을 대상 사면에 사면안정 대책공으로 시공할 경우에는 상부사면에는 2열의 억지말뚝(말뚝중심간격 2.0m)을 시공하고 하부사면에는 1열의 억지말뚝(말뚝중심간격 2.0m)을 시공하는 것이 바람직하다.

이와 같이 억지말뚝을 설치하여도 단면 2의 상하부사면에서는 사면안전율이 소요안전율 1.2보다 약간 작은 1.13 및 1.17로 나타나지만, 이는 집중호우 시 일시적으로 낮아지는 것이고 사면 경사면에 숏크리트면으로 인하여 보강되는 효과를 고려하면 사면안정성에는 문제가 없을 것으로 판단된다.

② H-300×300 말뚝을 사용한 경우

H-300×300 말뚝을 사용하였을 경우에 각각의 가상파괴면에 대한 보강 전후의 최소사면안전율을 나타내면 표 5.10과 같다.

H-말뚝(300×300×10×15)을 대상 사면에 1열로 시공하였을 경우 상부사면의 단면 2를 제외한 단면에서는 모두 소요안전율을 만족하는 것으로 나타났다. 그러나 상부사면의 단면 2에서는 완전히 포화되었을 경우에 억지말뚝을 1열만 시공하면 사면안전율이 소요안전율에 도달하지 못하여 다소 사면이 위험해질 수도 있다. 이 경우 부족한 안전율을 보완하기 위해서는 상부사면의 단면 2에만 억지말뚝을 2열로 시공하는 것이 바람직하다. 표 5.10에서 보는 바와 같이 대상 사면에 억지말뚝을 2열로 시공하였을 경우 사면안전율은 소요안전율을 만족시킴을 알 수 있다. 이때 추가로 시공되는 억지말뚝의 말뚝 중심간격은 2.0m로 하였다.

따라서 H-말뚝(300×300×10×15)을 대상 사면에 사면안정 대책공으로 시공할 경우에는 다소 불안정할 수도 있는 사면을 보강하기 위해서 상부사면의 단면 2에는 제1열의 억지말뚝(말뚝중심간격 1.5m) 외에 1열의 억지말뚝(말뚝중심간격 2.0m)을 추가로 시공하는 것이 바람직하다. 또한 나머지 단면들에는 억지말뚝을 1열 시공하는 데 상부사면의 경우에는 말뚝 간의 중심간격이 1.5m가 되도록 시공하고 하부사면의 경우에는 말뚝 간의 중심간격이 2.5m가 되도록 시공하는 것이 바람직하다.

표 5.10 H-300×300 말뚝을 사용한 경우의 최소사면안전율

사면	단면	억지말뚝 보강 전 사면안전율		억지말뚝 보강 후 사면안전율		
		완전포화	지하수위 무시	완전포화	지하수위 무시	말뚝열수
상부사면 (말뚝중심 간격 1.5m, 단면 2의 제2열은 2.0m 간격)	1	0.60	0.90	1.15	1.45	1
	2	0.46	0.71	0.97	1.22	1
				1.21	1.46	2
	3	0.72	1.0	1.54	1.81	1
	4	0.63	0.92	1.20	1.49	
하부사면 (말뚝중심 간격 2.5m)	2	0.75	1.24	1.18	1.68	1
	4	0.8	1.36	1.18	1.69	
	5	0.79	1.21	1.23	1.65	

③ H-400x400 말뚝을 사용한 경우

H-400×400 말뚝을 사용하였을 경우의 가상파괴면에 대한 보강 전후의 최소사면안전율을 나타내면 표 5.11과 같다. H-말뚝(400×400×13×21)을 대상 사면에 설치할 경우 상부사면에는 말뚝 간의 중심간격이 1.5m가 되도록 설치하고, 하부사면에는 말뚝 간의 중심간격이 3m가 되도록 설치한다.

표 5.11을 보면 H-말뚝(400×400×13×21)을 대상 사면에 1열로 시공하였을 경우 모두 소요안전율을 만족시키고 있음을 알 수 있다. 다만 단면 2의 상부사면의 경우 소요안전율 1.2를 만족시키지는 못하나 1.0을 넘고 일시적인 안전율 감소현상을 숏크리트공과 록볼트공으로 보강하는 점을 고려하면 사면안정성에는 문제가 없을 것으로 판단된다.

따라서 H-말뚝(400×400×13×21)을 대상 사면에 사면안정 대책공으로 시공할 경우에는 1열의 억지말뚝을 시공하는 데 상부사면에는 말뚝의 중심간격이 1.5m가 되도록 하고, 하부사면에는 말뚝의 중심간격이 3m가 되도록 시공하는 것이 바람직하다.

표 5.11 H-400×400 말뚝을 사용한 경우의 최소사면안전율

사면	단면	억지말뚝 보강 전 사면안전율		억지말뚝 보강 후 사면안전율		
		완전포화	지하수위 무시	완전포화	지하수위 무시	말뚝열수
상부사면 (말뚝중심 간격 1.5m)	1	0.60	0.90	1.27	1.58	1
	2	0.46	0.71	1.09	1.34	
	3	0.72	1.0	1.76	2.03	
	4	0.63	0.92	1.40	1.68	
하부사면 (말뚝중심 간격 3.0m)	2	0.75	1.24	1.28	1.78	1
	4	0.8	1.36	1.19	1.71	
	5	0.79	1.21	1.25	1.67	

5.5 결론 및 종합의견

본 연구 대상 지역 절개사면의 사면안정성 및 사면안정 대책공에 대한 의견을 정리하면 다음과 같다.

(1) 사면안정성 해석 결과 대상 사면에서의 파괴가 발생할 경우에는 우기에 지하수위가 지표면

까지 상승하였을 때 원호파괴보다는 절리충진물층에서 평면파괴형태로 파괴가 발생할 가능성이 높은 것으로 나타났다.

(2) 본 연구 대상 지역의 사면안정 대책공으로는 억지말뚝을 사용하여 대규모파괴를 방지하고, 록볼트를 사용하여 중규모파괴를 방지하며, 숏크리트로 소규모파괴를 방지하는 방안을 채택하는 것이 바람직하다. 이 경우 미관을 고려하여 숏크리트면 상부에 Ivy-net를 설치하는 것이 좋다.

(3) 대상 지역에 이미 발생한 인장균열에 대해서는 사면안정 대책공을 시공하기 전에 먼저 시멘트그라우트(조강재를 사용)로 충진해야 한다.

(4) 억지말뚝의 설계 결과는 다음과 같다.

방안		제1안	제2안	제3안
상부 사면	말뚝치수	H-250×250×9×14	H-300×300×10×15	H-400×400×13×21
	천공경(mm)	$\phi400$	$\phi450$	$\phi600$
	말뚝열수	2열	부분 2열	1열
	말뚝설치간격(m)	2.0	제1열 1.5m, 제2열 2.0m	1.5
	말뚝설치위치	그림 5.12 참조	그림 5.13 참조	그림 5.14 참조
하부 사면	말뚝치수	H-250×250×9×14	H-300×300×10×15	H-400×400×13×21
	천공경(mm)	$\phi400$	$\phi450$	$\phi600$
	말뚝열수	1열	1열	1열
	말뚝설치간격(m)	2.0	2.5	3.0
	말뚝설치위치	그림 5.12 참조	그림 5.13 참조	그림 5.14 참조

(5) 억지말뚝 시공은 천공 후 H-말뚝을 삽입하고 공내에 시멘트그라우트 혹은 무근콘크리트로 H-말뚝을 피복하여 부식을 방지시킨다. 말뚝두부는 띠장으로 연결한 후 철근콘크리트 캡핑을 실시하여 지중보의 형태로 시공한 후 배면지표부에 배수측구를 마련한다.

(6) 억지말뚝은 경암층 아래 3m 깊이까지 관입시켜야 한다.

(7) 숏크리트의 시공은 절개사면의 굴곡면을 따라 와이어메쉬를 전면에 피복하고 그 위에 이형철근을 덧씌운 후 록볼트로 고정하고 숏크리트로 시공하도록 한다. 시공 후 숏크리트 평균두께는 30cm 정도가 되도록 한다.

(8) 록볼트는 길이 3~4m인 이형 철근($\phi25$)을 3×3m 간격으로 설치하되 추가로 보강이 요구되는 부분에는 간격의 구분 없이 필요한 만큼 배치한다.

(9) Ivy-net는 설치 전에 조경관계자에게 자문을 받아 설치하도록 한다.

(10) 사면안정 대책공을 시공한 후에 대상 사면에 지하수위계와 경사계 등을 설치하여 장기간 계측을 반드시 실시한다.

(11) 본 사면지역의 외곽 및 내부에 배수측구를 적절히 설치하여야 하며 배수측구 설계 시는 유역면적 내 유출량($Q = CIA$)을 고려해야 한다.

(12) 본 연구 결과 제시된 사면보강대책안에 근거하여 세부설계를 거쳐 시공해야 한다.

(13) 하부사면의 사면안정 대책공으로 제시된 안은 하부사면 부근의 건축구조물계획안이 확정될 경우 구조물설치안에 따라 쏘일네일링 등의 공법으로 수정이 가능하다. 이 경우 사면안정의 재검토가 필요하다.

● 참고문헌 ●

(1) 홍원표·이재호·황인철(1997), '부산 황령산 유원지 내 운동시설 조성공사 현장사면안정성 확보방안에 대한 연구보고서', 중앙대학교.

지탄터널 공사구간
대절토 사면안정성

지탄터널 공사구간 대절토 사면안정성

6.1 서론

본 연구는 경부고속철도 제7-1공구 노반신설 기타 공사구역 내 지탄터널 공사구간 중 일부 구간(178K 405~178K 705)을 대절토 사면으로 변경할 경우, 대절토 사면의 안정성을 검토하고 필요시 사면보강대책방안을 마련함에 그 목적이 있다.[1]

본 연구에서 검토될 기술 사항의 범위는 다음과 같다.

(1) 현장답사

(2) 기존자료 검토

(3) 대절토 사면의 사면구배 결정 및 사면안정성 판단

(4) 사면보강 대책방안 구상

(5) 보강 후 사면안정성 검토

본 연구는 ○○건설주식회사가 제공하는 자료와 (주)창영엔지니어링에서 실시한 추가 지반 조사보고서를 토대로 검토·분석한다. 또한 수차례의 현장답사도 실시한다. 본 연구과업에 필요 할 것으로 판단되어 ○○건설주식회사와 (주)창영엔지니어링에 제공하도록 요청한 자료는 다음 과 같다.

(1) 주변현황 지형측량도 및 사면단면도

(2) 현황사진

(3) 지반조사 보고서 및 지질구성도

(4) 강우기록

(5) 구조물 설치 및 설계도

(6) 기타 본 연구과업에 필요한 자료

6.2 지반조사

6.2.1 현장개요

　연구 대상 지역은 충청북도 옥천군 이원면에 위치한 경부고속철도 제7-1공구 노반신설 기타 공사구역 내 지탄터널 공사구간 중 절개구간으로 변경 예정인 일부 구간에 해당하는 178K 405 위치에서 178K 705 위치까지 구간에 해당한다. 이 지역에 분포하는 지질은 백악기에 관입된 불국사화강암류로서 장석반정을 포함하는 반상 흑운모화강암에 속하고 있으며, 관입암인 석영반암과 관입암맥이 분포하고 있다. 그리고 상부에는 풍화토층이 위치하며, 하부에는 풍화암, 연암, 경암 등이 위치한다.

　그림 6.1은 연구 대상 지역에 대한 평면도를 도시한 것으로 절개사면 설계구간은 300m다. 이 설계구간 중에서 사면고가 가장 높은 세 곳을 검토 단면으로 선정하였다. 그리고 대상 지역의 시추조사는 그림 6.1에서 보는 바와 같이 TCB-1~TCB-8까지 8곳에 대하여 실시하였다. 검토 단면은 현재 절개 중인 사면과 최대 절토고 지점에서의 시추조사 결과를 토대로 설계기울기에 대한 안정성평가를 실시하였다.

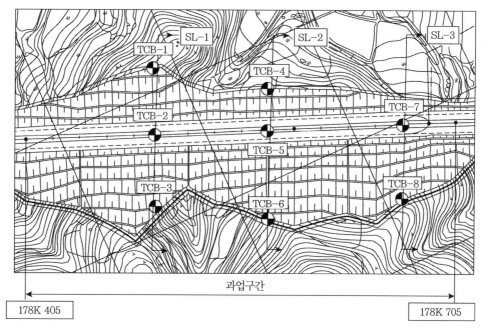

그림 6.1 연구 대상 지역의 평면도

6.2.2 지표지질조사

(1) 지표지질조사방법

지표지질조사 시 사용된 장비는 클리노 콤파스(clino compass) 및 지질 해머(geological hammer) 등이며 이들의 사용법은 그림 6.2와 같다.

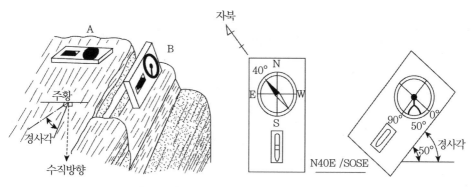

그림 6.2 지표지질조사 장비의 개략적인 사용방법

현장 암반의 절리방향은 주향과 경사로 표현할 수 있는데, 사용자의 편의에 따라 그림 6.3과 같이 주향과 경사 또는 경사방향과 경사로 나타낼 수 있다. 경사방향의 표현은 자북(N)을 기준으로 경사진 방향까지를 시계방향으로 측정하며, 경사각은 수평면에 대한 기울어진 각도로 표시한다.

본 연구에서 불연속면의 측정은 주형경사계를 사용하여 절리계를 이루고 있는 절리들 중에서 주요 암괴의 안정에 영향을 미치는 절리들에 대하여 측정을 실시하였다.

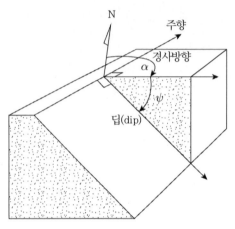

그림 6.3 절리의 방향성 도시방법

① 불연속면의 분류

가. 절리간격

절리간격은 표 6.1에 구분되어 있는 것과 같이 절리 간의 수직거리이고 일반적으로 절리의 종류에 따라서 각각의 평균 수직간격을 측정한다. 절리의 간격은 암반을 구성하고 있는 암괴의 크기를 결정하고 암반의 공학적인 성질(예: 암반절개의 난이도, 파쇄특징, 투수율)에 영향을 주며 절개 시 암반의 파괴와 변형은 절개규모에 대한 절리 발달 간격의 비율이 중요한 요소다.

절리의 간격을 측정하는 방법은 야외에서 각각의 절리군에 대해서 평균적인 절리 간의 거리를 구하는 방법과 직접 절리를 잴 수 없는 경우는 시추된 코어로서 추정한다.

표 6.1 절리간격

설명	범위	등급
extremely close spacing	<2	V
very Close spacing	2~6	IV
close spacing	6~20	III
moderate spacing	20~60	II
wide spacing	60~200	I
very wide spacing	200~600	
extremely wide spacing	>600	

나. 절리의 연속성

절개면에서의 절리의 연속성은 표 6.2에서 보는 것과 같이 절리의 크기 또는 절리가 연장되는 정도로서 이는 암반의 공학적인 성질을 지배하는 중요한 요소지만 현장에서 조사하기가 매우 어렵다. 암반사면의 안정성 검토 시에는 불안정한 것으로 고려되는 절리의 연속성 정도를 추정하는 것이 매우 중요하다.

표 6.2 절리의 연속성

설명	모델 추정 길이(m)
Very low persistence	<1
Low persistence	1~3
Medium persistence	3~10
High persistence	10~20
Very high persistence	>20

다. 절리면의 거칠기

절리면의 굴곡은 작은 규모의 요철(unevenness)과 큰 규모의 만곡(waviness)으로 정의한다. 이 요철과 만곡은 절리면의 전단강도에 영향을 주기 때문에 절리면의 전단강도를 추정하는 데 반드시 필요하다. 특히 절리면의 충진 물질이 없는 경우에는 정확한 추정이 가능하며 프로파일 게이지(profile gauge) 등을 이용하여 측정한다. 절리면의 거칠기의 구분은 그림 6.4와 같다.

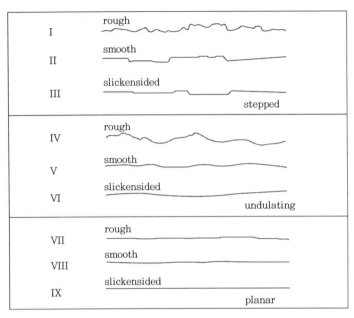

그림 6.4 절리면 거칠기

라. 절리면의 강도

절리면의 강도는 절리면 부근에 있는 암석의 일축압축강도로 결정한다. 절리면의 강도는 절리면 부근에서 종종 발달하는 풍화와 열수변질에 의해서 암괴의 내부에 위치하는 암석의 강도보다도 낮은 경우가 있다. 절리면이 거의 벌어지지 않고 그 절리 사이에 충진물질이 없는 경우에 이 절리면의 일축압축강도는 전단강도에 중요한 영향을 미친다. 다음 표 6.3은 현장에서 지질해머를 이용하여 암석강도를 판정하는 기준이다.

표 6.3 암석강도의 판정기준

분류등급	용어	암반의 상태
1	매우 강함	해머로 여러 번 강하게 타격하여야 부서지거나 단지 약간 부분만이 쪼개져 나간다.
2	강함	해머로 한두 번 강하게 타격했을 때 부서진다.
3	중간 정도	해머로 한 번 쳤을 때 쉽게 모서리가 부서진다. 포켓 칼로 긁어지지 않는다.
4	약함	해머로 쉽게 부서진다. 칼로 어렵게 벗길 수 있다.
5	매우 약함	해머로 눌러 부서진다. 칼로 벗길 수 있다.
6	극히 약함	엄지손가락으로 눌러 부서진다.

마. 절리의 틈새

절리의 틈새는 표 6.4에 구분되어 있는 것과 같이 절리면 사이의 간격으로서 그 틈새에는 공기, 물, 점토 같은 물질로 충진되어 있다. 충진물질이 없는 경우 틈새의 정도는 투수시험으로 추정할 수 있다. 절리면의 틈새 정도는 절리면의 전단력(마찰각)을 감소시키는 요인이 된다.

표 6.4 절리 틈새의 구분

틈새(mm)	설명
<0.1 0~0.25 0.25~0.5	very tight Tight 'closed' feature partly open
0.5~2.5 0.25~10 >10	open moderately 'closed' feature wide
1~10 10~100 >1	very Wide extremely wide 'closed' feature cavernous

바. 절리의 충진물질

표 6.5에서 알 수 있는 것과 같이 절리의 틈새를 충진하고 있는 물질(방해석, 점토, 실트, 모래, 단층점토, 각력암 등)은 일반적으로 모암보다 강도가 약하다. 충진된 절리의 공학적인 성질(예: 전단강도, 변형률, 투수율)은 충진물질의 종류에 따라 다양한 성질을 갖는다. 특히 충진물

표 6.5 불연속면에서 투수(Barton, 1978)

등급	A. 불연속면의 상태
1	불연속면은 매우 타이트하고 건조함, 유수의 흔적 없음
2	불연속면은 유수의 흔적 없고 건조함
3	불연속면은 건조하나 유수의 흔적 있음(착색되어 있음)
4	습기찬(습윤), 자유수의 흔적 없음
5	불연속면 사이에서 물이 나오지만 지속적이지는 않음
6	불연속면에서 지속적인 물의 흐름을 보여줌 (l/min 측정과 수압을 기재할 수 있음)

등급	B. 절리의 충진물질의 상태
1	불연속면은 매우 타이트하고 건조, 유수의 흔적 없음
2	충진물은 습윤하나 자유스러운 유수의 흔적 없음
3	충진물은 축축함, 가끔 물방울이 떨어짐
4	충진물은 밀려 나간 흔적을 보이며, 지속적인 물의 흐름이 있음(l/min 측정가)
5	충진물은 국부적으로 씻겨나감. 밀려 나간 곳에서 유수 관찰(l/min 측정과 수압을 기재할 수 있음)
6	특히 처음 노출된 곳에서 매우 높은 수압으로 충진물은 완전히 씻겨나감 (l/min 측정과 수압을 기재할 수 있음)

질의 단기간이나 장기간의 공학적인 성질이 매우 다를 수 있으며 토목공사 시에는 주의 깊게 충진물질의 종류와 공학적인 성질이 조사되어야 한다.

사. 절리면의 투수

암반의 투수는 암석 내의 공극을 통하여 이루어질 수 있으나(1차 투수율) 주로 절리를 통해서 이루어진다(2차 투수율). 지하수위, 투수통로, 수압 등은 암반의 유효응력을 감소시킴으로써 사면이나 지반의 안정성을 현격히 감소시킬 수 있다.

아. 절리의 방향수

상호 교차하는 절리계를 이루고 있는 절리 종류의 숫자다. 절리의 종류는 다음과 같은 공학적인 면에서 중요하다.

- 굴착 시에 발파로 인하여 과도하게 파쇄되는 양을 결정한다.
- 암반사면안정성을 결정한다.
  - 절리의 발달 간격이 좁은 여러 개의 종류로 이루어진 암반은 어느 한 절리 종류로 무너지기보다는 토양사면파괴와 같이 절리 종류에 영향을 받지 않는 원형의 파괴형태를 보인다.
  - 절리가 한 방향만 있으면 평면파괴, 전도파괴가 발생하고, 두 개 이상의 절리 종류가 있으면 쐐기파괴의 가능성이 있다.

자. 암괴의 크기

상호 교차하는 절리들의 상호방향과 각 절리의 발달 간격에 의하여 암괴의 크기가 결정된다. 암괴의 크기와 각 암괴 간의 전단강도는 어떠한 응력하에서 암반의 공학적인 거동을 결정함으로써 암괴의 크기는 암반의 거동에 관한 지표를 제시한다. 즉, 큰 암괴로 이루어진 암반은 적은 변형을 가지는 경향이 있고 사면안정 해석 시에는 작은 암괴로 이루어진 암반의 경우 토양과 같은 파괴형태를 보인다. 또한 암석체굴이나 발파 시에 암괴의 크기가 공사능률에 영향을 준다.

② 불연속면의 분포도

그림 6.5는 연구 대상 지역에 대한 불연속면의 주향 방향 분포도이다. 이 그림은 Rosette Diagram으로 연구 대상 지역에 분포하는 모든 불연속구조(절리, 단층 등)의 주향방향을 도시하여 절개사면의 주향방향과 평행하였을 때(±20° 이내) 발생 가능한 평면파괴의 가능성 여부와 전도파괴의 가능성을 가지는 불연속 구조의 빈도수를 나타낸 것이다. Rosette Diagram 해석 결과 절개사면은 주향방향이 N60W로서 그림에 도시된 절리의 주 분포방향인 NS 방향에 대하여 약 60° 정도의 사잇각을 가지므로 평면파괴의 가능성은 대체로 미소하게 사면방향이 설계되었다.

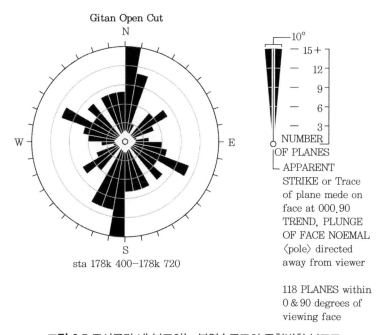

그림 6.5 조사구간 내 분포하는 불연속구조의 주향방향 분포도

그림 6.6은 불규칙 절리를 포함한 모든 불연속 구조들의 집중도를 도시한 것으로 집중의 정도가 좋을수록 집중률(%) 값이 크고 윤곽의 간격이 좁아지는데, 이 경우에는 주절리의 방향성을 파악하는 데 오차의 변위가 적은 경향을 가진다. 조사된 절개사면의 경우 그림과 같이 윤곽의 간격이 불규칙하고 간격이 넓은 것으로 보아 크게 2개 방향의 주절리군과 이에 무관한 불규칙 절리의 발달로 집중화가 분산된 것으로 평가된다.

따라서 연구 대상 지역을 세분화하여 크게 3개 구간으로 평사투영해석을 실시할 수 있다.

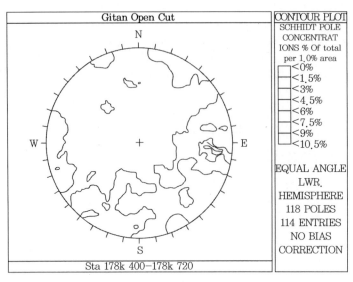

그림 6.6 조사구간 내 분포하는 불연속구조의 집중도

(2) 지표지질조사 결과

① 지질 특성

　본 연구 대상 지역에 분포하는 지질은 중생대 백악기에 관입한 불국사화강암류로서 장석반정을 포함하는 반상 흑운모화강암에 속하며 관입암인 석영반암과 관입암맥이 분포하고 있다. 조립장석반정을 포함하는 반상화강암은 풍화에 대한 저항력이 대체로 약한 광물인 장석을 60% 이상 함유하고 있는데, 이 장석광물은 열수변질작용에 의한 변질 및 지하수 통로 형성, 우수 등에 의한 지표에서의 점이적 풍화, 원조직의 결합력을 상실하게 된다.

　따라서 사면굴착 등에 의하여 원지반이 대기 중에 노출되면 침식이나 풍화에 매우 취약한 특성을 보여 굴착 당시와 시간이 약간 경과한 후의 지반물성이 연약하게 달라질 것이 예상된다. 일례로 원지반 상태에서는 치밀하였던 지질구조가 지표에 노출되면 응력완화효과에 의해 느슨하고 틈새가 어느 정도 벌어지는 박리(exfoliation)형태의 풍화 양상을 보인다. 이러한 풍화현상에 의해 이 지역의 원풍화암반은 지표에 노출되고 강우의 영향을 받게 되면 중요구조물의 사용기한 중에 풍화토 사면으로 전이되는 지반특성을 보인다.

　연구 대상 구간에 걸쳐 조사된 현장의 풍화 정도는 시점부에서 종점부로 갈수록 신선한 암반이 노출되는 경향을 보이며, 대부분의 사면에서 풍화토, 풍화암(리핑암), 발파암(연암, 경암)으로 점이적인 지층분포상태를 보이나, 불연속 구조가 많이 분포하는 석영반암 지역에서는 수직절리에 의한 파쇄균열 양상이 우세하게 나타난다.

전 절토사면에 걸쳐 노선을 횡단하는 방향의 관입암맥과 단층이 발달하고 있으며 불연속면의 형태는 판상의 약간 매끄러운 거칠기와 충진물을 보여주고 있다. 불연속면 벽에서 실시한 반발도 시험에서는 경암의 경우 평균 R〉40의 범위를 보여주고, 리핑암의 경우에는 반발도가 12 정도로, 매우 큰 강도 차이를 보여주고 있다. 흑운모화강암이 우세한 종점부에서는 절리면의 산화철 피복이 눈에 띄고 시점부와 비슷한 토사의 침식(세굴현상)이 두드러진다. 각 검토구간별로 절취사면 상에서 분포하는 불연속구조의 발달상태와 예상사면활동 현황을 조사하여 지질구조 맵핑과 횡단면을 작성하였으며, 이를 토대로 안정성을 검토하였다. 절취암반사면에 분포하는 불연속구조면(절리, 단층, 관입암맥 등)의 방향은 클리노 콤파스(clino compass)를 이용하여 측정하였으며, 내부마찰각 등 전단강도에 대한 정수는 불연속구조면에 대한 반발도 시험 결과와 함께 불연속구조의 전단특성요소를 현장에서 측정하고, 여러 자료를 종합하여 결정하였다.

② 사면의 지표지질 현황 및 암반특성

제1구간(178K 400~178K 500)은 한 방향의 수직성 암맥과 수개조의 절리군들로 구성되어 있으며, 전체적으로 심한 풍화 내지 완전풍화된 양상을 보이고, 노출된 기반암은 풍화암이다. 그리고 관입암맥은 매우 심한 파쇄구간을 형성하고 있는 것으로 나타났다. 제2구간(178K 520~178K 660)은 여러 개의 관입암맥, 관입암 그리고 단층과 수개조의 절리군들로 구성되어 있으며, 관입암맥의 경우 매우 심한 파쇄구간을 형성하고 있는 것으로 나타났다. 그리고 제3구간(178K 660~178K 720)은 상부토사층의 쐐기형 원호파괴와 박리형태의 풍화를 보이며, 기반암은 수직절리에 의해 전도파괴 블록을 형성하고 있는 것으로 나타났다.

각 검토 구간별 암반의 특징을 정리하면 표 6.6과 같이 나타낼 수 있다.

표 6.6 검토 구간별 암반의 특징

구간	절리간격 (cm)	거칠기	충진물	지하수	절리의 연속성(m)	풍화도	암괴형태	RQD (%)	슈미트헤머 (반발력)
제1구간	10~20	planner/slightly smooth~smooth	surface staining	dry	0.5~22.0	중간~완전풍화	세편상으로 0.3m³ 이하가 대부분	0~40	$20 < R < 25$
제2구간	30	planner/slightly smooth	surface staining, clay 3cm	dry	0.3~0.8			0~60	$R = 12$
제3구간	5~40	planner/slightly rough	surface staining, hard filling	dry	1			0~70	$45 < R$

6.2.3 지반특성조사

보링조사는 지표로부터 지반 내를 천공하여 지층의 상태를 조사하는 방법으로 지층의 구성 및 심도 그리고 지하수위를 파악할 수 있다. 실내시험에 사용할 수 있는 시료를 채취할 수 있으며, 표준관입시험을 통하여 지반의 강도를 추정할 수 있다.

그림 6.1에 표시된 시추조사위치에서 채취한 시료를 이용하여 지층을 분류하고 표준관입시험을 실시하여 N치를 구하였다. 그리고 상부에 있는 풍화토층에 대하여 직접전단시험을 실시하였다. 따라서 N치와 직접전단시험의 결과를 이용하여 지반의 물성치를 결정하였다.

(1) 지층구조

대상 지역에 대하여 보링조사를 실시한 결과를 통하여 지층의 구성 및 심도, 지하수위를 파악할 수 있다. 보링조사 결과를 토대로 대상 지역의 지층분포를 정리하면 표 6.7과 같다.

SL-1구간은 상부에서 풍화토층이 1.2~5.5m의 두께로 분포하며, 그 아래에 풍화암층, 연암층 등이 존재한다. 지하수위는 지표면으로부터 13.0~19.1m에 위치한다. SL-2 구간의 TCB-4와 TCB-6 지점에서 상부 토사층이 4.5~5.0m의 두께로 분포하며, TCB-5 지점에서는 연암층, 풍화암층, 연암층의 순서로 지층이 분포한다. 지하수위는 지표면으로부터 7.7~15.7m에 위치한다. 그리고 SL-3구간에서 TCB-8의 경우 상부 토사층이 1.3m 두께로 존재하며, 그 아래에는 암반층이 존재한다. 또한 TCB-7의 경우는 전부 암반층으로 이루어져 있으며, 지하수위는 지표면으로부터 5.3~8.2m에 위치한다.

표 6.7 지층의 분류

사면구분	시추공번호	심도(m)	층후(m)	지하수위(m)	지층구분
SL-1	TCB-1	0.0~0.3	0.3	19.1	표토층
		0.0~0.3	5.5		풍화토
		0.0~0.3	26.7		풍화암
	TCB-2	0.0~0.3	2.8	13.0	풍화토
		0.0~0.3	6.2		풍화암
		0.0~0.3	14.0		연암
	TCB-3	0.0~0.3	1.2	15.0	풍화토
		0.0~0.3	19.5		풍화암
		0.0~0.3	2.00		경암
SL-2	TCB-4	0.0~1.0	1.0	15.7	표토층
		1.0~2.2	1.2		붕적토
		2.2~4.5	2.3		풍화토
		4.5~18.0	13.5		풍화암
	TCB-5	0.0~6.0	6.0	0.2	연암
		6.0~9.5	3.5		풍화암
		9.5~14.2	4.7		연암
		14.2~18.5	4.3		경암
	TCB-6	0.0~0.5	0.5	7.7	붕적토
		0.5~3.5	3.0		풍화토
		3.5~5.0	1.5		풍화암
		5.0~18.0	13.0		연암
		18.0~28.0	10.0		경암
SL-3	TCB-7	0.0~0.2	0.2	8.2	풍화암
		0.2~2.0	1.8		연암
		2.0~15.0	13.0		경암
	TCB-8	0.0~0.3	0.3	5.3	표토층
		0.3~1.3	1.0		붕적토
		1.3~10.5	9.2		풍화암
		10.5~24.5	14.0		연암
			4.0		경암

(2) 토사층의 물성치

상부 토사층에 대한 토질분류와 표준관입시험에 의한 N치의 결과를 정리하면 표 6.8과 같다. 토질분류상 대부분 실트질 모래(SM)며, N치는 4~50까지 다양한 값을 갖는 것으로 나타났다. 그리고 Hunt(1984)와 Dunham(1954)($\phi = \sqrt{12N} + 15$)에 의해서 제안된 N치와 내부마찰각과의 상관관계를 이용하여 상부 토사층의 내부마찰각을 표 6.9와 같이 추정할 수 있다. 이상의 결과로부터 상부 풍화토의 내부마찰각 ϕ는 25°로 결정하는 것이 안전하다.

표 6.8 표준관입시험 결과 및 분류

사면구분	시추공번호	심도(m)	토양구분	N값(타격횟수/cm)	분류기호
SL-1	TCB-1	0.0	표토층	U/D	SM
		1.5	풍화토	28/30	SM
		3.0 이하	〃	50/23	SM
	TCB-2	0.1	〃	50/19	SM
	TCB-3	0.0	〃	36/30	SM
SL-2	TCB-4	0.0	표토층	4/30	SM
		1.5	붕적토	50/28	SM
		3.0	풍화토	32/30	SM
	TCB-6	0.5	붕적토	9/30	SM
		3.0	풍화토	32/30	SM
SL-3	TCB-8	0.0	표토층	18/30	SM
		1.5	붕적토	18/30	SM

표 6.9 N치와 내부마찰각의 관계를 이용한 토사층의 내부마찰각

사면구분	시추공번호	심도(m)	토양분류	N치	내부 마찰각 ϕ(°)		추정값
					By Hunt, 1984	By Dunham	
SL-1	TCB-1	1.5	SM	28/30	32	33	25°
	TCB-3	0.0	SM	36/30	32	35	
SL-2	TCB-4	3.0	SM	32/30	32	34	
	TCB-6	0.5	SM	32/30	32	34	
SL-3	TCB-8	1.5	SM	18/30	29~32	29	

표 6.10은 TCB-1과 TCB-6 지점에 위치한 상부 토사층에 대한 직접전단시험 결과를 정리한 결과다. 시험 결과 단위체적중량 γ_t는 $1.87 \sim 2.07t/m^3$이며, 포화단위체적중량 γ_{sat}는 $2.21t/m^3$이었다.

또한 점착력은 첨두강도일 경우 $3.13 \sim 6.24t/m^3$이고, 잔류강도일 경우 $0.13 \sim 2.25t/m^2$였다. 내부마찰각은 첨두강도일 경우 $22.4 \sim 55.2°$이고, 잔유강도일 경우 $24.0 \sim 56.4°$였다.

표 6.10 토질시험으로 산출된 강도정수

시험공법	채취심도	수질	단위체적중량		c (t/m²) (첨두/잔류)	ϕ (°) (첨두/잔류)
			γ_1	γ_{sat}		
TCB-1	0.3	natural ($\omega = 14.2\%$)	1.957	-	3.23/1.11	49.4/51.0
	0.6	natural ($\omega = 14.2\%$)	2.006	-	4.61/1.48	55.2/49.0
TCB-6	0.5	natural ($\omega = 14.2\%$)	1.871	-	3.34/0.13	53.6/56.4
	0.8	natural ($\omega = 14.2\%$)	2.073	-	6.24/1.85	46/44.9
	0.8	soaking ($\omega = 14.2\%$)	-	2.209	3.13/2.20	22.4/24

(3) 암반층의 물성치

① Barton의 경험식에 의한 방법

암반 내에 분포하는 불연속면의 기하학적인 관계와 파괴면의 전단강도가 암반사면의 안정성 검토에 가장 중요한 요소이다. 특히 암반사면에서는 파괴가 하나의 불연속면을 따라서 발생하거나 여러 개의 불연속면을 따라 발생한다.

따라서 절리면의 전단강도를 정확하게 산정하는 것은 어려운 문제이나 암반사면 분석에 필수적이다. 일반적으로 하나의 절리면 또는 하나의 평행한 절리군을 갖는 면상에서의 전단강도는 식 6.1과 같이 표시된다.

$$\tau = \sigma_n \tan(\phi_b + i) \tag{6.1}$$

여기서, τ = 절리면의 전단강도

σ_n = 절리면에 작용하는 연직응력

ϕ_b = 기본 내부마찰각

i = 절리면의 거칠기(휨) 각도

식 (6.1)을 관찰해보면, 절리면의 전단강도가 연직응력, 내부마찰각, 절리면의 요철상태에 의하여 좌우된다는 것을 알 수 있다.

절리면 전단 시 전단이 진행됨에 따라 상부 절리면이 하부 절리면의 요철을 따라 이동하는데 이 과정에서 전체 체적의 팽창을 동반하게 된다. 서로 맞물려 있는 여러 개의 요철들이 전단 중에 파괴되는 경우를 고려해보면, 전단 초기에는 요철들의 저항으로 인해 약간의 증가가 일어나지만 전단이 계속 진행됨에 따라 요철들이 마모·파쇄되어 그 저항이 작아지고 종국에는 하나의 절리면을 따르는 전단파괴의 양상을 나타낸다. 이러한 상태를 단순화한 전단파괴 특성은 그림 6.7에 설명되어 있다.

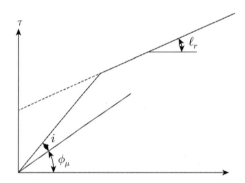

그림 6.7 두 직선으로 나타나는 절리면의 전단강도 특성

그림 6.7에 나타나는 파괴특성은 두 부분으로 나뉘는데, 전단면에 작용하는 구속응력의 크기에 따라 다음 식 (6.2) 및 (6.3)으로 분류한다.

구속응력이 작은 경우: $\tau = \sigma_n \tan(\phi_b + i)$ (6.2)

구속응력이 큰 경우: $\tau = S_i + \sigma_n \tan\phi_r$ (6.3)

전단강도를 결정할 수 있는 또 다른 방법은 Barton(1982)이 다음의 식 (6.4)로 제안하였다.

$$\tau = \sigma_n \tan\left(\phi_b + JRC \times \log_{10}\frac{JCS}{\sigma_n}\right)$$ (6.4)

여기서, τ = 전단강도

$\quad\quad\quad \sigma_n$ = 연직응력

$\quad\quad\quad \phi_b$ = 기본 내부마찰각

JRC = 절리 거칠음 계수

JCS = 절리면 압축강도

Barton의 식은 낮은 구속응력 범위에서 얻어진 것이기에 구속력이 JCS의 30%가 넘지 않는 범위에서 사용하는 것이 바람직하다. 그러나 대부분의 암반사면의 안정문제에서는 구속응력이 낮은 범위에서 해석되므로 Barton의 식을 사용하는 것이 바람직하다. 그러나 현장여건상 검토사면을 대표하는 교란되지 않은 시료를 채취하기가 어려우며, 시료를 채취했다 하더라도 전단시험 과정 시 시료가 교란되므로 시험 결과를 현지암반에 적용하는 데 큰 오차가 발생한다. 이 문제를 극복하기 위하여 Hunt는 여러 학자들의 시험 결과를 수집하여 충진물을 포함한 절리면의 전단 강도를 표 6.11과 같이 제시하였다.

표 6.11 암종별 기본 마찰각(Barton, 1982)

구분	암석	마찰각(°)
화성암	현무암(basalt)	31~38
	세립화강암(fine granite)	29~35
	조립화강암(coarse granite)	31~35
	반암(porphyry)	31
변성암	각섬암(ampibolite)	32
	편마암(gneiss)	23~29
	셰일(shale)	27
	점판암(slate)	25~30
퇴적암	역암(conglomerate)	35
	백암(chalk)	30
	백운석(dolomite)	27~31
	석회암(limestone)	33~40
	사암(sandstone)	25~35
	퇴적암(siltstone)	27~31

* 하한치는 암석 표면에 젖은 상태에서 시행된 것이다.

일반적으로 세립질 암석과 다량의 운모를 함유한 암석은 낮은 마찰각을 나타내고, 조립질 암석과 강도가 강한 암석은 높은 마찰각을 갖는 경향을 보이는데 표 6.12는 암종별 기본마찰각 의 범위를 보여준다.

표 6.12 충진물을 포함하는 불연속면의 전단강도(Barton, 1982)

암석명	설명	최대강도		잔류강도		시험자
		c' (kg/cm²)	ϕ(°)	c' (kg/cm²)	ϕ(°)	
현무암	점토화된 현무암질 각력암. 점토에서 현무암까지의 함유량 변화가 큼	2.4	42			Ruiz, Camargo, Midea & Nieble
벤토나이트	백악 내의 벤토나이층 얇은 층상 삼축시험	0.15 0.9~1.2 0.6~1.0	7.5 12~17 9~13			Link Sinclair & Brooker
벤토나이트질 셰일	삼축시험 직접전단시험	0~2.7	8.5~29	0.3	8.5	Sinclair & Brooker
점토	과압밀, 미끄러짐면, 절리 및 소규모 전단면	0~1.8	12~18.5	0~0.03	10.5~16	Skempton & petley
점토셰일	삼축시험	0.6	32			Sinclair & Brooker
점토셰일	성층면			0	19~25	Seussink & Muller-Kirchenbauer
협탄층 암석	점토 분쇄암층, 두께 1.0~2.5cm	0.11~0.13	16	0	11~11.5	Stimpson & Walton
백운석	변질된 셰일층, 두께 약 15cm	0.41	14.5	0.22	17	Pigot & Mackenzie
섬록암, 화강섬록암 및 반암	점토 충전무 (점토 2%, PI=17%)	0	26.5			Brawner
화강암	점토 충전물이 있는 단층 사질토로 된 단층 충전물과 함께 약화됨. 구조적 전단대, 편암질 및 파쇄된 화강암, 풍화된 암석 및 충전물	0~10 0.5 2.42	24~45 40 42			Rocha Nose Evdokimov & Sapegin
경사암	층리면 내 1~2mm의 점토			0	21	Drozd
석회암	6mm 점토층 협재 1~2cm의 점토 충전물 1mm 이하의 점토 충전물	 1.0 0.5~2.0	 13~14 17~21	0	13	Krsmanovic et al. Krsmanovic & Popovic
석회암, 이회암 및 갈탄	층상의 갈탄층 갈탄-이회암 접촉면	0.8 1.0	38 10			Salas & Uriel
석회암	이회질 절리, 두께 2cm	0	25	0	15~24	Bernaix
갈탄	갈탄과 그 하부에 있는 점토 사이의 층	0.14~0.3	15~17.5			Schultze
몬모릴로-나이트점토	몬모릴로 나이트 점토 협재물	3.6 0.16~0.2	14 7.5~11.5	0.8	11	Eurenius Underwood
편암, 규암 및 규산질 편암	10~15cm 두께의 점토 충전물 얇은 점토를 가진 성층 구조 두꺼운 점토를 가진 성층구조	0.3~0.8 6.1~7.4 3.8	32 41 31			Serafim & Guerreiro
점판암	세밀한 판상 및 변질상태	0.5	33			Coates. McRorie & Stubbins
석영, 고령토, 연망간석	혼합시료에 대한 삼축시험	0.42~.0.9	36~38			

② SMR(Slope Mass Rating) 분류에 의한 암반사면의 평가방법

가. RMR 분류방법

RMR 분류법은 1973년 Bieniawski가 제안하였으며, 1979, 1985년에 수정한 암반의 경험적인 분류법으로 표 6.13를 이용하여 암반등급을 산정한다.

표 6.13 RMR 분류기준 및 점수

분류방법			값의 범위						
1	암석 강도 (MPa)	점하중 강도지수	>10	4~10	2~4	1~2	일축압축강도만 사용		
		일축압축 강도	>250	100~250	50~100	25~50	5~25	1~5	1
	평점		15	12	7	4	2	1	0
2	RQD(%)		90~100	75~90	50~75	25~50	<25		
	평점		20	17	13	8	3		
3	불연속면의 간격		>2m	0.6~2m	200~600mm	60~200mm	<60mm		
	평점		20	15	10	8	5		
4	불연속면의 상태 (sec E)		매우 거칠다 불연속 이격면 없음 신선	다소 거칠다 이격<1mm 약간 풍화 이격면 단단	다소 거칠다 거칠다 이격<1mm 심한 풍화 이격면 단단	매끄럽다. 홈<5mm 두께 이격 1~5mm 연속된 이격	연약한 홈>5mm 두께 이격>mm 연속된 이격		
	평점		30	25	20	10	0		
5	지하수	터널길이 10m당 유입량	없음	<10 (ℓ/분)	10~25 (ℓ/분)	25~125 (ℓ/분)	>125 (ℓ/분)		
		절리수압 /최대주응력비	0	0.0~0.1	0.1~0.2	0.2~0.5	>0.5		
		일반적 조건	완전 건조	촉촉함	젖어있음	물방울이 떨어짐	물이 흐름		
	평점		15	10	7	4	0		

나. SMR 분류방법

SMR은 RMR 값에 사면과 절리면의 방향, 경사각의 관계를 고려한 F_1, F_2, F_3 요소를 곱하고 굴착방법에 의한 요소를 더함으로써 식 (6.5)와 같이 얻어지고 RMR 분류 결과는 표 6.14에 의하여 조정된다.

$$SMR = R + (F_1 + F_2 + F_3) + F_4 \qquad (6.5)$$

표 6.14 절리에 대한 조정배점

		매우 양호	양호	보통	불량	매우 불량
P \quad $\lvert \alpha_j - \alpha_s \rvert$ T \quad $\lvert \alpha_j - \alpha_s \rvert - 180°$		$>30°$	$30\sim20°$	$20\sim10°$	$10\sim5°$	$<5°$
$P\lvert T$	F_1	0.15	0.40	0.70	0.85	1.00
P	$\lvert \beta_j \rvert$	<20	$20\sim30°$	$30\sim35°$	$35\sim45°$	$>45°$
P	F_2	0.15	0.40	0.70	0.85	1.00
T	F_2	1	1	1	1	1
P	$\beta_j - \beta_s$	$>10°$	$10\sim0°$	$0°$	$0\sim-10°$	$<-10°$
T	$\beta_j + \beta_s$	<110	$110\sim120$	>120		
$P\lvert T$	F_3	0	5	25	50	60

P: 평면파괴, T: 전도파괴, α_j: 절리의 경사방향, α_s: 사면의 경사방향, β_s: 사면경사, β_j: 절리경사

F_1은 절리와 사면주향 사이의 평행성에 의존하는 것으로 이의 범위는 1.00(거의 평행하는 경우)에서부터 0.15(둘 사이의 각도가 30° 이상일 때 파괴 가능성이 매우 낮다) 사이다.

이들 값은 경험적으로 산정되지만 대략적인 상관관계를 다음 식 (6.6)과 같다.

$$F_1 = (1-\sin A)^2 \qquad (6.6)$$

여기서, A는 사면과 절리의 주향 사이의 각도다.

F_2는 평면파괴형태에서 절리경사각을 말하며 절리의 전단강도를 추정하는 것이다. 그 값은 1.00(절리면이 45° 이상 경사졌을 때)에서 0.15(절리면이 20° 이하 경사졌을 때)의 범위를 갖는다. F_2는 경험적으로 식 (6.7)로 계산된다.

$$F_2 = \tan^2\beta_i \qquad (6.7)$$

여기서, β_j는 절리경사를 나타낸다. 전도파괴형태에 대해서는 F_2는 1.00이다.

F_3은 사면과 절리경사각 사이의 관계를 반영하는 것으로 평면파괴의 경우 사면방향으로 절

리가 경사졌는지의 여부를 추정하게 한다. 이 값은 사면과 절리면이 평행할 때 그 상태가 분명하며 사면경사가 절리경사보다 $10°$ 클 때 사면붕괴의 가능성이 크게 된다.

F_4는 절개방법에 따라 다음 표 6.15 및 6.16, 그림 6.8 및 6.9와 같이 경험적으로 결정된다.

- 사면이 장기간 부식되면 식물뿌리, 표면건조 등으로 사면을 안정화시키는 작용을 하여 자연사면은 더욱 안정화된다.   : F4 = +15
- 프리스플리팅(presplitting)은 사면의 안정성을 증가시킨다.   : F4 = +10
- 스무스블라스팅(smooth blasting)을 잘하면 사면의 안정성을 증가시킨다.   : F4 = +8
- 보통의 발파방법으로는 사면의 안정성을 증가시키지 못한다.   : F4 = 0
- 부적절한 발파(폭발력이 너무 크거나 발파시간이 적절치 못하거나 장약공이 평행하지 못한 경우) 안정성을 감소시킨다.   : F4 = -8
- 리퍼(ripper)로 사면을 굴착할 수 있는 것은 사면이 매우 연약하여 선발파한 경우에 가능하고 경사면 정리가 어렵다. 이 방법은 사면의 안정성에 영향을 주지 못한다.   : F4 = 0

표 6.15 발파방법에 따른 교란효과와 F4의 비교

굴착방법	N	교란두께		SMR F4
		범위(m)	평균(m)	
자연사면	4	0	0	+15
prespliting	3	0~0.6	0.5	+10
smooth blasting	2	2~4	3	+8
bulk blasting	1	3~6	4	0

표 6.16 Kendorski의 발피계수와 F4와의 관계

굴착방법	A_B	%	SMR F4
controlled blasting	0.97~0.94	108~104	+8
good blasting	0.94~0.90	104~100	0
poor blasting	0.90~0.80	100~89	-8

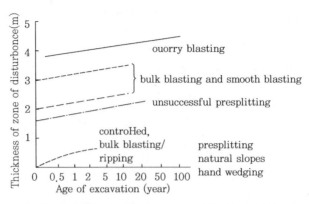

그림 6.8 절개기술, 절개연령 LC 측정할 수 있는 교란 정도 사이의 일반적인 관계

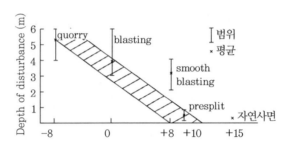

그림 6.9 SMR 수정계수 F4와 교란깊이 사이의 관계

이 평가지침에 의한 점수를 기준으로 다음 표 6.17과 같이 5등급으로 사면을 분류한다.

표 6.17 SMR 분류에 대한 시험적 기술

분류	SMR	암반상태	안정성	붕괴	보강
1	81~100	매우 좋음	완전히 안전함	없음	필요 없음
2	61~80	좋음	안정	일부 블록	때때로 필요
3	41~60	보통	부분적으로 안정	일부 절리 혹은 많은 쐐기파괴	체계적인 보강
4	21~40	나쁨	불안정함	평면 또는 대규모 쐐기파기	중요/보완
5	0~20	매우 나쁨	완전히 불안정함	대규모 쐐기파괴 또는 토층과 유사한 파괴	재굴착

많은 사면에 대해 SMR 분류를 실시하여 경험적으로 붕괴 유형을 구분해보면 표 6.18에 나타나는 것과 같다. 경험적으로 20점 이하의 SMR 점수를 가진 모든 사면은 빠른 시일에 붕괴가

발생하였고 10점 미만의 점수를 갖는 사면은 드물게 분포한다.

표 6.18 다른 붕괴유형에 대한 SMR의 제한값

SMR	평면파괴	쐐기파괴	SMR	전도파괴	SMR	토층형태의 파괴
>75	none	none	-	-	-	-
60~75	none	some	>65	none	-	-
40~55	big	many	50~65	minor	>30	none
15~40	major	no	30~35	major	10~30	possible

위에서 SMR에 의해 평가된 불안정한 사면은 보강방법으로 현장여건, 시공성 및 경제성 등을 고려하여 여러 가지 사면안정공법을 적용할 수 있으나 크게 표 6.19로 분류될 수 있다.

표 6.19 각 등급별 추천 보강방법

SMR	SMR	보강법
Ia	91~100	필요 없음
Ib	81~90	필요 없음, 암털이
IIa	71~80	(필요 없음, 사면하단 도랑 설치 또는 펜스 설치) 필요구간 볼팅
IIb	61~70	사면하단 도랑 설치 또는 펜스 설치, 네트 설치. 일부 구간 또는 일률적인 볼팅
IIIa	51~60	사면하단 도랑 설치 또는 펜스 설치. 일부 구간 숏크리트 타설
IIIb	41~50	(사면하단부 도랑 설치 또는 네트 설치) 일률적인 볼팅, 앵커 설치, 전면 숏크리트 타설. 하단부 벽체 설치 및 덴탈 콘크리트
IVa	31~40	앵커, 전면부 숏크리트. 하단부 벽체 및(또는) 콘크리트 (재굴착) 배수
IVb	21~30	전면부 보강 숏크리트, 하단부 벽체 및(또는) 콘크리트, 재굴착, 깊은 배수
Va	11~20	중력식 또는 앵커를 가진 벽체, 굴착

③ RMR 분류 결과

그림 6.1에 표시된 대상 지역의 TCB-1부터 TCB-8까지의 시추조사 결과를 토대로 RMR 분류를 실시하여 정리하면 표 6.20과 같이 정리할 수 있다.

SL-1 구간인 TCB-1~TCB-3 위치에서는 상부층의 RMR 값이 17~21이므로 모두 V등급에 속하며, 하부층으로 갈수록 RMR 값이 증가하는 것으로 나타났다. SL-2 구간인 TCB-4~TCB-6 위치에서는 상부층의 RMR 값이 21~33이므로 모두 IV등급에 속하며, 역시 하부층으로 갈수록 RMR 값이 증가하는 것으로 나타났다. 그리고 SL-3 구간인 TCB-7~TCB-8 위치에

서 상부층의 RMR 값은 11~30이므로 IV-V등급에 속하며, 역시 하부층으로 갈수록 RMR 값이 증가하는 것으로 나타났다. 따라서 대상 지역에 대한 RMR 분류 결과 IV~V등급에 속하며, 하부층으로 갈수록 암의 상태와 강도가 양호한 것으로 나타났다. 그리고 세 구간 중 SL-1 구간의 상부층에 대한 암의 상태가 가장 불량한 것으로 나타났다.

앞에서 설명한 강도정수 추정방법을 이용하여 지반의 강도정수를 결정할 수 있다. 따라서 RMR 결과를 이용하여 대상 지역의 점착력과 내부마찰각을 정리하면 표 6.20과 같다. 그 결과 풍화암은 점착력이 6~11t/m², 내부마찰각이 11~16°며, 연암은 점착력이 10~23t/m², 내부마찰각이 15~28°로 결정할 수 있다. 그리고 경암은 점착력이 12~28t/m², 내부마찰각이 17~36°로 결정할 수 있다.

표 6.20 RMR 분류 결과에 의한 전단강도의 추정

사면구분	조사위치	지층구분	RMR 값	추정값	
				$c(\text{t/m}^2)$	$\phi(°)$
SL-1	TCB-1	WR	17	9	14
		WR	21	11	15
		SR	23~46	12~23	16~28
	TCB-3	WR	17	9	14
		HR	54	27	32
SL-2	TCB-4	WR	17	9	14
	TCB-5	SR	33	17	21
		WR	18	9	14
		SR	29	15	20
		HR	40~62	20~31	25~36
	TCB-6	WR	21	11	16
		SR	20~31	10~16	15~20
		HR	23~49	12~25	17~29
SL-3	TCB-7	SR	30	15	20
		HR	47~62	24~32	29~36
	TCB-8	WR	11	6	11
		SR	23~46	12~23	16~28
		HR	45~48	23~25	28~29

6.2.4 각 지층의 전단강도

대상 지역에 대하여 상부토사층의 경우는 직접전단시험을 실시하여 강도정수를 결정하였으며, 하부암반층의 경우는 보링조사를 통한 RMR 분류방법을 이용하여 강도정수를 결정하였다. RMR 분류방법에 의한 강도정수를 결정하기 위하여 Bieniawski(1976)에 의해 제안된 식 (6.8)과 Trueman(1988)에 의해 제안된 식 (6.9)를 사용하였다.

$$c = RMR \times 5 (\text{kPa})$$

$$\phi = \frac{RMR}{2} + 5° \tag{6.8}$$

$$c_m = 0.25 \times \exp(0.06RMR)(\text{MPa})$$

$$\phi_m = 0.5RMR + 5° \tag{6.9}$$

이상의 결과를 정리하여 대상 지역에 대한 강도정수를 요약하면 표 6.21과 같다.

표 6.21 대상 지역의 강도정수

구분		단위체적중량(t/m³)		$\phi(°)$		$c(\text{t/m}^2)$		비고
		γ_1	γ_{sat}	건기	우기	건기	우기	
토사층	표토층(SM)	1.90	2.00	24	20	1.0	0.5	-
	붕적토층(SM)	1.90	2.00	24	20	1.0	0.5	-
잔류토층(SM)		2.07	2.21	24	22.4	3.13	2.25	U/D
풍화암층(WR)		2.48	2.58	28		5		by RMR
연암층(SR)		2.60	2.70	30		10		by RMR
경암층(HR)		2.66	2.79	35		25		by RMR

6.3 설계사면의 안정성검토

6.3.1 설계사면의 기울기

(1) 사면기울기의 결정

대상 지역은 한국고속철도공단 표준횡단면도를 기준으로 절개사면의 기울기를 결정하였으며, 대상 사면의 설계기울기는 표 6.22와 같다.

이 표에 나타난 바와 같이 사면의 기울기는 토사층의 경우 1:1.5, 풍화암의 경우 1:1.2, 연암의 경우 1:1.0 그리고 경암의 경우 1:0.8로 설계되었다. 대상 사면의 지층분류는 지반조사 결과를 토대로 결정하였으며, 각 지층의 강도정수는 제6.2절에서 결정된 값을 적용하였다.

표 6.22 설계사면 기울기

사면구분	지층구분	심도(m)	층두께(m)	설계경사	비고
SL-1	표토	0~0.3	0.3	1 : 1.5	
	잔류토	0~5.8	1.1~5.5	1 : 1.5	
	풍화암	1.2~32.5	6.2~26.7	1 : 1.2	
	연암	9.0~23.0	14.0	1 : 1.0	
	경암	26.7		1 : 0.8	
SL-2	붕적토	0~2.2	0.5~1.2	1 : 1.5	
	잔류토	0.5~4.5	2.3~3.0	1 : 1.5	
	풍화암	4.5~18.0	13.5	1 : 1.2	
	연암	5.0~18.0	13.0	1 : 1.0	
	경암	18.0		1 : 0.8	
SL-3	표토	0~0.3	0.3	1 : 1.5	
	붕적토	0.3~1.3	1.6	1 : 1.5	
	풍화암	1.3~10.5	9.2	1 : 1.2	
	연암	10.5~24.5	14.0	1 : 1.0	
	경암	24.5		1 : 0.8	

(2) 사면의 소요안전율

사면의 안정성은 사면안전율을 근거로 하여 판단하고 있다. 사면안전율이란 주어진 사면활동면에 대해 흙의 전단강도를 현재의 전단응력으로 나눈 값이다. 따라서 이론상으로는 산정된 사면안전율이 1보다 크면 사면은 안전한 셈이지만, 실제에서는 안전율이 소요안전율 이상이 되어야 안전한 것으로 판정된다.

사면의 활동에 대한 안전율은 해석방법에 따라 각각 다를 수 있으며, 설계 시 자료의 불확실성을 보상하는 계수로서의 뜻이 강하다. 안전율의 크기에 의해서 안정성을 정량적으로 비교할 수 있는 것은 엄밀하게는 동일 조건의 구조물에서만 가능한 것이며 조건이 다른 구조물에서는 안정성의 비교가 곤란하다.

표 6.23은 일본토질공학회에서 제안된 사면활동에 대한 안전율과 구조물의 안정성을 나타낸 것이다. 표 6.24는 Bowles이 제안한 사면활동에 대한 안전율의 기준이다. 사면의 안전율은 재하 조건하에서 피해 정도와 경제성에 따라 결정되며 절개사면의 붕괴 시에는 재산과 인명의 피해가 클 것이므로 영구적인 안전을 도모하기 위해서는 타당성 있는 소요안전율을 적용해야 한다.

표 6.23 사면활동에 대한 사면안전율과 구조물의 안정성(일본토질공학회 기준)

사면안전율	안전성
<1.0	불안정
1~1.2	안정성에 의문
1.3~1.4	성토사면의 경우 안정, 흙댐의 경우 안정성에 의문
>1.5	흙댐의 경우 안정, 내진설계 시 사용

표 6.24 사면파괴에 대한 사면안전율(Bowles, 1979)

안전율	결과
$F_s < 1.07$	파괴가 발생한다.
$1.07 < F_s < 1.25$	파괴가 발생하기도 한다.
$F_s > 1.25$	파괴가 거의 발생하지 않는다.

소요안전율에 대한 설계기준은 대상 지역과 규모, 구조물의 중요성 등에 따라 서로 다르나 절개사면의 경우에는 일반적으로 1.1~1.5 정도의 범위의 사면안전율이 사용되고 있다. 대상 지역의 현장 상황과 조건을 고려하여 소요안전율을 표 6.25와 같이 제안하였다. 즉, 고속철도변이라는 특수조건을 감안할 경우 소요 사면안전율은 건기 1.5, 우기 1.3으로 하는 것이 안전하다.

표 6.25 안정성 해석에 적용된 최소안전율 기준

구분		최소안전율	참조
절토부	건기	$F_s \geq 1.5$	NAVFAC, 일본도로공단, 한국도로공사
	우기	$F_s \geq 1.3$	영국 National Coal Board($F_s \geq 1.1 \sim 1.2$)

6.3.2 토사층 사면의 안정성

(1) 한계평형해석법

토사층 사면의 안정해석법은 이미 이전 서적[2]에서 자세히 설명한 바가 있으므로 그곳을 참고하기로 한다. 특히 이 참고문헌에서는 한계해석법에 대하여 일목요연하게 정리하였으며 다양한 파괴형태(평면파괴, 원호파괴, 기타파괴)에 대해 잘 정돈하였다.

(2) 사면안정성

대상 지역의 절개사면 설계단면에 대한 안정성을 검토하기 위하여 사면안정해석을 실시하였다. 대상 지역의 상부에는 토사층이 위치하며, 하부에는 암반층이 위치하고 있기 때문에 상부 토사층에 대해서는 원호파괴와 평면파괴에 대한 사면안정해석을 실시하였다.

사면안정해석법은 원호파괴의 경우 Bishop법을 사용하였으며, 평면파괴의 경우 무한사면해석법을 사용하였다. 그리고 본 해석에 사용된 프로그램은 범용으로 널리 사용되고 있는 Slope-win 4.0을 사용하였다.

① SL-1 좌측사면(178K-495m:L)

사면안정해석은 건기 시, 포화 시, 강우 시에 의한 일시적인 지하수위 고려 시에 대하여 각각 실시하였다. 원호파괴의 경우는 원호파괴가 풍화암층까지 발생하는 경우와 원호파괴가 풍화토층에서만 발생하는 경우에 대하여 해석하였다.

사면안정해석 결과 풍화암층까지 파괴가 발생할 경우 사면안전율은 각각 건기 1.86, 포화시 1.29, 일시적인 지하수위 고려 시 1.41로 나타났다. 따라서 건기에는 소요안전율을 충분히 만족하고, 우기에도 소요안전율을 거의 만족하는 것으로 나타났다. 그러나 강우나 풍화 등으로 인하여 사면안정성이 감소될 경우에 대해서는 대비를 하는 것이 바람직하다. 풍화토층까지 파괴가 발생할 경우 사면안전율은 각각 건기 3.40, 포화 시 2.01로 나타났다.[1] 따라서 건기와 우기 모두 소요안전율을 만족하는 것으로 나타났다.

② SL-1 우측사면(178K-495m:R)

사면안정해석은 건기 시, 포화 시, 강우 시에 의한 일시적인 지하수위 고려 시에 대하여 각각 실시하였다. 해석 시 원호파괴가 풍화암층까지 발생하는 경우를 가정하였으며, 사면안정해석 결과 사면안전율은 각각 건기 시 1.82, 포화 시 1.36, 일시적인 지하수위 고려 시 1.47로 나타났다.[1] 따라서 건기와 우기 모두 소요안전율을 만족하는 것으로 나타났다.

③ SL-2 좌측사면(178K-580m:L)

사면안정해석은 건기 시, 포화 시, 강우 시에 의한 일시적인 지하수위 고려 시에 대하여 각각 실시하였다. 해석 시 원호파괴가 풍화암층까지 발생하는 경우를 가정하였으며, 사면안정해석 결과 사면안전율은 각각 건기 1.88, 포화 시 1.65, 일시적인 지하수위 고려 시 1.74로 나타났다.[1] 따라서 건기와 우기 모두 소요안전율을 만족하는 것으로 나타났다.

④ SL-2 우측사면(178K-580m:R)

사면안정해석은 건기 시, 포화 시, 강우 시에 의한 일시적인 지하수위 고려 시에 대하여 각각 실시하였다. 원호파괴가 풍화암층까지 발생하는 경우와 원호파괴가 풍화토층에서만 발생하는 경우에 대하여 실시하였다. 사면안정해석 결과 풍화암층까지 파괴가 발생할 경우 사면안전율은 각각 건기 2.53, 포화 시 2.06, 일시적인 지하수위 고려 시 2.59로 나타났다.[1] 그리고 풍화토층까지 파괴가 발생할 경우 사면안전율은 각각 건기 3.35, 포화 시 1.98로 나타났다. 따라서 건기와 우기 모두 소요안전율을 만족하는 것으로 나타났다.

평면파괴가 발생할 경우는 사면활동이 풍화암층과 연암층에서 발생하는 것으로 가정하였다. 무한사면해석법을 이용한 사면안정해석 결과 사면안전율은 건기 4.41, 포화 시 3.48인 것으로 나타나 소요안전율을 만족하는 것으로 나타났다.[1]

⑤ SL-3 우측사면(178K-680m:R)

사면안정해석은 건기 시, 포화 시, 강우 시에 의한 일시적인 지하수위 고려 시에 대하여 각각 실시하였다. 원호파괴가 풍화암층까지 발생하는 경우를 가정하였을 때와 평면파괴가 발생할 경우 사면안정해석 결과로서 활동은 풍화암층과 연암층에서 발생하는 것으로 가정하였다. 원호파괴가 발생할 경우에 대한 사면안정해석 결과 사면안전율은 각각 건기 2.02, 포화 시 1.52, 일시적인 지하수위 고려 시 1.73으로 나타났으며, 평면파괴가 발생할 경우 사면안전율은 건기 9.47, 포화 시 8.29로 나타났다.[1] 따라서 건기와 우기 모두 소요안전율을 만족하는 것으로 나타났다.

6.3.3 암반충 사면의 안정성

(1) 평사투영법

지표지질조사 시 암반사면의 안정해석에서 가장 중요한 불연속면에 대한 많은 자료를 수집하게 되는데, 이들 자료들을 분석하여 의미 있는 결과를 도출하기 위해서는 통상 기하학적 도시방법을 사용하게 된다. 임의의 방향을 가진 절리에 대해 평면상에서 규정하여 기재하는 방법은 여러 가지 도시법이 있으나 구면투영이 가장 공학적으로 유용되고 있다.

① 용어의 정의

평사투영법에서 사용하는 중요 용어들을 정의하면 다음과 같다(그림 6.10 참조).

- 대원(great circle): 평면과 구의 표면이 이루는 원
- 극점(pole): 면과 90°를 이루는 점
- 하반기준구(lower reference hemisphere): 구면을 수평 2등분 하였을 경우 아래쪽 반구

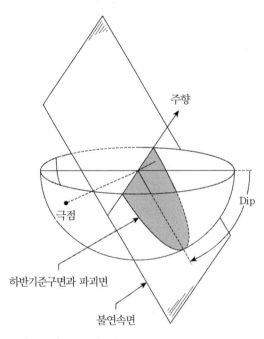

그림 6.10 평사투영법에서 사용되는 하반기준구

② 절리자료 투영방법

예를 들어, 경사가 50°, 경사방향이 130′인 불연속면에 대한 작도순서는 그림 6.11과 같은 스테레오네트 위에 트레이싱페이퍼를 놓고 기원의 중심점에 핀을 꽂은 다음, 기원을 복사하고 N을 표기한 후, 그림 6.11(a)와 같이 N으로부터 시계방향으로 130°에 해당되는 방향을 기입한다. 트레이싱페이퍼를 핀의 주위에서 회전하여 130°가 E에 일치할 때, 그림 6.11(b)와 같이 기원에서 중심을 향하여 50°에 해당되는 대원을 그리며, 이 대원의 중점에서 적도선을 따라 90°에 해당하는 점에 극점을 표시한다. 따라서 그림 6.11(c)와 같이 하나의 불연속면을 대원 및 극으로 표시할 수 있다.

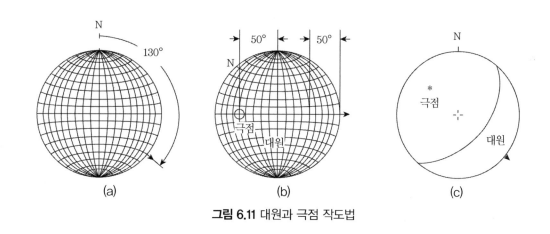

그림 6.11 대원과 극점 작도법

③ 암반사면의 파괴조건

암반사면의 안정성은 토사사면과는 달리 암석 강도에 의한 것보다는 사면에 발달하고 있는 불연속면의 발달상태, 절리면의 경사 또는 절리면의 상태에 따라 결정된다. 암반에서 발생하는 사면파괴 형태는 평면파괴, 쐐기파괴, 전도파괴, 원형파괴로 구분되는데, 파괴형태에 따른 파괴조건을 정리하면 다음과 같다.

가. 평면파괴

평면파괴는 뚜렷한 불연속면을 따라 상부암괴가 활동하는 경우로 형상은 다음 그림 6.12와 같으며, 파괴조건은 다음과 같다.

- 미끄러짐이 일어나는 활동면은 반드시 경사면에 평행하거나 절개면과 절리면의 주향차가 ±20° 이내의 경우에 해당한다.
- 파괴면은 경사면에 노출되어야 한다. 파괴면의 경사각이 절개면의 경사각보다 작아서 파괴면은 경사면에 노출되는 경우다.
- 파괴면의 경사각이 절리의 마찰각보다 큰 경우다.
- 미끄러짐에 대하여 저항력을 거의 갖지 못하는 이완면이 미끄러짐의 측면경계부로서 암반 내에 존재하는 경우다.

또 다른 형태로는 파괴면이 사면에서 볼록하게 튀어나온 부분을 통과할 때도 파괴가 발생할 수 있다.

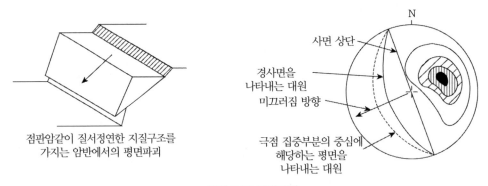

점판암같이 질서정연한 지질구조를
가지는 암반에서의 평면파괴

그림 6.12 평면파괴

나. 쐐기파괴

쐐기파괴는 교차하는 두 방향의 불연속면을 따라 상부암괴가 활동하는 경우로 형상은 그림 6.13과 같으며, 파괴조건은 다음과 같다.

- 절리의 교선과 절개면의 방향이 같아야 한다.
- 절리의 경사가 절개면의 경사보다 작아야 한다.
- (절개면의 경사각〉절리교선의 경사각〉절리의 마찰각)의 조건을 만족

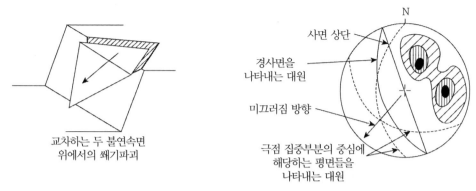

그림 6.13 쐐기파괴

다. 전도파괴

전도파괴는 수직으로 발달하는 불연속면을 따라 암괴가 분리되어 낙반되는 경우의 사면파괴로 그 유형은 그림 6.14와 같으며 파괴조건은 다음과 같다.

- 절개면과 절리면의 경사방향이 반대이어야 한다.
- 절취면의 주향과 절리면의 주향이 비슷해야 한다(최소한 ±30° 이내의 차이만 있어야 한다).
- 파괴가 일어날 수 있는 경사조건: (90° − 절리경사) + 절리의 마찰각〈절개면의 경사

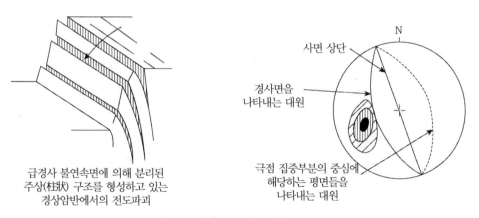

그림 6.14 전도파괴

라. 원형파괴

원형파괴는 뚜렷한 불연속면의 방향성이 없는 파쇄구간이나 풍화 정도가 심한 암반에서 발

생하는 파괴유형으로, 그 형상은 그림 6.15와 같으며, 파괴조건은 다음과 같다.

- 불연속면이 다양한 방향성을 가진다.
- 불연속면의 연장성이 극히 짧으며, 파쇄가 심한 경우 발생한다.
- 암석의 풍화 정도가 심한 경우 발생한다.

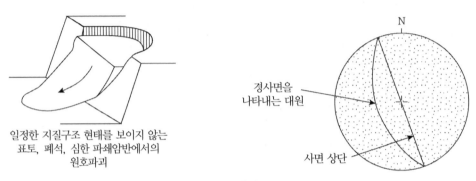

일정한 지질구조 현태를 보이지 않는
표토, 폐석, 심한 파쇄암반에서의
원호파괴

경사면을
나타내는 대원

N

사면 상단

그림 6.15 원형파괴

(2) 사면안정성

대상 지역의 하부는 암반층이며, 풍화암층, 연암층, 경암층의 순으로 존재하고 있다. 홍원표(1999)는 암반사면에 대한 지표지질조사 결과를 토대로 평사투영법을 이용하여 본 현장의 암반사면에 대한 사면안정해석을 실시한 바 있다.[1]

이 보고서에서는 SL-2 구간 좌측 사면(178K-580m~640m:L), SL-2 구간 우측 사면(178K-575m~650m:R) 및 SL-3 구간 우측 사면(178K-660m~720m:R)에 대한 안전성을 판단·검토하였다.

이에 대한 자세한 사항은 참고문헌[1]을 참조하기로 한다. 전체 사면안정성에 대해서는 표6.26에 종합적으로 설명한다.

6.3.4 전체 사면안정성 판단

사면안정해석은 상부 토사층의 경우 한계평형해석법 중 Bishop의 간편법과 무한사면해석을 적용하여 원호파괴와 평면파괴에 대한 사면안정성을 검토하였다. 그리고 건기와 우기에 대하여 사면안정해석을 실시하였다.

우기 사면안정해석은 사면 전체가 포화되어 있는 경우와 집중호우로 인하여 일시적으로 지하수위가 상승한 경우에 대하여 실시하였다.

사면안정해석 결과 건기 사면안전율이 가장 높으며, 사면 완전포화 시 사면안전율이 가장 낮은 것으로 나타났다.

그리고 완전포화 시 SL-1 좌측사면만을 제외하고 모든 구간에서 원호파괴와 평면파괴에 대하여 소요안전율을 만족하는 것으로 나타났다.

하부 암반층의 경우 평사투영해석법을 적용하여 불연속면에 대한 사면안정성을 검토하였다. 평사투영법은 불연속면의 발달상태, 절리면의 상태 및 경사 등에 대한 지표지질조사 결과를 토대로 실시하였다. 지표지질조사 결과 나타난 주요 불연속구조로는 단층과 관입암과의 경계면, 관입암맥 등에 의한 수직절리의 발달이 두드러진 것으로 나타났다.

평사투영해석 결과 178K 575~585m, 178K 595~605m, 178K 605~620m 그리고 178K 660~720m에서 평면파괴와 전도파괴가 발생할 가능성이 있는 것으로 나타났다.

그리고 조립질 화강암의 심한 풍화로 인하여 사면의 표면에 박리현상이 일어날 가능성이 매우 큰 것으로 나타났다.

대상 지역에서 한계평형법과 평사투영법에 의한 사면안정해석 결과를 각각 표 6.26과 6.27에 정리하였다.

표 6.26 한계평형법에 의한 사면안정해석 결과

파괴방법	원호파괴					평면파괴	
가상활동면	풍화암과 연암의 경계		풍화토와 풍화암의 경계			풍화암과 연암의 경계	
우기조건 / 사면구분	건기	완전 포화 시	일시적인 지하수위 고려 시	건기	완전 포화 시	건기	완전 포화 시
SL-1(L)	1.86	1.29	1.41	3.40	2.01	-	-
SL-1(R)	1.82	1.36	1.47	-	-	-	-
SL-2(L)	1.88	1.65	1.74	-	-	-	-
SL-2(R)	2.53	2.06	2.59	3.35	1.98	4.41	3.48
SL-3(R)	2.02	1.52	1.73	-	-	9.47	8.29

표 6.27 평사투영법에 의한 사면안정해석 결과

검토구간	SL-2(L)	SL-2(R)					SL-3(R)
	178K 580~640m	178K 575~585m	178K 585~695m	178K 595~605m	178K 605~620m	178K 610~650m	178K 660~720m
주향/경사	N60W 51SW	N60W 51NE	N60W 51NE	N60W 51NE	N60W 51NE	N60W 51NE	N60W 51NE
안정성평가	안정	불안정	안정	불안정	불안정	안정	불안정
파괴양상	수직절리	평면파괴 +전도파괴	-	평면파괴	평면파괴	-	전도파괴

6.4 설계사면의 보강대책 선정

여러 보강공법 중에서 구체적으로 어떠한 방법으로 대책을 세우는 것이 가장 효과적이고 경제적이냐 하는 판단은 현장의 여건과 시공성을 고려하여 결정해야 한다.

본 사면 상부지층의 투수성이 크므로 강우 시 우수는 풍화잔류토층으로 쉽게 침투하여 기반암에 이르게 된다. 그러나 기반암은 거의 불투수층이므로 대수층이 되지 못한다. 강우가 계속되면 침투수가 축적되어 지하수위가 상승하게 되고, 활동토괴의 단위체적중량이 증가하여 지반활동을 일으키는 활동력이 증가하도록 작용할 가능성이 커진다. 따라서 이러한 경우 활동력 증가에 따른 사면안정성의 저하를 막기 위한 대책공법으로 지표수의 유입을 방지하는 표면배수공 및 피복공을 사용함이 바람직하다.

본 현장의 사면은 앞에서 검토한 사면안정해석 결과 전반적인 사면안정성은 확보되고 있다고 생각된다. 따라서 원설계에 의한 각 지층별 사면기울기는 그대로 사용하여 사면을 절개한다. 다만 지속적인 강우로 인한 우수의 침투에 의하여 모든 토층이 포화상태에 이를 때 토사층부에서 한계사면안정성에 도달하는 것으로 판단된다. 또한 강우 시 표층토사의 침식에 의하여 사면의 안정성이 저하될 우려도 있다. 한편 암반층 사면부에서는 일부 평면파괴와 전도파괴가 발생할 것으로 예상된다. 이러한 사면파괴는 규모상으로 보아 소규모 내지 중규모 정도의 사면파괴규모로 생각된다. 따라서 사면안정공은 이들 규모에 적합한 대책공을 선택·결정해야 한다.

사면안정 대책공으로 먼저 토사층 사면부에 대해서는 식생공에 의한 표면보호공을 채택하여 침식 및 우수의 지중침투에 의한 소규모 표층부 파괴에 대비해야 한다. 암반층 사면부에는 쏘일네일링과 숏크리트공을 채택하여 암반부의 평면파괴 내지 전도파괴에 의한 중규모 정도의 표층

부파괴에 대비해야 한다. 또한 사면정상부에 산마루 측구와 소단에 배수측구를 두어 강우 시 지표수를 신속히 배제해야 한다. 즉, 앞에서 제안한 대책방안 중에서 제3안을 선택하는 것이 바람직하다.

경사면의 표면피복공으로 토사층사면부에는 시드스프레이공에 의한 식생공을 적용하고, 암반층사면부에는 숏크리트공을 적용한다. 토사층 사면부에는 나무씨도 뿌려 장차 나무가 사면에 성장하도록 함도 장기적으로는 바람직하다.

또한 토사층의 식생공 시공부와 암반층의 숏크리트 시공부위 사이에 지표수배제공을 철저히 설계·시공하여 이 부분에서 우수가 침투하여 사면붕괴가 발생하지 않도록 한다.

• 참고문헌 •

(1) 홍원표·이재호(1999), '경부고속철도 제7-1공구 노반신설 기타공사구역 내 지탄터널공사구간 대
     절토 사면안정성 확보에 관한 연구보고서', 중앙대학교.
(2) 홍원표(2019), 사면안정, 홍원표의 지반공학시리즈 기초공학편 2, pp.55-187.

굴착 암사면의 경사도에 대한 연구

Chapter
07

굴착 암사면의 경사도에 대한 연구

7.1 서론

본 과업 목적은 '부천 범박동 ○○아파트 신축공사' 중 지반조사 보고서 및 설계도서, 현장조사 등을 참고하여 각 단지(4, 5, 6) 내의 터파기 공사에 의해 발생하는 단기굴착사면의 안정성을 검토하는데 그 목적이 있다.[13]

본 현장의 단지(4, 5, 6단지) 내에 형성된 단기굴착사면은 균열 및 절리가 발달하고 사면구배가 일정하지 않으므로 정확한 암반특성의 추정을 통한 단기굴착 시의 안정성 및 불안정한 제반 여건들에 관한 검토가 필요하다. 본 연구에서는 이와 같은 목적을 효과적으로 수행하기 위하여 다음과 같이 적업을 수행한다.

(1) 현장조사: 지반의 불규칙한 풍화상태 및 균열과 절리 등의 불연속에 대한 현장조사를 실시한다.[6-9]

(2) 사면안정해석: 현장조사 후 평사투영법을 통해 활동파괴의 성향을 검토하고 지반조건을 토대로 한계평형식의 이론에 근거한 해석을 통해 활동파괴에 대한 안전율을 산정하며, 응력 – 변형률 거동특성에 의한 해석법으로 종합적인 사면의 안정성 해석을 수행한다.

(3) 단기사면의 구배 및 안전율 검토: 사면안정해석 결과를 중심으로 단기사면의 구배 검토와 이에 대한 사면안전율을 제시한다.

(4) 마지막으로 본 과업은 2001년 5월 3일부터 2001년 5월 27일까지 수행하기로 한다.

7.2 현황 및 개요

7.2.1 현장개요

(1) 현장위치

경기도 부천시 소사구 범박동 산 17-2번지 일원(그림 7.1 참조)[3]

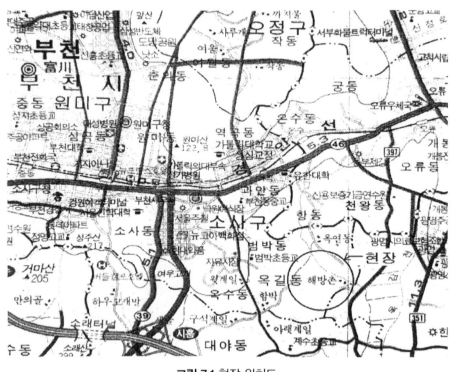

그림 7.1 현장 위치도

(2) 현장명

부천 범박동 ○○아파트 신축공사

(3) 공사현황

본 현장의 각 단지(4, 5, 6)별로 아파트 및 부지여유가 없는 구간은 흙막이벽을 설치하고 그 외 구간은 단기굴착사면으로 토사층은 S = 1:1, 풍화암층은 S = 1:0.5, 기반암층은 S = 1:0.3, 구배로 굴토하도록 하였으며, 굴착 사면의 높이는 약 5.1~15.0m로 5m마다 소단을 설치하도록 계획되어 있다. 각 단지별 설계현황 및 공사현황은 다음과 같다.

① 4단지 설계현황 및 시공현황

가. 설계현황

4단지의 굴착공법은 엄지말뚝 + 흙막이판으로 구성된 흙막이구조물을 버팀보 및 L-형강, 자립말뚝 등으로 지지하면서 굴착하고, 나머지 구간은 사면을 토사층은 1:1 구배, 풍화암층은 1:0.5, 연암층은 1:0.3 구배로 조성한다. 설계 시 계획평면 및 굴착에 따른 대표 단면은 각각 그림 7.2 및 7.3과 같다.

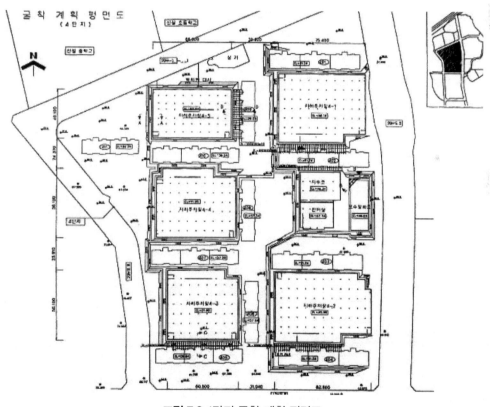

그림 7.2 4단지 굴착 계획 평면도

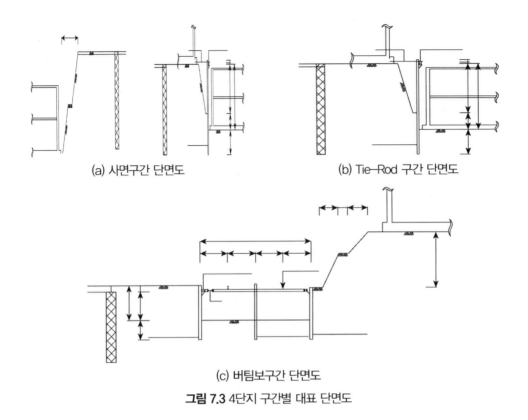

(a) 사면구간 단면도

(b) Tie-Rod 구간 단면도

(c) 버팀보구간 단면도

그림 7.3 4단지 구간별 대표 단면도

나. 시공현황

4단지 공사현황은 굴착공사가 약 80%가 완료된 상태이며, 현재 굴착공사가 완료된 구간은 4-1,2,3 지하주차장, 저수조 구간이고 굴착공사가 진행 중인 구간은 4-4,5 지하주차장 구간이다. 그림 7.4와 7.5는 4단지 굴착공사 진행 및 완료된 구간의 전경이다.

그림 7.4 4단지 공사 진행 구간 전경　　　　　**그림 7.5** 4단지 공사 완료 구간 전경

② 5단지 설계현황 및 시공현황

가. 설계현황

　　5단지의 굴착공법은 엄지말뚝＋흙막이판으로 구성된 흙막이구조물을 버팀보 및 래커 어스앵커, L-형강, 자립말뚝 등으로 지지하면서 굴착하고, 나머지 구간은 사면을 토사층은 1:1 구배, 풍화암층은 1:0.5, 연암층은 1:0.3 구배로 조성한다. 설계 시 계획평면 및 굴착에 따른 대표 단면은 각각 그림 7.6과 7.7과 같다.

나. 시공현황

　　5단지의 현 시공현황은 약 70% 정도의 굴착공사가 완료된 상태이며, 현재 굴착공사가 완료된 구간은 5-1,3,4 지하주차장, 저수조구간이고 굴착공사가 진행 중인 구간은 5-2,5 지하주차장 구간이다. 그림 7.8은 5단지 굴착공사가 완료된 구간의 전경이다.

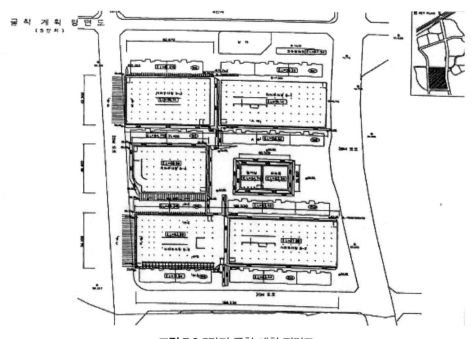

그림 7.6 5단지 굴착 계획 평면도

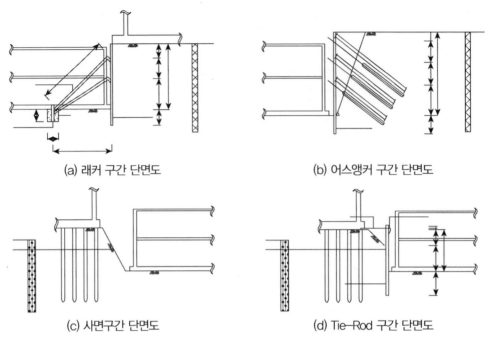

(a) 래커 구간 단면도

(b) 어스앵커 구간 단면도

(c) 사면구간 단면도

(d) Tie-Rod 구간 단면도

그림 7.7 5단지 구간별 대표 단면도

그림 7.8 5단지 굴착 현 시공 평면도

③ 6단지 설계현황 및 시공현황

가. 설계현황

6단지의 굴착공법은 엄지말뚝+흙막이판으로 구성된 흙막이구조물을 버팀보 및 래커, 어스앵커, L-형강, 자립말뚝 등으로 지지하면서 굴착하고, 서측에는 옹벽공사가 계획되어 있다. 나머지 구간은 사면을 토사층은 1:1 구배, 풍화암층은 1:0.5, 연암층은 1:0.3 구배로 형성·굴착한다. 설계 시 계획평면 및 굴착에 따른 대표 단면은 각각 그림 7.9, 7.10과 같다.

나. 시공현황

6단지는 현재 옹벽구간 공사 중에 있으며 단지 내는 약 20% 정도 진행된 상태다. 굴착공사가 완료된 구간은 저수조 구간이며 5-2 지하주차장은 약 60% 정도의 공사가 진행되었다. 나머지 구간은 진행되지 않은 상태이다. 그림 7.11은 6단지 시공 상태 전경이다.

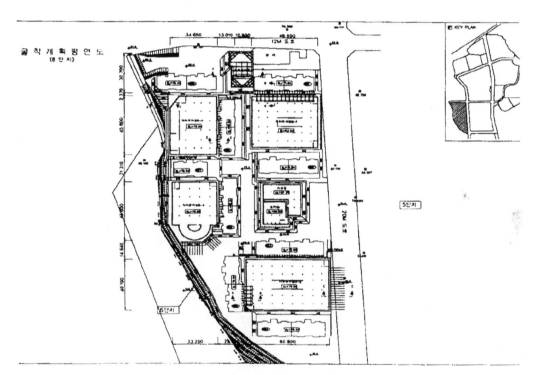

그림 7.9 6단지 굴착 계획 평면도

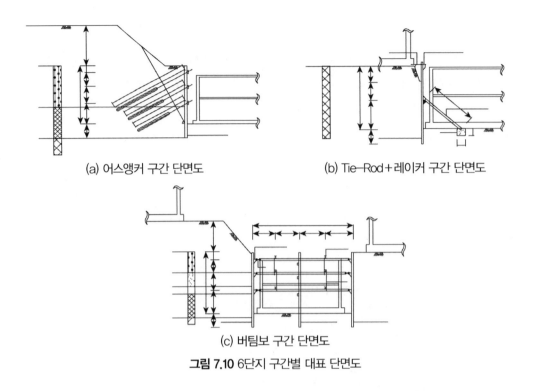

(a) 어스앵커 구간 단면도

(b) Tie-Rod+레이커 구간 단면도

(c) 버팀보 구간 단면도

그림 7.10 6단지 구간별 대표 단면도

그림 7.11 6단지 굴착 현 시공 평면도

7.2.2 현장지역의 지질특성

본 과업 대상 지역의 지질은 경기편마암복합체의 일부로 편마암류 및 그 후기에 관입한 화성
암류, 충적층 등으로 이루어져 있다.[3] 편마암류는 선캄브리아기의 것으로서 조사지역 내에 분

포하는 기반암은 호상 흑운모편마암이며, 쥐라기의 대보 화강암이 이를 관입하고 있으며 제4기의 충적층에 의하여 부정합으로 피복되어 있다.

호상 흑운모편마암의 구성광물은 주로 사장석, 석영, 흑운모 등이고 그 외에 견운모, 흑연, 백운모, 규석산 등도 포함되어 있다. 석영 및 장석은 편리 방향으로 배열되어 있으며, 흑운모와 백운모에 편리방향의 배열이 뚜렷하게 나타난다.[10-12]

본 지역에 분포된 화강암은 경기도 북부 일대에 분포하는 대보 화강암의 일부며, 구성광물은 석영, 사장석, 정장석, 미시장석, 흑운모 및 미량의 불투명 광물로 되어 있다.

본 현장에서 조사된 화강암은 단단한 암석의 하나로 절리 간격이 넓고 절리틈은 매우 좁은 괴상견고(塊狀堅固)한 양호암반으로 조사되었다.

본 현장의 주 지질은 호상 흑운모편마암이다. 이 호상 흑운모편마암은 도폭 전역에 걸쳐 대규모로 나타난다. 대표적인 노두는 남면 산본리 늦퇴울 부근, 과천면 갈현리 일대, 우민산 일대, 군자산 부근, 양지산 부근, 오정면 일대 등에서 용이하게 관찰할 수 있다.

조암 광물은 사장석, 석영, 미시장석, 흑운모, 각섬석, 석류석 남정식, 규선석, 흑연, 백운모 등과 불투명 광물 등으로 되어 있다. 현미경으로 보면 사장석과 석영은 지배적으로 큰 입지들을 이루고 편리 방향으로 신장되었고 흑운모나 백운모는 압연되어 역시 이 방향을 잘 가리킨다. 그러나 부분적으로는 입상 변정 조직을 이루기도 한다.

7.3 현장지반의 공학적 특성

7.3.1 지층조건

(1) 토층 개요

본 조사지역에 대한 현장조사는 천성지질에서 2000년 9월에 실시하였으며,[1,2] 4, 5, 6단지의 시추조사 결과 상부로부터 표토층(매립층 및 전답층), 퇴적층(붕적층), 풍화대층 및 기반암층의 수직적인 분포를 나타내고 있다. 기반암은 동쪽에서 서쪽으로 갈수록 얕은 심도에서부터 분포하고 있으며 풍화대층이 발달해 있는 것이 특징이다.

각 단지별 지층특성은 다음과 같다.

(2) 4단지 지층 상태

본 조사 지역의 지층은 상부는 매립 내지 표토층, 풍화암층의 순으로 관찰되며 그 하부에는 본 지역의 기반암이 풍화되어 형성된 풍화암층, 연암층의 순으로 구성상태를 보여주고 있다.[1]

① 매립층

본 층은 조사를 실시한 일부 지역에서 관찰되며 색조는 황갈색 내지 암갈색을 띠고 있으며, 구성은 세립 내지 조립질 모래와 실트 및 암편으로 이루어져 있다. 층후는 EL + 40.3 ~ EL + 63.2로 분포되어 있다. N치는 7회/30cm ~ 47회/30cm로 느슨 내지 조밀한 상대밀도를 보이고 있으나 대부분 20회/30cm 이하로 나타난다.

② 표토층

본 층은 조사를 실시한 일부 지역에서 관찰되며 황갈색 내지 암갈색을 띠고 있으며, 층후는 EL + 40.7 ~ EL + 82.9로 분포되어 있다. N치는 12회/30cm ~ 13회/30cm로 보통 조밀한 상대밀도를 보인다.

③ 풍화토층

본 층은 조사를 실시한 모든 지역에서 관찰되어 황갈색 내지 회갈색을 띠고 있으며, 구성은 세립 내지 조립질의 모래와 실트로 이루어져 있다. 층후는 EL + 33.7 ~ EL + 86.3로 분포되어 있다. N치는 5회/30cm ~ 60회/30cm로 느슨 내지 매우 조밀한 상태 12회/30cm ~ 13회/30cm로 보통 조밀한 상대밀도를 보인다.

④ 풍화암층

본 층은 조사지역의 기반암의 충화재로 모든 조사지역에 나타나며 황갈색 내지 회갈색을 띠고 있으며, 층후는 EL + 20.7 ~ EL + 78.8로 분포하고 있다. N치는 60회/7cm ~ 60회/2cm로 매우 조밀한 상대밀도를 보인다.

⑤ 연암층

본 조사지역의 모든 지역에서 관찰되었고, 주로 암회색 내지 회갈색을 띠고 있으며, 조사지역의 기반암을 형성하는 층으로 층후는 EL+18.7~EL+76.9로 분포하고 원암은 흑운모편마암으로 관찰되었다.

⑥ 보통암층

본 조사지역의 NH-6에서 관찰되었고 암회색을 띠고 있으며, 층후는 EL+60.3~EL+64.7로 분포하고 원암은 흑운모편마암으로 관찰되었다.

⑦ 경암층

본 조사지역의 일부 지역에서 관찰되었고 주로 암회색을 띠고 있으며, 층후는 EL+18.4~EL+60.3로 분포하고 원암은 흑운모편마암으로 관찰되었다.

(3) 5단지 지층 상태

본 조사 지역의 지층은 상부는 매립층, 풍화잔류토층, 풍화토층의 순으로 관찰되며, 그 하부에는 본 지역의 기반암이 풍화되어 형성된 풍암층, 연암, 경암층의 순서로 구성상태를 보여주고 있다.[1]

① 매립층

본 층은 조사를 실시한 일부 지역에서 관찰되고, 색조는 황갈색을 띠고 있으며, 구성은 세립 내지 조립질 모래와 실트 및 암편으로 이루어져 있다. 층후는 EL+41.7~EL+93.9m로 분포되어 있다. N치는 6회/3cm~50회/30cm로 느슨 내지 매우 조밀한 상대밀도를 보이고 있으나 50타를 상회하는 것은 암편의 영향으로 생각된다.

② 풍화잔류토층

본 층은 조사를 실시한 일부 지역에서 관찰되며 황갈색을 띠고 있으며, 층후는 EL+41.2~EL+81.2m로 분포되어 있다. N치는 3회/30cm~35회/30cm로 매우 느슨 내지 중간 조밀한 상대밀도를 보인다.

③ 풍화토층

본 층은 조사를 실시한 일부 지역에서 관찰되며 황갈색을 띠고 있으며, 구성은 세립 내지 조립질의 모래와 실트로 이루어져 있다. 층후는 EL+41.6~EL+89.5m로 분포되어 있다. N치는 11회/30cm~60회/10cm로 중간 내지 매우 조밀한 상대밀도를 보인다.

④ 풍화암층

본 층은 조사지역의 기반암의 풍화대로 일부 지역에서 나타나며 황갈색 내지 암갈색을 띠고 있으며, 층후는 EL+41.3~EL+87.5m로 분포되어 있다. N치는 60회/25cm~60회/30cm의 상대밀도를 보인다.

⑤ 연암층

본 층은 조사지역의 모든 지역에서 관찰되었고, 주로 암회색을 띠고 있으며, 조사지역의 기반암을 형성하는 층으로 층후는 EL+46.1~EL+75.3m(경암 미확인 지역 제외)로 분포하고 원암은 호상 흑운모편마암과 염기성 관입암인 흑운모각섬석암으로 관찰되었다.

⑥ 경암층

본 조사지역의 일부 지역에서 관찰되었고 암회색을 띠고 있으며, 출현심도는 EL+46.1~EL+75.3m로 분포하고 원암은 호상 흑운모편마암과 염기성 관입암인 흑운모각섬석암 및 일부 신포상으로 분포된 흑연으로 관찰되었다.

(4) 6단지 지층 상태

본 조사 지역의 지층의 상부는 매립 내지 풍화잔류토층, 풍화토층의 순으로 관찰되며, 그 하부에는 본 지역의 기반암이 풍화되어 형성된 풍회암층, 연암층의 순으로 구성상태를 보여주고 있다.[1]

① 매립층

　본 층은 조사를 실시한 일부 지역에서 관찰되며 색조는 황갈색 내지 암살색을 띠고 있으며, 구성은 세립 내지 조립질의 모래와 실트 및 암편으로 이루어져 있다. 층후는 EL + 68.7 ~ EL + 100.3m으로 분포되어 있다. N치는 9회/30cm ~ 60회/11cm로 느슨 내지 매우 조밀한 상대밀도를 보인다.

② 풍화잔류토층

　본 층은 조사를 실시한 일부 지역에서 관찰되며 황갈색 내지 암갈색을 띠고 있으며, 층후는 EL + 64.9 ~ EL + 102.1m로 분포되어 있다. N치는 4회/30cm ~ 30회/30cm로 느슨 내지 보통 조밀한 상대밀도를 보인다.

③ 풍화토층

　본 층은 조사를 실시한 거의 모든 지역에서 관찰되며 황갈색 내지 회갈색을 띠고 있으며, 구성은 세립 내지 조립질의 모래와 실트로 이루어져 있다. 층후는 EL + 59.4 ~ EL + 95.6m로 분포되어 있다. N치는 15회/30cm ~ 60회/7cm로 보통 내지 매우 조밀한 상대밀도를 보인다.

④ 풍화암층

　본 층은 조사지역의 기반암의 풍화대로 거의 모든 조사지역에서 나타나며 황갈색 내지 회갈색을 띠고 있으며, 층후는 EL + 53.6 ~ EL + 90.8m로 분포되어 있다. N치는 60회/7cm ~ 60회/2cm로 매우 조밀한 상대밀도를 보인다.

⑤ 연암층

　본 조사지역의 모든 지역에서 관찰되었고, 주로 암회색 내지 회갈색을 띠고 있으며, 조사지역의 기반임을 형성하는 층으로 층후는 EL + 49.4 ~ EL + 86.8m로 분포하고 원암은 흑운모편마암으로 관찰되었다.

⑥ 경암층

　본 조사지역의 일부 지역에서 관찰되었고, 주로 암회색을 띠고 있으며, 층후는 EL + 43.9 ~

EL + 80.1m로 분포하고 원암은 흑운모편마암으로 관찰되었다.

7.3.2 기반암의 공학적 특성

본 현장의 암반층에 대한 주향 및 경사는 4단지(지하주차장 4-3 경우 주향 N4~10°E. N5~10°W, 경사는 N5~40°E, N10~15°W의 경향을 보인다. 5단지 저수조는 주향 N15°W, 경사 S48E 및 주향 N55°E, 경사 S25E로 측정되었다.

본 지역의 암반은 암회색을 띠고 호상 흑운모편마암을 나타내고 있으며, 굴착면 지층은 화강암의 단단한 암석을 나타내고 있다. 암반층은 주로 호상 흑운모편마암으로 구성되어 있다. 이 암석은 전반적으로 가끔 산포상 또는 박층의 흑연과 부틴 형태로 보이는 앰피볼라이트 (amphibolite)를 포함한다.

암상은 주로 석영장석질 우백질대와 주로 흑운모 각섬석질 우흑대가 교호하거나 무늬상 (sreaky)을 보이기도 한다.

조암 광물은 사장석, 석영, 미사장석, 흑운모, 각섬석, 석류석 남정석, 규선석, 흑연, 백운모 등과 불투명 광물 등으로 되어 있다. 현미경으로 보면 사장석과 석영은 지배적으로 큰 입자들을 이루고 편리 방향으로 신장되었고 흑운모나 백운모는 압연되어 역시 이 방향을 잘 가리킨다. 그러나 부분적으로는 입상 변정 조직을 이루기도 한다.

본 현장지역의 지층구조는 지표 상층부는 세립 내지 조립질의 모래와 실트로 구성되어 있으며, 하부는 기반암인 흑운모편마암으로 구성되어 있다.

7.3.3 검토사면의 선정

(1) 검토사면 선정

본 현장의 각 단지별(4, 5, 6단지) 설계현황 및 시공현황은 제7.2.1절에서 기술한 바와 같다. 이 중 4, 5단지는 전체 굴착공사 중 약 70~80% 정도 공사가 진행된 상태이고 6단지의 경우는 약 10~20% 정도 단지 내 굴착공사가 이루어졌으며 주로 옹벽을 설치하기 위한 영구앵커 공사 중이다.

(a) 4단지 지하주차장 4-3구간 현장사진

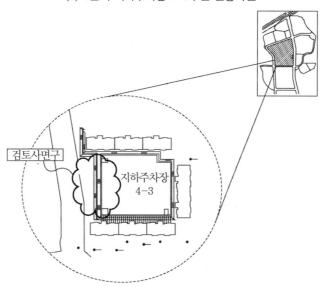

검토사면구

지하주차장
4-3

(b) 4단지 검토사면 평면도

그림 7.12 4단지 4-3 지하주차장 전경 및 평면도

(a) 5단지 저수조 남측 전경 사진

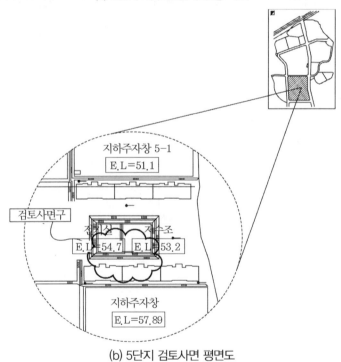

(b) 5단지 검토사면 평면도

그림 7.13 5단지 저수조 남측 전경 및 평면도

본 현장의 굴착공사에 적용된 가시설 공법은 흙막이벽체 + 지지구조와 단기굴착사면공법으로 구분될 수 있다. 이 중 단기 굴착사면을 형성하며 굴착공사가 완료된 구간은 4-1, 2, 3 지하주차장 및 전기실, 저수조 및 5~1, 3 지하주차장, 전기실, 저수조와 6단지 저수조, 전기실 구간이다. 나머지 구간은 공사 진행 중이거나 굴착공사를 위한 부지정지작업 중이다.

터파기공사가 완료된 구간에서 단기굴착사면의 형성높이는 4단지의 경우 약 5.1~15m로, 이 중 4~3 지하주차장 등 서측사면이 약 15.0m로 가장 높은 사면으로 형성되어 있다. 또한 5단지의 경우 약 4.8~10.0m로 이 중 5단지 저수조 남측이 약 10.0m로 가장 높은 사면으로 형성되어 있다. 6단지의 경우 전기실, 저수조의 공시가 완료되었으나 5단지 저수소와 거의 동일한 단면을 형성하고 있다.

그림 7.12는 4단지 지하주차장 서측의 전경 사진 및 평면도이고 그림 7.13은 5단지 저수조 남측의 전경 사진과 평면도다.

검토사면의 단면도는 그림 7.14와 7.15에 나타냈다.

(2) 검토사면의 단기사면 구배 및 지층조건

4-1 지하주차장 서측구간의 원 설계 당시 지층상태는 상부에서부터 기반암층인 것으로 조사(2000년 9월, 천성지질 4단지 NH-7BH-12)되어 단기사면 절토구배를 1:0.3으로 결정되었으나 실제 시공 시 조사된 지층은 상부로부터 약 4.0m 심도까지 풍화대 11.0m 심도까지 연암층 그 하부로 경암층인 것으로 판단되며 단기사면절토 구배는 풍화대 1:1.1, 연암층 1:0.57, 경암층은 1:0.07 구배로 굴착되었다. 그림 7.14는 4단지 4-3 지하주차장 서측의 지층 단면 변화 및 단기사면 절토구배다.[4.5]

그림 7.15는 5단지 저수조 남측의 지층단면 변화 및 단기 사면절토 구배다. 5단지 저수조 남측 구간의 원 설계 당시 지층상태는 상부에서부터 기반암층인 것으로 조사(2000년 9월, 천성지질 5단지 BH-8)되어 단기사민의 절토 구배를 1:0.3으로 결정되었으나 상부로부터 약 6.2m 심도까지 풍화암, 그 하부로 연암층인 것으로 판단되며 단기사면 절토구배는 풍화암층 1:0.66, 연암층 1:0.3 구배로 굴착되었다.

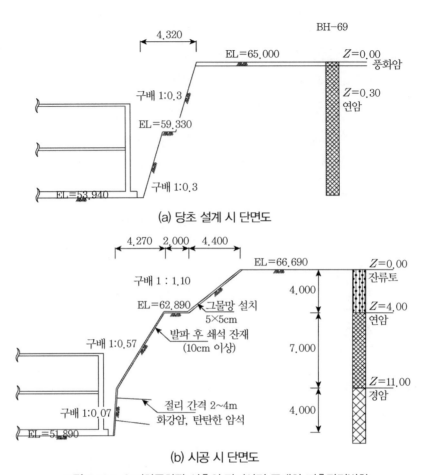

(a) 당초 설계 시 단면도

(b) 시공 시 단면도

그림 7.14 4-3 지하주차장 서측의 단기사면 구배와 지층단면변화

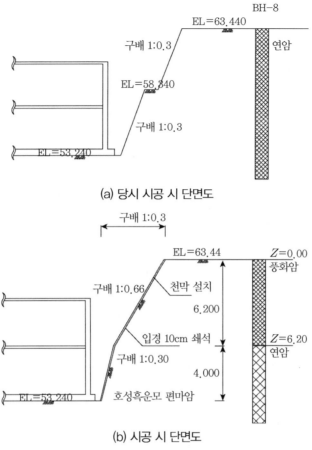

(a) 당시 시공 시 단면도

(b) 시공 시 단면도

그림 7.15 5단지 저수조 남측의 단기사면 구배와 지층단면변화

7.4 사면안전성 검토 결과

본 현장의 가설사면 중 4단지 4-3 지하주차장 서측과 5단지 저수조 구간 남측 사면의 높이가 약 15.0m와 10.0m로 현재 노출된 사면 중 가장 불리한 것으로 판단되며, 현 시공 상태는 풍화대에서 1:0.6~1:1.1, 연암층(흑운모 호상 편마암)에서 1:0.3~1:0.57, 경암(화강암)은 1:0.07의 구배를 유지하고 있다. 상기 두 구간의 지층 상태는 표토(매립층)를 제거한 상태에서 풍화대 및 기반암층으로 형성되어 있으며, 호상 흑운편마암(banded biotite gneiss, 연암)으로 주로 구성된 기반암은 비교적 절리 및 균열이 발달하여 코어회수율이 불량한 것으로 나타났다(4-3 주차장 서측 중간부 및 5단지 저수조 하부).

그러나 4-3 지하주차장 서측 하부에서 나타난 화강암은 단단한 암석의 하나로 절리 간격이 넓고 절리틈은 매우 좁은 괴상견고(塊狀堅固)한 양호암반으로 판단된다.(4.5)

본 현장의 절토사면 중 4-3 지하주차장과 5단지 저수조 사면에 대한 안정성에 대해 지반조사 보고서와 현장조사를 근거로 하여 절리의 방향성에 따른 불연속면의 영향에 대해 평사투영법에 의해 검토하였으며, 쐐기파괴 및 전도파괴에 안정한 것으로 판단된다. 그러나 표면노출에 따른 풍화 또는 큰 강우 발생 시 발생하는 지하수위 상승에 따른 평면파괴의 가능성이 다소 있을 수 있을 것으로 사료된다.(13)

한계평형해석에 의한 평면파괴와 간극수압의 변화에 따른 원호활동파괴에 대한 검토 결과 기준안전율인 건기 1.5, 우기 1.2와 비교할 경우 2.0 이상인 것으로 나타나 허용기준치 이내에 있는 것으로 판단된다.(13)

응력-변형률에 대한 수치해석 결과 최대수평변위는 0.2mm 정도로 지층의 경계부에서 발생하며, 최대전단변형이 발생되는 부위도 지층의 경계부에 국부적으로 발생하는 것으로 예측되어 사면의 파괴는 발생하지 않을 것으로 사료된다.

현장의 시공조건을 보면 암사면을 그물망으로 씌우고 암상태가 불량한 구간은 청포로 덮어 놓은 상태다. 이는 우수의 직접적인 접촉을 방지하고 국부적 낙석, 낙반 발생을 방지하여 단기적으로 암사면의 안정에 매우 유리하다고 볼 수 있다. 따라서 가시설 설치 시 계획된 계측기기는 단기굴착사면으로 변경하면서 계측계획이 의미가 없어지므로 별도의 계측을 실시하지 않아도 무리는 없을 것으로 판단된다.

또한 현재 진행 중인 굴착공사구간은 변경설계도서와 같이 일부 구간을 단기간의 가설사면으로 굴착하여도 인명, 재산상 손실을 유발할 정도의 사면활동이 발생할 가능성은 거의 없다고 판단되며 단기사면인 점을 감안하여 우기 전 조속한 시일 내에 건축공사가 이루어지도록 하는 것이 바람직할 것으로 사료된다. 물론 연암부의 경우 약간의 낙석 발생은 예상되어 표면부가 숏크리트나 강성그물망으로 설치되었으면 더 안정적이겠지만 전체 안정성에는 크게 영향을 미치지 않을 것으로 사료된다.

● 참고문헌 ●

(1) 천성지질주식회사(2000), '부천 범박동 현대홈타운 신축공사 지질조사 보고서'.

(2) 천일지오컨설트(1998), '부천 신앙촌 아파트 개발사업 지질조사 보고서'.

(3) 한국동력자원연구소(1975), 한국지질도 – 안양도폭, pp.5-20.

(4) 한국지반공학회(1996), '사면안정 조사 및 대책', 96 사면안정학술발표회 논문집.

(5) 한국지반공학회(1994), 사면안정, 지반공학회 시리즈 5.

(6) 정영식(1997), '절토사면의 안정성해석 시 SMR 평가법의 적용사례', 97 사면안정학술발표회, pp.51-59.

(7) 이정인(1997), '불연속면의 특성에 따른 암반사면의 안정성 해석', 97 사면안정학술발표회, pp.21-47

(8) 한국지반공학회(1997), 진동 및 내진설계, 구미서관, pp.200-202; 254-278.

(9) 전성기(1998), 사면안정화 설계실무편람, 과학기술, pp.1-4; 109-123.

(10) Hunt, R.E.(1986), *Geotechnical Engineering Analysis and Evaluation*, McGraw-Hill.

(11) Clarke, B.G.(1994), *Pressuremeters in Geotechnical Design*, Blackie Academic & Professional, pp.239-240.

(12) Hoek, E. & Bray, J.W.(1981), *Rock Slope Engineering*, The Institution of Mining and Metallurgy, London, pp.37-62.

(13) 홍원표·윤중만·신도순(2001), '부천 현대홈타운아파트 신축현장 굴착 암사면의 경사도에 대한 연구보고서', 대한토목학회.

장복로 도로사면안정

장복로 도로사면안정

8.1 서론

본 연구의 목적은 경상남도 진해시 여좌동 장복로(마산 – 진해 간) 시민헌장비 앞 산복절개사면에서 발생한 붕괴에 대한 원인을 규명하고, 이에 대한 대책을 강구하는 것이다.[1]

이곳 절개사면의 붕괴는 마산 – 진해 간 터널 및 진입도로의 시공 기간 중인 1984년 6월 집중호우 시에 발생한 바 있어 이 절개사면의 붕괴에 대한 복구 및 보강공사를 하였으나, 1987년 7월 및 8월 두 차례에 걸친 태풍에 의해서 이 절개사면이 다시 붕괴되었다.

본 연구에서는 이 사면붕괴의 원인 규명과 대책 강구를 위하여 다음과 같은 연구를 수행한다.

(1) 기존자료를 분석 및 검토: 지질 및 토질조사자료, 복구 및 보강공사 내용 등을 검토한다.
(2) 현장조사시험 실시: 지형 및 붕괴상태를 조사하고 보링굴착, 시료채취, 지하수위조사 등을 실시한다.
(3) 흙의 역학적 특성시험 실시: 채취시료에 대한 삼축압축시험, 물리시험을 실시한다.
(4) 붕괴단면 및 위험단면에 대한 활동안정을 검토한다.
(5) 대책공법을 검토하여 제시한다.

8.2 현황

8.2.1 붕괴현황

　본 지역은 마산－진해 간 터널 및 진입도로공사의 시공기간(1982.04.27.~1985.12.27.) 중인 1984년 6월 집중호우로 인하여 산복절개사면이 그림 8.1과 같이 붕괴하였다. 이 사면붕괴에 대해서 1987년 2월 ○○대학교부설 ○○연구소에서 연구·검토하여,[2] 장복로 수해복구를 위한 안전대책을 수립하고 이에 따라 보강공사를 시행하였으나, 미처 안정을 취하기도 전인 1987년 7월 15일 태풍 셀마호와 8월 30일 태풍 다이너호에 의한 두 차례의 수해로 인해서 현재의 상황과 같이 사면붕괴가 재발하였다(그림 8.2, 사진 8.1 및 8.2 참조).[1]

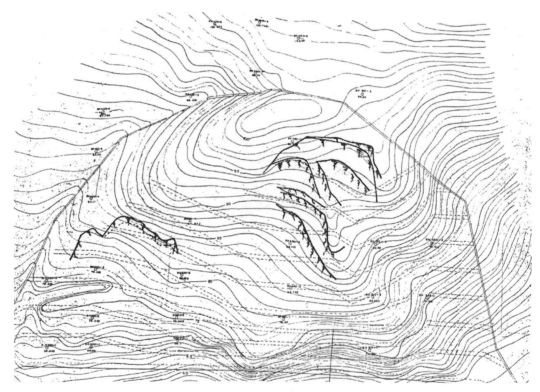

그림 8.1 1차 붕괴 후의 현황평면도

사진 8.1 시추지점 87-C 상단의 인장균열[1]　　　　　**사진 8.2** 시추지점 87-C 상단의 인장균열[1]

　사면붕괴에 대한 대책으로 H-말뚝을 사면 상·하부에 걸쳐 2개소에 이미 시공하였다. 하단부에 시공된 H-말뚝은 활동에 의한 변형을 거의 나타내지 않았고, H-말뚝 시공선을 벗어난 범위에서 활동현상이 재발하였다(사진 8.3, 8.4 참조). 그리고 상단부 H-말뚝은 변형을 수반하기는 그림 8.1에서 나타난 토괴의 중량을 훨씬 능가하는 재활동에 의한 토괴까지도 지탱하고 있다(사진 8.5 참조). 이러한 점으로 미루어보아 기시공한 H-말뚝은 보강대책으로 사면활동붕괴를 상당히 억지시켰다는 점을 확인할 수 있다.

사진 8.3 하단부 H-말뚝 시공선을 벗어난 활동

사진 8.4 옹벽붕괴 　　　　　　　　　**사진 8.5** 상단부 H-말뚝 현황

8.2.2 지질 개요

　본 조사지역의 지질은 장복산 정상을 중심으로 하여 서측과 남측에는 중생대 백악기에 생성된 화산암류인 주산안산암질암이 신라통군의 상부지층으로 분포하고 있다. 북동 및 동남 측에는 중생대 말엽의 화산활동으로 생성된 불국사층군에 속하는 화강암의 일종인 마산암이 이를 관입·분포하고 있다(사진 8.6 참조).

　암녹색 또는 암녹회색의 주산안산암질암은 함각력질 안산반암, 안산반암 및 안산암으로 주 구성되어 있으며, 국지적으로는 산성맥암이 관입 분포하고 있다. 특히 본 암은 화성암류인 마산암에 의해 관입되어 그 연변부를 따라 열변성 작용을 받아 부분적으로 변질대를 형성하고 있다.

　주산안산암류를 관입분포하고 있는 마산암은 담홍색을 띠는 장석으로 인해 전체적으로 담홍색을 우세하게 띄우며 세립질이다. 본 암의 구성광물은 석영, 장석 및 소량의 흑운모, 각섬석이고, 미량의 자철석, 저-콘 등이 수반광물로 나타난다.

사진 8.6 전체 전경(화강암이 관입되어 있음)

8.2.3 토질개요

(1) 토층 단면

수많은 보링공의 토층단면도에서 볼 수 있는 바와 같이 이 지역의 표층부에는 과거 수차례에 걸쳐서 상부지역에 발생한 붕괴로부터 운반 퇴적된 붕적토층이 상당하게 존재하고 있으며, 그 아래에는 화강암과 안산암의 모암이 풍화된 잔적토가 나타난다. 그리고 이 풍화잔적토 아래에는 풍화암, 연암 및 경암의 순으로 형성되어 있다.

그리고 본 지역은 이미 언급한 바와 같이 안산암과 화강암이 접촉하고 있다. 일반적으로 화강암계통은 풍화가 되면 마사계통으로 발달하므로 역학적으로는 비교적 강하게 되나, 안산암계통은 풍화에 의해서 점토화되어 역학적으로 불안정하고 강도는 약해진다. 특히 안산암과 풍화암이 만나는 접촉부에서는 풍화 시 열변성 등으로 인해서 더욱 약하게 되는 것이 일반적이다.

(2) 투수성

지층의 상부지층이 점성토 및 자갈의 혼합층으로 되어 있기 때문에 집중호우 시 이 상부지층은 투수대로서 작용할 가능성이 높다. 특히 함수비가 높아지면 대단히 연약해지는 흙이므로 사면 내의 물처리가 특히 고려되어야 한다.

이 지역은 우수 시에는 표층수 및 용수가 많고(사진 8.7, 8.8 참조) 평시에도 주변인가에서 식수로 이용할 정도로 용수가 많이 배출되고 있음을 확인하였다(사진 8.9 참조).

사진 8.7 표층수

사진 8.8 용수

사진 8.9 식수로 사용하는 용수

8.3 토질조사

8.3.1 시추조사

본 지역에 대한 시추조사는 1차 붕괴 후 ○○대학교부설 ○○연구소에서 30개소에 걸쳐 시행된 바 있으나(1987.02.)[2] 1987년 7, 8월 태풍 이후에 사면활동붕괴가 재발한 이후 본 연구를 위해 3개 공의 시추조사를 추가로 하여 붕괴지역 내의 토층단면을 조사하고 수위를 측정하였다.[1]

시추조사는 기반암인 연암이 확인될 때까지 계속하였으며 말뚝깊이 방향으로 1~2m 간격으로 표준관입시험을 실시하고 자연시료를 채취하였다.

시추는 구경 BX(59.12mm)인 로터리 수동식 시추기로 수직 시추하였고 시추 시의 굴진속도 및 상태, 슬라임 순환수의 색도, 표준관입시험 및 코어링으로 채취된 시료 및 N치 등으로 조사 지점의 토층단면도를 작성하였다. 시추 후 24시간이 경과한 후에 시추공부의 지하수위는 발견할 수 없었다. 그러니 이 시기는 갈수기였으므로 우수기에도 수위를 측정할 수 있도록 하였다.

표준관입시험은 KS F 2318 규정에 의거하여 시행했으며, 자연시료채취는 KS F 2317 규정에 의하여 데니슨 샘플러를 사용하여 시행하였다. 데니슨 샘플러는 2중 관을 사용하여 외관은 회전하고 내관은 정적으로 회전 없이 삽입되어 내관과 외관 사이에는 순환수를 주입하여 토사를 제거하는 방법으로 단단한 점성토에 이용되는 시료채취 방법이다.

8.3.2 실내시험

3개의 시추공에서 채취한 자연시료로서 간극수압을 측정하면서 행하는 압밀비배수 삼축압축 시험(CU)을 하였고, 함수비, 비중 및 애터버그 한계시험을 시행하였다. 삼축시험 결과 풍화토인 경우, 토질정수는 $c' = 1.324t/m^2$, $\phi = 44.0°$였다. 그리고 기타 물리시험 결과는 표 8.1과 같다.

표 8.1 물리시험 성과표

	BH. 87-A		BH. 87-B	
	2.5~3.2m	4.3~5.0m	6.0~6.7m	4.3~5.0m
함수비(%)	30.4	30.9	31.9	33.0
액성한계(%)	34.3	33.2	32.5	44.9
소성한계(%)	26.5	25.8	24.7	27.1
비중	2.623	2.63	2.637	2.654

8.3.3 기존 자료의 고찰

1987년 2월 ○○대학교부설 ○○연구소에서 실시한 토질시험 결과를 정리하면 다음과 같다.[2] 표층부인 붕적층은 0.50~13.70m 두께를 이루고 있으며, 암갈색 내지 황갈색을 띠고 있다. N치는 2~50 이상이나, 자갈, 호박돌의 함유로 인하여 위치에 따라 강도 차이가 심하다. 즉, 표준관입시험이 불가능한 지역이 있는가 하면 N치가 2~10회 미만이고 시추작업 중 누수현상이 극심한 지역도 있었다. 삼축시험(UU test) 결과 점착력 c는 1.7t/m²이고 내부마찰각 ϕ'는 11°였다.

붕적토층 아래는 기반암이 풍화되어 잔적된 풍화토층이 2.1~13.7m 두께로 분포되어 있다. 암갈색 또는 황갈색을 띠고 있으며, 상부는 어느 정도의 누수현상을 보이나, 중·하부로 갈수록 투수성이 적고, 덜 풍화된 암편이 발견된다. N치는 8~50회로 상부에서 하부로 갈수록 치밀하다. 삼축시험 결과 점착력 c는 1.5t/m²이고 내부마찰각 ϕ는 14°였다. 풍화토층 아래는 풍화암층이 1.3~23.4m 두께로 존재하며 N치는 40~50회 이상으로 대단히 치밀하고 견고하다.

이 풍화암층 아래는 기반암으로 지표면에서 5~26.4m 깊이에 분포하며 절리 및 균열의 발달상태가 심한 연암층과 다소 신선한 경암으로 구분된다. 이 기반암은 담회색 및 유백색을 띠는 화강암과 암청색을 띠는 안산암의 두 종류의 암으로 형성되어 있다.

8.4 사면붕괴 원인 분석

8.4.1 지형적 분석

본 지역의 붕괴구역은 현황평면도 그림 8.2에 표시된 바와 같이 제1구역과 제2구역으로 크게 구분된다. 이 붕괴된 구역의 위치로부터 알 수 있는 바와 같이 본 지역의 사면붕괴는 대략 동쪽에서 서쪽을 향하여 발생하는 경향이 있다.

그림 8.3의 횡단지층도는 그림 8.2의 현황평면도에 표시된 I-I′ 단면, II-II′ 단면 및 III-III′ 단면에 대한 횡단면도를 지층구성과 함께 작성한 그림이다. 이 그림에 의하면 풍화암의 깊이는 우측에서 좌측으로 갈수록 깊어져 있음을 알 수 있다. 또한 사면 상부에서 하부로 가면서 풍화암의 형성상태를 연결해보면 그림 중 풍화암 종거선으로 표시한 바와 같이 대략 사면 우측 상부에서 좌측 하부의 경사방향으로 풍화암선을 이루고 있음을 알 수 있다.

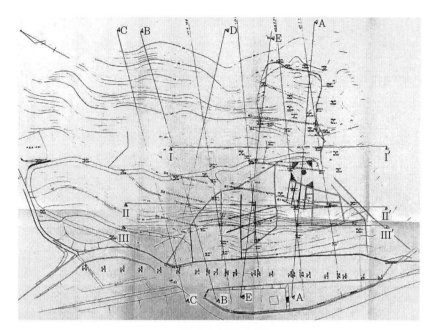

그림 8.2 현황평면도

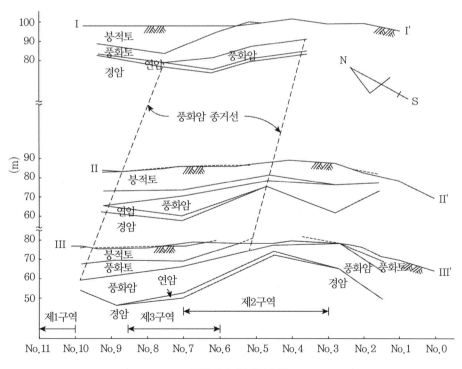

그림 8.3 횡단지층도

붕적토층도 풍화토 상부에 이 풍화암선에 거의 평행하게 존재하고 있다. 따라서 사면붕괴는 현황붕괴 상황에서 추측한 바와 같이 동쪽 사면상부에서 서쪽 사면 하부방향으로 발생하였음을 설명할 수 있다.

이와 같은 경향에 의거한다면 제1구역과 제2구역 사이에 존재하는 제3구역도 붕괴가 발생할 수 있는 지역으로 예측될 수 있다. 이들 세 구역을 관통하는 횡단면도를 여러 위치(No.2 + 6.4, No.4 + 7.2, No.6 + 13.8, A-A′, B-B′, D-D′ 및 E-E′)에서 지층구성도와 함께 작성해보면 그림 8.4와 같다.

이들 도면으로부터 알 수 있는 바와 같이 이 지역은 표층부에 과거 수차례 상부지역에서 붕괴가 발생하여 운반 퇴적된 붕적토층이 상당히 존재하고 있으며 그 하부에 화강암과 안산암의 모암이 풍화된 잔적토가 형성되어 존재한다. 이 풍화잔적토 하부에는 풍화암, 연암, 경암의 순으로 형성되어 있다.

이 지역의 사면구배는 비교적 완구배로 지하수의 영향이 없을 경우에는 안정을 충분히 유지할 수 있는 사면으로 생각된다. 그러나 집중호우, 장마 및 해빙기와 같이 지중침투수가 많이 발생하는 시기에는 지중침투수가 투수성이 나쁜 풍화잔적토면을 경계로 하여 붕적토층 속에서 흐르게 되는 전형적인 자연무한사면이 된다. 붕적토의 구성상태도 대략 지표면과 평행을 이루는 상태이므로 지하수위의 상승에 따른 무한사면의 붕괴형태로 붕괴될 우려가 크다.

즉, 집중호우 시 지중침투수량이 많게 되면 지하수위가 상승하여 지표면에 도달하며, 이 물은 지표면 경사와 평행한 방향으로 형성된 유선을 따라 흐를 것이다.

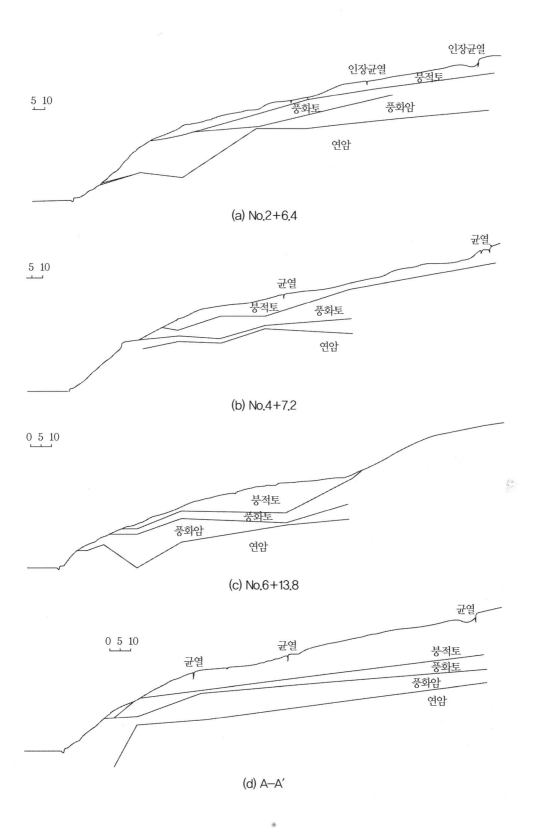

(a) No.2+6.4

(b) No.4+7.2

(c) No.6+13.8

(d) A–A′

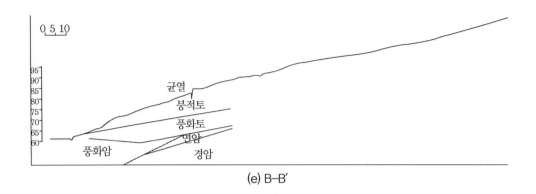

(e) B–B′

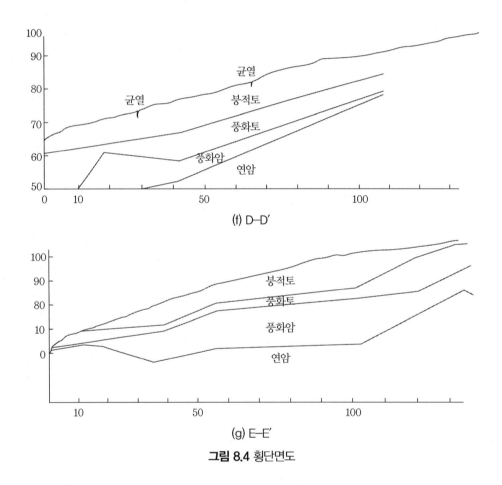

(f) D–D′

(g) E–E′

그림 8.4 횡단면도

8.4.2 사면안정해석 결과(침투수가 없을 경우)

본 지역의 사면안정해석에서는 앞 절의 지형지질적 고찰에서 설명한 바와 같이 사면붕괴가 전형적인 무한사면붕괴 형태를 이루고 있으므로 무한사면의 사면안정해석법에 의거하여 안정성을 검토해보고자 한다.

본 사면의 토징정수는 붕적토의 토질실험 결과 접착력 $c = 1.7t/m^2$, 내부마찰각 $\phi = 11°$였으며, 사면안정해석역산 결과 $c = 1.74t/m^2$, $\phi = 11.28°$였다.[2] 토질정수들 사이에는 큰 차이가 없으므로 본 사면의 사면안정해석에는 $c = 1.74t/m^2$, $\phi = 11.28°$의 토질정수를 사용하기로 한다. 우선 지중침투수가 없는 갈수기의 불포화 붕적토의 사면에 대한 제1구역에서 제3구역까지 검토해보면 다음과 같다.

제1구역에서는 B-B′ 단면과 D-D′ 단면의 두 단면에 대하여 사면안전율을 조사해보면 그림 8.5 및 8.6과 같다. 사면안전율의 해석 결과를 정리하면 표 8.2와 같다. 이 표 중 불포화 시의 사면안전율을 보면 1.50, 갈수기의 소요사면안전율을 1.3으로 할 경우 안전하다고 판명된다.

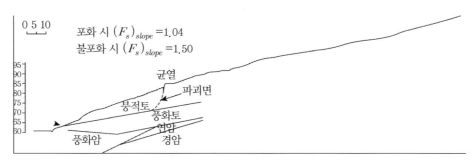

그림 8.5 제1구역 사면파괴면(B–B′ 단면)

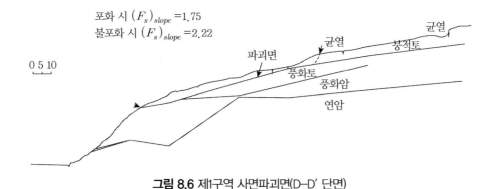

그림 8.6 제1구역 사면파괴면(D–D′ 단면)

표 8.2 제1구역 사면안정해석 결과

단면	사면파괴면	사면안전율		비고
		불포화 시	포화 시	
B-B′	그림 8.5 참조	1.50	1.04	말뚝설계단면
D-D′	그림 8.6 참조	1.37	0.88	

제2구역에서는 No.2＋6.4 단면, No.4＋7.2 단면 및 A-A′ 단면에 사면안전율을 구하여 정리하면 표 8.3과 같다.

표 8.3 제2구역 사면안정해석 결과

단면	사면파괴면		사면안전율		비고
			불포화 시	포화 시	
No.2＋6.4	①	그림 8.7(a) 참조	2.22	1.75	
	②	그림 8.7(b) 참조	3.17	2.52	
	③	그림 8.7(c) 참조	2.80	2.04	
	④	그림 8.7(d) 참조	2.55	1.94	
No.4＋7.2	①	그림 8.8(a) 참조	1.78	1.34	
	②	그림 8.8(b) 참조	3.88	2.72	
	③	그림 8.8(c) 참조	2.06	1.40	
	④	그림 8.8(d) 참조	1.94	1.37	
A-A′	①	그림 8.9(a) 참조	1.95	1.32	
	②	그림 8.9(b) 참조	1.67	1.01	말뚝설계단면
	③	그림 8.9(c) 참조	2.40	1.56	파괴면이
	④	그림 8.9(d) 참조	2.24	1.49	풍화토를 통과

표 8.3 중 불포화 시의 사면안전율을 보면 모두 소요안전율 1.3을 훨씬 상회하고 있음을 알수 있다. 따라서 제2구역에 대해서도 역시 지중침투수의 영향이 없는 경우는 사면이 안전하다고 판명된다.

사면파괴면은 그림 8.7에서 8.9까지의 도면 중에 표시된 바와 같이, 각 단면에 대하여 네 가지씩의 파괴면의 경우를 생각하였다.[1]

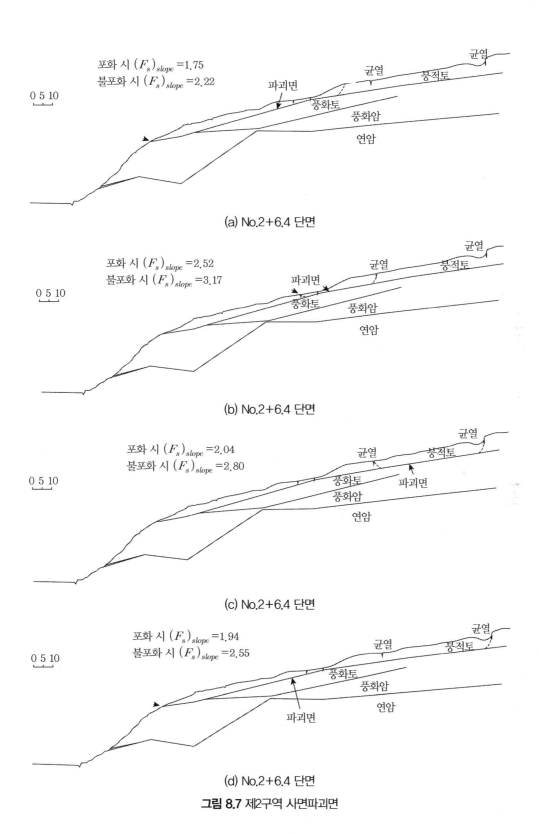

(a) No.2+6.4 단면

(b) No.2+6.4 단면

(c) No.2+6.4 단면

(d) No.2+6.4 단면

그림 8.7 제2구역 사면파괴면

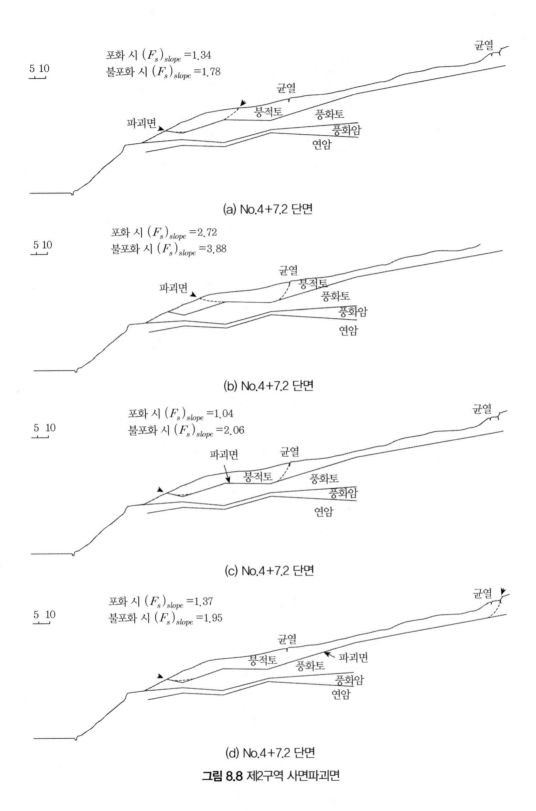

포화 시 $(F_s)_{slope} = 1.34$
불포화 시 $(F_s)_{slope} = 1.78$

5 10

균열
파괴면
균열
붕적토
풍화토
풍화암
연암

(a) No.4+7.2 단면

포화 시 $(F_s)_{slope} = 2.72$
불포화 시 $(F_s)_{slope} = 3.88$

5 10

파괴면
균열
붕적토
풍화토
풍화암
연암

(b) No.4+7.2 단면

포화 시 $(F_s)_{slope} = 1.04$
불포화 시 $(F_s)_{slope} = 2.06$

5 10

균열
파괴면
균열
붕적토
풍화토
풍화암
연암

(c) No.4+7.2 단면

포화 시 $(F_s)_{slope} = 1.37$
불포화 시 $(F_s)_{slope} = 1.95$

5 10

균열
균열
붕적토
풍화토
파괴면
풍화암
연암

(d) No.4+7.2 단면

그림 8.8 제2구역 사면파괴면

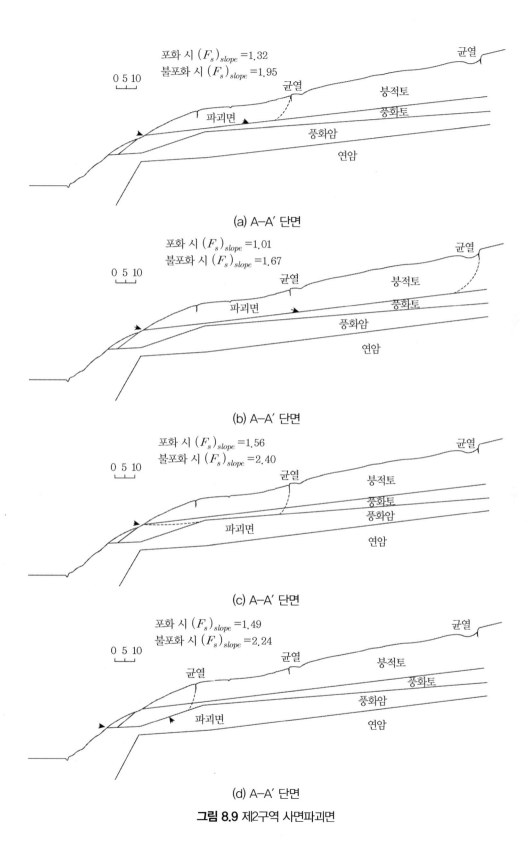

(a) A–A′ 단면

(b) A–A′ 단면

(c) A–A′ 단면

(d) A–A′ 단면

그림 8.9 제2구역 사면파괴면

마지막으로 제3구역에서는 No.6 + 13.8 단면 및 E-E′ 단면에 대하여 그림 8.10 및 8.11에 표시된 바와 같이 사면파괴면을 가정하였으며 이들 파괴면에 대한 사면안정해석 결과를 정리하면 표 8.4와 같다.[1]

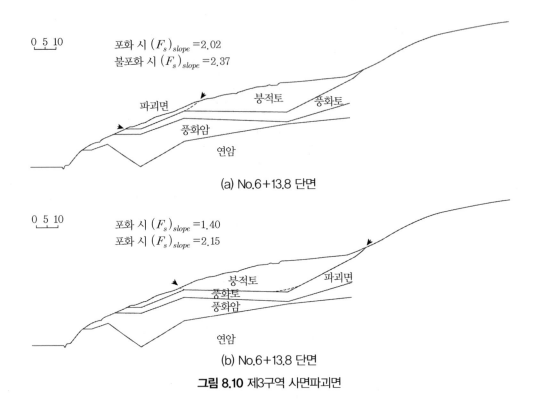

0 5 10

포화 시 $(F_s)_{slope}$ =2.02
불포화 시 $(F_s)_{slope}$ =2.37

파괴면 붕적토 풍화토
풍화암
연암

(a) No.6+13.8 단면

0 5 10

포화 시 $(F_s)_{slope}$ =1.40
포화 시 $(F_s)_{slope}$ =2.15

붕적토 파괴면
풍화토
풍화암
연암

(b) No.6+13.8 단면

그림 8.10 제3구역 사면파괴면

표 8.4 중 불포화 시의 사면안전율을 보면 모두 소요안전율을 넘고 있기 때문에 제3구역에서도 지중침투수의 영향이 없을 경우 사면이 안전하다고 판명된다.

표 8.4 제3구역 사면안정해석 결과

단면		사면파괴면	사면안전율		비고
			불포화 시	포화 시	
No.6 + 13.8	①	그림 8.10(a) 참조	2.37	2.02	
	②	그림 8.10(b) 참조	2.15	1.40	
E-E′	①	그림 8.11(a) 참조	1.55	1.08	
	②	그림 8.11(b) 참조	1.64	1.03	말뚝설계단면

이상의 세 구역에 대하여 지중침투수의 영향이 없는 경우의 사면안정성을 검토한 결과, 본 지역에 존재하는 사면에서는 물의 영향을 받지 않는 계절이나 시기에는 사면붕괴가 발생하기 어렵다고 할 수 있다.

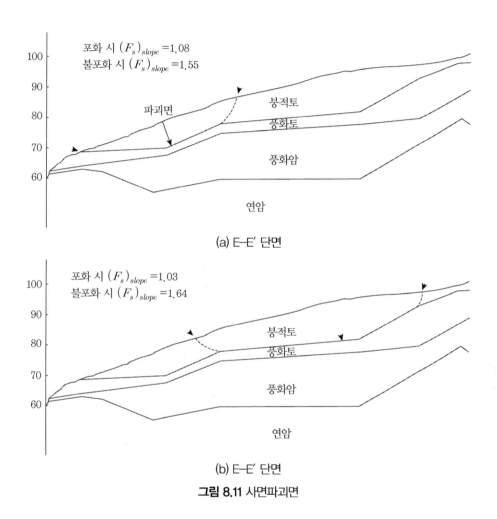

(a) E–E′ 단면

(b) E–E′ 단면

그림 8.11 사면파괴면

8.4.3 지중침투수의 영향

집중호우가 발생하여 다량의 우수가 붕적토층으로 침투할 경우, 지중침투수 중 풍화잔적토까지 통과하여 지중에 침투하는 유량은 적을 것으로 예상된다. 왜냐하면 풍화잔적토의 투수성은 붕적토에 비하여 매우 낮고 집중호우 시와 같이 짧은 시간에 다량의 물이 유입될 경우는 붕적토와 풍화잔적토의 투수성의 상대적 차이로 인하여 지중침투수가 풍화잔적토를 통과하여 흐르기보다는 붕적토층 내에서 흐르기가 용이하다. 따라서 붕적토 속에는 지표면에 평행하게 침윤선이 형성되게 되어 지하수위가 지표면까지 도달할 경우 사면은 이와 같은 최악의 상태에서는 본 지역의 사면안정성이 어떠한지 검토해보기로 한다.

검토 대상 단면 및 파괴면은 앞 절에서와 같으며 사면안정해석 결과는 그림 8.5에서 8.11까지의 도면 중에 포화 시의 사면안전율로 표시되어 있으며, 이들 결과는 표 8.2~8.4에도 정리하였다.

우선 제1구역에서 B-B′ 단면에 대하여 붕적토가 완전포화되어 지하수위가 지표면에 도달하게 되면 그림 8.5 및 표 8.2에서 보는 바와 같이 사면안전율이 1.04가 된다. 한편. D-D′ 단면의 파괴면에 대하여 검토하면 그림 8.6에서 보는 바와 같이 사면안전율이 0.88이 된다. 집중호우 시의 사면의 최소 소요안전율을 1.1이라 할 경우 이들 사면은 불안전한 결과를 보이고 있다. 즉, 갈수기에 1.3 이상의 사면안전율을 가지는 사면이라도 집중호우 시와 같이 지하수위가 지표면에 도달하게 되면 사면붕괴가 발생한다는 결과를 잘 설명해주고 있다. 이들 파괴면 중 B-B′ 단면의 파괴면과 D-D′ 단면의 하부에 대해서는 옹벽의 복구와 지표수의 처리로 대처하기로 하고, D-D′ 단면의 파괴면에 대해서는 말뚝을 사용한 억지공으로 대책을 마련해야 한다.

한편 제2구역에서, No.2+6.4 단편 및 No.4+7.2 단면에 대해서는 표 8.3에 표시된 사면안전율로부터 알 수 있는 바와 같이 이들 단면에 대해서는 포화 시에도 사면안전율이 소요안전율을 넘고 있다. 따라서 이들 단면으로는 사면붕괴의 원인을 규명하기에 적합하지 않다. 즉, 이들 단면에 따라 사면이 붕괴된 것이 아님을 알 수 있다. 그러나 A-A′ 단면에 대하여 검토해보면, 붕적토의 포화 시 사면안전율이 1.32와 1.01로 산정되었다. 균열면 부근에 집중호우 시 상부에서 지표면의 도로를 따라 흘러 내려온 우수가 다량으로 이 균열면 및 지표면으로 흘렀다는 이야기를 종합해보면 이들 침투수에 의한 막대한 침투압이 지반의 강도를 많이 저하시켰을 것이 예상된다. 따라서 토질정수를 $c=1.0t/m^2$ 및 $\phi=11°$로 강화되었다고 가정하여 사면안전율을 구해보면 0.93으로 산정되어 역시 사면이 불안전하였을 것으로 판단된다. 무한사면의 형태이며 지하수위가 지표면에 도달하였을 때 소요안전율을 만족시켜주고 있지 못하므로 말뚝을 사용한 억지공으로 대책설계를 실시할 필요가 있다. 또한 사면파괴면이 풍화잔적토와 풍화암 사이에 발생하였을 것으로 가정한 경우의 사면안전율로서 모두 안전하다고 판단된다. 따라서 사면의 붕괴는 역시 붕적토와 풍화잔적토 사이 면에서 발생하였을 것이 분명하다.

마지막으로 제3구역에서 No.6+13.8 단면에 대해서는 표 8.4에서 보는 바와 같이 포화 시에도 사면안전율이 높게 산출되므로 이 단면에서는 파괴가 발생하지 않을 것으로 판단된다. 그러나 E-E′ 단면에 대해서는 그림 8.11(a)에 표시된 파괴면 ①의 경우, 사면안전율이 1.08이고, 그림 8.11(b)에 표시된 파괴면 ②의 경우, 사면안전율이 1.03으로 산정되어 소요안전율을 다소 만족시키지 못하고 있다. 파괴면 ①에 대해서는 집수정 등의 배수공으로 대처하면 어느 정도 안정을 확보할 수 있을 것이며, 파괴면 ②에 대해서는 말뚝을 사용한 억지공으로 대책을 마련할 필요가 있다고 생각된다.

8.4.4 붕괴 원인 분석

이상의 검토에서 알 수 있는 바와 같이 본 지역의 사면붕괴 원인으로는 풍화암선의 지형적 취약성, 붕적토층과 풍화잔적토층 사이의 투수성의 상대적 차이 등 지형적 특성의 소인과 집중호우와 같은 유인에 의한 붕적토층의 포화 등을 들 수 있다.

즉, 붕적토층, 풍화잔적토층 및 풍화암층으로 구성된 전형적인 무한사면 파괴지형의 지형적 특성에 집중호우로 인한 지하수위의 상승이 유인되어, 즉 사면붕괴가 집중호우로 인한 지하수위의 상승이 유인되어 사면붕괴가 촉진된 것으로 판단된다.

파괴는 본 지역의 사면 우측 상단부(동쪽)에서 사면 우측 하단부(서쪽)을 향하여 발생하였다. 파괴면은 붕적토층과 풍화잔적토층 사이 면에 존재하였으며, 이 파괴면을 따라 무한사면 파괴형태로 파괴가 발생한 것으로 사료된다.

8.5 대책공법

8.5.1 억지말뚝

(1) 억지말뚝설계 개요

일반적으로 사면활동방지용 억지말뚝의 설계에서는 그림 8.12에서 보는 바와 같이 말뚝안정 및 사면안정의 두 종류의 안정에 대하여 검토해야 한다. 우선 붕괴될 토괴에 의하여 말뚝에 작용하는 측방토압을 산정하여 말뚝이 이 측방토압을 받을 때 발생할 최대응력을 구하고, 말뚝의 허용응력과 비교하여 말뚝의 안전율 $(F_s)_{pile}$ 을 산정한다.

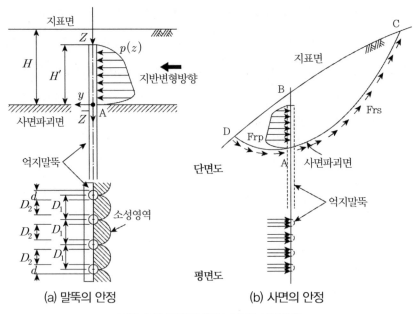

그림 8.12 말뚝효과를 고려한 사면안정

한편 사면의 안정에 관해서는 말뚝이 받을 수 있는 범위까지의 상기 측방토압을 사면안정에 기여할 수 있는 부가적 저항력으로 생각하여 사면안전율 $(F_s)_{slope}$을 산정한다. 이와 같이 하여 산정된 말뚝과 사면의 안전율이 모두 소요안전율 이상이 되도록 말뚝의 치수를 결정한다. 여기서 본 사면에 대한 말뚝의 소요안전율은 1.0으로 하고 사면이 완전포화되어 지표면과 평행한 유선을 따라 지하수가 흐를 경우를 대상으로 사면의 소요안전율은 1.1로 한다.

말뚝의 사면안정효과는 말뚝의 설치간격에도 영향을 받게 된다. 일반적으로 말뚝의 간격이 좁을수록 말뚝이 지반으로부터 받을 측방토압의 최대치는 커진다. 측방토압이 크면 사면안정에는 도움이 되나 말뚝이 그 토압을 견뎌내지 못하므로 말뚝과 사면 모두의 안정에 지장이 없도록 말뚝의 간격도 적절하게 결정해야 한다.

한편, 말뚝의 길이는 사면의 파괴선을 지나 팔뚝의 변위, 전단력 및 휨모멘트가 거의 발생하지 않는 길이까지 확보되어야 한다. 그러나 암반이 비교적 얕은 곳에 존재할 경우는 말뚝을 소켓형태로 되도록 설치해야 한다.

말뚝은 사면이 붕괴된 제1구역과 제2구역 및 사면붕괴가 예상되는 제3구역의 세 구역을 대상으로 설치하는 것으로 한다. 이들 세 구역에 대한 사면활동 억지말뚝은 각각 D-D′ 단면, A-A′ 단면 및 E-E′ 단면에 대하여 그림 8.2의 현황평면도에 표시된 위치에 설치하기로 한다.

(2) 말뚝의 사면활동 억지 효과

① 제1구역

이 구역의 D-D′ 단면에 대하여 붕적토가 완전포화되었을 경우의 사면안전율이 0.88(그림 8.6 및 표 8.2 참조)이었다. 따라서 이 구역은 붕적토가 완전히 포화될 수 있을 정도의 집중호우 시에는 대단히 위험한 산사태가 다시 발생할 것이 예측되므로 그림 8.2의 평면도와 그림 8.13의 D-D′ 단면도에 도시한 바와 같이 300×300×10×15 크기의 H-말뚝을 3열 배치해야 한다. 이 말뚝을 지표면 아래 1m 깊이에서부터 설치하며 말뚝 사이의 중심 간격(D_1)은 70cm로 배치한다. 이와 같이 배치하였을 경우 말뚝의 사면활동 억지효과를 앞 절에서 설명한 방법에 의거하여 조사하면 다음과 같다. 이 경우 말뚝의 효과를 증대시키기 위하여 말뚝머리는 앵커로 고정시키는 것으로 한다(그림 8.19 참조).

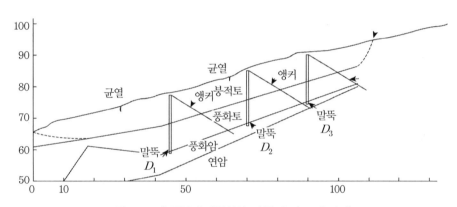

그림 8.13 제1구역의 말뚝설치 시 종단도(D-D′ 단면)

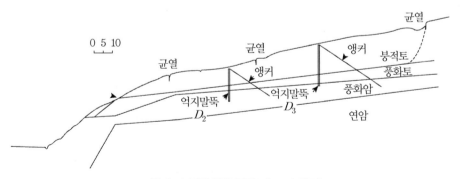

그림 8.14 말뚝설치 종단도(A-A′ 단면)

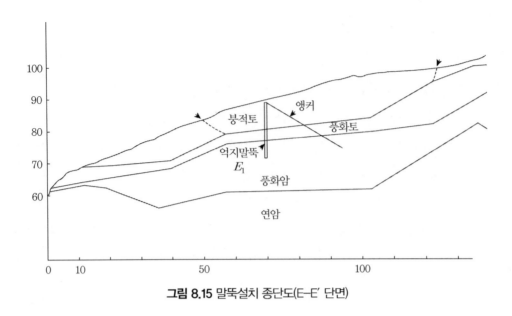

그림 8.15 말뚝설치 종단도(E-E' 단면)

먼저 최하단의 제1열 말뚝(D_1열)에 의한 효과를 계산하면 사면의 안전율이 0.88에서 0.96까지 증가한다. 아직 사면의 소요안전율을 얻기에는 부족하므로 제2열 말뚝(D_2열)에 의한 효과를 계산하면 사면안전율이 1.03으로 증가하였다. 사면의 소요안전율 1.0을 얻기에는 아직도 부족하므로 제3열의 말뚝(D_3열)을 설계해야 한다.

그림 8.16은 제3열 말뚝의 사면활동 억지효과를 나타낸 그림이다. 횡축으로 말뚝간격비 D_2/D_1(D_1은 말뚝중심 간 거리, $D_2(= D_1 - d)$는 말뚝의 순 간격)를 취하고 종축은 좌측에 말뚝의 안전율 $(F_s)_{pile}$, 우측에 사면안전율 $(F_s)_{slope}$을 취하여 정리한 결과다. 그림 중 '사면안정'은 말뚝간격비와 사면안전율의 관계를, '말뚝안정'은 말뚝간격비와 사면안전율의 관계를 나타내고 있다.

말뚝의 안전율 1.0과 사면의 안전율 1.1을 연결한 선은 말뚝과 사면의 소요안전율을 서로 연결시킨 설계기준선으로 말뚝과 사면의 안전율이 모두 함께 이 선 위에 존재하도록 설계되어야 한다. 그림 중 점선은 말뚝이 없을 경우의 사면안전율을 나타내고 있다. 그림에서 보는 바와 같이 말뚝간격비 D_2/D_1이 커질수록(즉, 말뚝간격이 커질수록) 말뚝의 안전율은 증가하나 반대로 사면의 안전율은 감소하고 있다.

그림 8.16으로부터 말뚝의 중심간 간격 D_1을 70cm로 할 경우 $D_2/D_1 ≒ 0.57$이 되어 사면과 말뚝의 안전율이 모두 설계 기준선보다 상부에 존재하게 되어 안전한 설계를 할 수 있다.

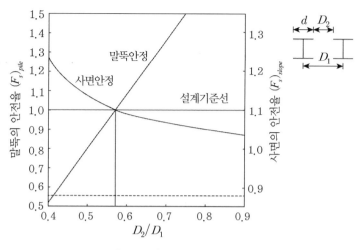

그림 8.16 제1구역 제3열 말뚝설계

② 제2구역

제2구역의 A-A′ 단면에는 300×300×10×15 H-말뚝이 그림 8.14에 표시된 바와 같이 이미 존재하고 있으므로 이 말뚝열을 제1열 말뚝(A1열)이라 하여 이 말뚝열에 의한 효과가 먼저 계산되어야 한다. 이 말뚝열도 효과를 증대시키기 위하여 말뚝두부를 앵커로 고정시켜야 하며 말뚝의 간격 D_1이 1.4m이므로 이 효과를 계산하면 사면안전율이 그림 8.9(b)의 파괴면②에 대하여 1.01에서 1.04로 증가한다.

제1열 말뚝만으로는 1.1의 사면의 소요안전율을 충족시키지 못하므로 그림 8.2 및 그림 8.16에 표시된 바와 같이 제2열(A2열) 및 제3열(A3열)의 말뚝을 추가로 설치하기로 한다. 말뚝은 300×300×10×15 H-말뚝을 지표면에서 1m 깊이에 말뚝머리가 위치하도록 1m 간격으로 배치·설치한다. 말뚝머리는 역시 효과증대를 목적으로 앵커로 고정시켜야 한다.

제2열 말뚝의 효과를 추가하면 사면의 안전율은 1.08까지 증가한다. 마지막으로 제3열 말뚝의 효과를 검토한 결과는 그림 8.17과 같다. 즉, 1m 간격($D_2/D_1 = 0.7$)으로 말뚝을 설치하였을 경우 말뚝과 사면 모두가 안전한 상태로 나타나고 있다.

③ 제3구역

제3구역의 E-E′ 단면의 파괴면 ②(그림 8.11(b))에서는 그림 8.2 및 8.15에 표시된 위치에 300×300×10×15 H-말뚝을 지표면 아래 1m 깊이에 앵커로 말뚝머리를 고정시키면서 설치한다.

이 경우의 말뚝효과는 그림 8.18과 같다. 말뚝의 간격을 1.2m(D_2/D_1 = 0.75)로 하면 사면과 말뚝이 모두 안전하게 판명되므로 적절한 설계를 할 수 있다.

한편, E-E′ 단면의 파괴면 ①(그림 8.11(a))에 대해서는 사면의 안전율이 1.08이었으나 소요 안전율과의 차이는 지하수 및 지표수의 배수처리공으로 보완하여 지중의 지하수위가 너무 상승하지 않도록 조치한다.

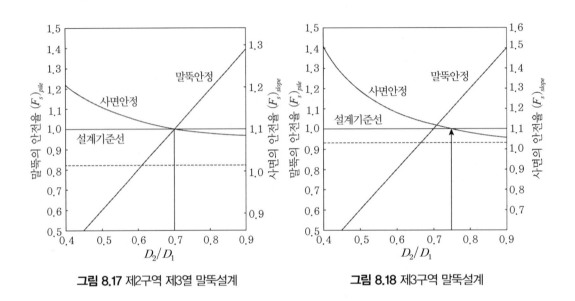

그림 8.17 제2구역 제3열 말뚝설계   **그림 8.18** 제3구역 말뚝설계

(3) 말뚝의 설계

이상에서 검토한 바와 같이 300×300×10×15 H-말뚝을 앞에서 설명한 위치에 지표면 아래 1m 길이에서부터 설치한다. 말뚝설치 구간은 제1구역의 경우 그림 8.2의 평면도에 표시한 바와 같이 40m이고 제2구역의 경우는 75cm, 제3구역은 52m로 한다. 전체 말뚝의 설계 결과를 정리하면 표 8.5와 같다.

말뚝머리는 앵커로 고정시키기 위하여 띠장을 그림 8.19와 같이 설치하고 이 띠장을 앵커로 지지시킨다. 앵커는 수평면과 30°의 각도로 설치할 경우 장기 인장강도가 표 8.5에 표시된 값을 넘도록 견고한 지층까지 설치해야 한다.

표 8.5 말뚝설계 결과

구역	말뚝열	말뚝치수	말뚝간격(m)	구간(m)	말뚝길이(m)	앵커장기 인장강도(t/m)	비고
제1구역	제1열	300×300×10×15	0.7	40	20	30	
	제2열	〃	0.7	〃	〃	〃	
	제3열	〃	0.7	〃	〃	〃	
제2구역	제1열	300×300×10×15	1.4	75	20	15	기존설치말뚝
	제2열	〃	1.0	〃	〃	20	
	제3열	〃	1.0	〃	〃	16	
제3구역	제1열	300×300×10×15	1.2	52	20	14	

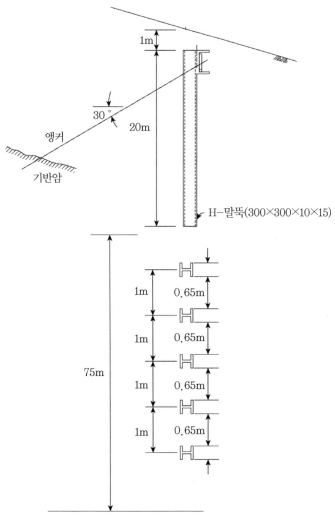

그림 8.19 A–A′ 구간 앵커 및 말뚝 설치 상세도

그림 8.20은 D-D′ 단면 제1열말뚝의 거동을 도시한 결과다.

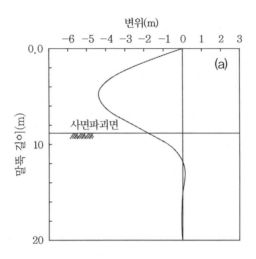

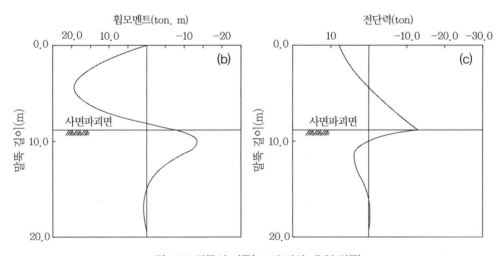

그림 8.20 말뚝의 거동(D-D′ 단면 제1열 말뚝)

(4) 말뚝시공 후의 사면안정검토

그림 8.21은 제3구역의 E-E′ 단면에 말뚝을 1열 설치한 후 말뚝의 머리 부분을 통과할지 모를 새로운 파괴에 대한 사면파괴면을 도시한 그림이며, 사면안전율을 계산하면 표 8.6과 같다. 이 결과에 의하면 붕적토가 완전포화된 경우에도 사면은 안전한 것으로 판단된다.

표 8.6 말뚝 설치 후 사면안정검토 결과

단면	사면파괴면		사면안전율		비고
			불포화 시	포화 시	
E-E′	그림 8.21 참조	(a)	2.44	1.57	
		(b)	2.92	2.05	

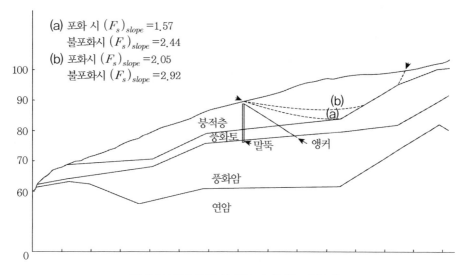

그림 8.21 말뚝 설치 후 사면파괴선(E−E′ 단면)

8.5.2 표면배수 처리공

사면붕괴지역은 장복산 산록에 위치하고 장복산의 경사가 대단히 급하기 때문에 호우 시 많은 지표수가 일시에 본 붕괴지역으로 유입되므로 지표면에 세굴이 발생한다. 지표면 아래로 침투하여 상부지층부인 붕적토층이 포화되고 지하수위가 상승하여 곳곳에 용출수가 발생하고 있다.

전절 '사면붕괴 원인 분석'에서 결론 내린 바와 같이 본 지역의 사면붕괴의 가장 큰 원인 중의 하나는 집중호우에 의한 붕적토층의 포화다. 따라서 배후 장복산으로부터 많은 지표수가 붕괴위험지역 내로 유입되는 것을 막기 위한 배수로 설치와 붕괴지역 내의 표면배수 및 지표면부의 침투수를 처리하기 위한 배수로 및 석수로의 설치 등과 같은 대책을 다음과 같이 강구해야 한다.

(1) 그림 8.22에서 도시한 A배수로 및 B배수로는 배후 산으로부터 유입되는 지표수를 차단하여

배수시킨다. 특히 A배수로는 빠른 유속으로 인한 배수로 내의 세굴을 방지하고 수로 내의 유출수가 지하로 침투되는 것을 막기 위하여 배수로 내부에 돌붙임(찰붙임) 등으로 피복시켜야 한다. 그러나 동일한 단면적을 갖는 반월관으로 시공하여도 무방할 것으로 생각된다. A배수로의 길이는 약 540m고, B배수로의 길이는 200m다.

(2) C배수로는 붕괴지역 내의 상부의 지표수를 배수시키기 위한 것으로서, 수로 단면은 그림 8.22(b)에서 나타낸 바와 같으며, 이 배수로 역시 A배수로와 같이 내부를 피복해야 한다. C배수로의 연장은 150m다.

(3) 붕괴지역 내 이미 시공된 기존배수로는 재정비 복구한다.

(4) 붕괴 사면 내 불규칙적으로 이미 세굴되어 있는 세굴곡은 가능한 직선으로 정리하고 일정한 단면이 되도록 한 후에 자갈을 채워서 석수로로 만들어 지표수와 지표면부의 침투수를 배수시키도록 한다.

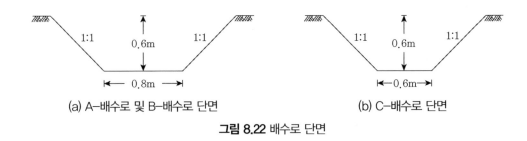

(a) A-배수로 및 B-배수로 단면   (b) C-배수로 단면

그림 8.22 배수로 단면

8.6 결론 및 건의

본 지역의 사면붕괴는 절개사면 우측 상단부(동쪽)에서 좌측 하단부(서쪽)로 향하여 발달하였다. 집중호우 시 지하수의 상승과 침투수로 인해서 상부붕적토층과 하부풍화잔적토층 사이의 면을 따라 무한사면형태로 파괴되었다.

여기에 다음과 같은 사면붕괴 방지대책을 강구해야 한다.

(1) 제1구역에는 현황평면도 그림 8.2 및 횡단면도 그림 8.13에 표시된 위치에 40m 구간폭에 걸쳐 3열의 말뚝을 설치한다. 말뚝은 300×300×10×15 H-말뚝을 지표면 아래 1m 깊이부터

20m 길이로 설치하며, 말뚝 간 중심 간격은 70cm로 한다.

(2) 제2구역에는 그림 8.2 및 그림 8.14에 표시된 위치에 말뚝을 75m 구간폭에 걸쳐 기존의 1열 말뚝 이외에 2열을 추가로 설치한다. 말뚝은 제1구역과 동일한 말뚝을 1m 간격으로 20m 길이에 걸쳐 설치한다. 말뚝머리는 지표면에서 1m 깊이에 위치시킨다.

(3) 제3구역에는 그림 8.2 및 그림 8.15에 표시된 위치에 1열의 말뚝을 52m 구간폭에 걸쳐 설치한다. 말뚝은 제1구역과 동일한 말뚝을 1.2m 간격으로 지표면에서 1m 깊이부터 20m 길이에 걸쳐 설치한다.

(4) 암반층이 비교적 얕은 곳에 존재하는 지역에서는 말뚝의 길이를 20m 이내로 할 수 있으며, 이 경우는 말뚝이 암층에 소켓 형태가 되도록 설치해야 한다.

(5) 말뚝머리 부분에는 띠장을 대고, 이 띠장을 앵커로 지지시킨다. 앵커의 장기인장강도는 앵커가 수평면과 30° 각도로 설치되어 있을 경우 표 8.5에 표시된 값 이상이 되도록 견고한 지반에 고정시켜야 한다(그림 8.19 참조).

(6) 사정에 따라서는 말뚝열 설치의 우선순위를 결정할 필요가 있을 경우는 제1구역의 제1열 말뚝, 제2구역의 제2열 말뚝 및 제3구역 말뚝을 우선 설치하며, 계측을 철저히 실시하여 그 결과에 따라 기타 말뚝열의 설치 여부를 결정할 수도 있으나 가능하면 전 말뚝을 동시에 설치하는 것이 가장 바람직하다.

(7) 배수로는 그림 8.22에 도시한 바와 같이 설치하여 표면배수시켜야 한다. 즉, A배수로(540m), B배수로(200m) 및 C배수로(150m)로 시공해야 하며, 특히 A배수로 및 C배수로는 배수로 내의 세굴을 방지하기 위하여 내부를 피복해야 한다.

(8) 붕괴지역 내의 기존배수로는 재정비·복구한다.

(9) 붕괴 사면 내 불규칙적으로 세굴되어 있는 세굴곡은 가능한 한 직선화하고, 일정한 단면으로 정리한 후 자갈을 채워 석수로로 사용한다.

(10) 붕괴된 옹벽은 보수한 후 옹벽배면의 지하수 및 지표수의 배수를 위해 배수공을 설치해야 한다.

(11) 붕괴사면 내의 토사노출부는 식생공으로 보호해야 한다.

● 참고문헌 ●

(1) 강병희·김상규·박성재·홍원표·이재현(1987), '장복로 사면붕괴방지대책 연구용역 보고서', 대한토목학회.

(2) ○○대학교부설 ○○연구소(1987), '장복로 수해복구를 위한 안전대책방안수립보고서', ○○대학교.

충무시 외곽진입로
절취사면안정성

충무시 외곽진입로 절취사면안정성

9.1 서론

9.1.1 연구목적

○○종합건설(주)가 시공 중인 충무시 시가진입 우회도로 4차선 신설도로 공사 중 1993년 8월 10일 전후 계속된 강우로 인하여 절취공사 완료 후 절취사면의 일부 구간이 붕괴되었으며, 앞으로 절취공사가 진행될 구간도 현재 피해가 발생한 구간과 동일한 절취구배로 설계되어 있으므로(표 9.1 참조), 이들 절취사면의 안정성을 검토하고 보강대책을 수립하는 것이다.[4]

즉, 지점별로 다음과 같은 연구과업을 수행함을 목적으로 한다.

(1) 붕괴된 사면의 원인분석 및 안정대책을 수립할 지점: 측점 No.69, 측점 No.79
(2) 사면안정성을 검토하고 필요시 보강대책을 수립할 지점: 측점 No.15~40, 측점 No.59~82

9.1.2 연구수행방법

○○종합건설(주)가 제공하는 자료를 토대로 검토·분석하는 것을 원칙으로 하고, 추가 지반조사시험이 필요한 경우에는 조사수량 및 시험방법을 학회가 제시하여 ○○종합건설(주)와 협의·결정하기로 한다. 현장 답사 후 검토에 필요할 것으로 판단되어 ○○건설이 체공하도록 요청된 자료는 다음과 같다.

(1) 지형평면도, 종단면도, 횡단면도(각각 공사 전, 시공현황, 붕괴 후)

(2) 강우기록

(3) 지반조사자료

(4) 기타 본 과업 연구에 필요한 자료

9.2 절취사면 공사 및 피해 현황

9.2.1 공사개요

본 연구 대상 지역은 행정구역상으로 경상남도 충무시 북신동 및 명정동에 걸쳐 건설되고 있는 충무시 외곽진입로 4차선도로 신설공사 현장이다.

본 과업의 검토범위 사면 중 측점 No.15~40 구간은 1993년 8월 10일 현재 절취공사가 진행 중에 있으며, 측점 No.59~82 구간은 절취공사가 완료되어 있는 상태다. 절취공사가 완료된 구간은 법면 하단옹벽은 완성되어 있으나 법면 보호공이나 조경은 설치되어 있지 않은 상태다.

사면절취공사는 토층이나 암층에 관계없이 절취구배 1:1로 설계되어 있으며 5m 높이마다 폭 1m의 소단을 두고 있다.

9.2.2 강우기록

본 도로공사 절취사면의 붕괴는 1993년 8월 10일 전후의 계속된 강우로 인하여 절취사면의 일부가 붕괴되었는바, 1993년 8월 1일부터 사면이 붕괴된 8월 10일까지 10일간에 걸쳐 내린 누적강수량은 약 270mm에 달한다(그림 9.1 및 9.2 강우기록 참조).

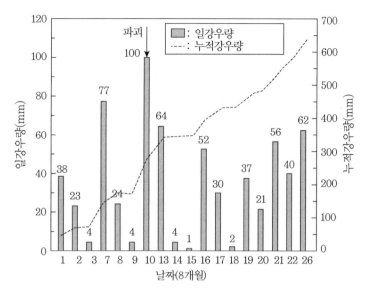

그림 9.1 강우기록(당일강우량)

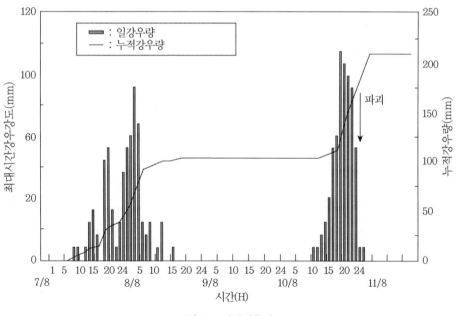

그림 9.2 시간강우강도

사면의 붕괴 상황은 주로 상단부에 퇴적되어 있는 붕적토층이 그 하부에 있는 잔류토층과의 경계면을 따라 붕괴되었는바, 붕괴지점은 후사면(원지반)이 비교적 급하고 붕적토층의 두께가 두꺼운 지점이다. 또한 이 지점부근의 사면은 붕적토층과 잔류토층 사이에서 지하수의 누출이 현저하다. 사면붕괴지점 및 규모는 표 9.1과 같다.

표 9.1 사면붕괴 지점 및 규모

구간 및 연장	붕괴사면 연장(m)	절취고(m)	붕괴토층 두께(m)	원사면 구배
측점 No.69~70+5, 25m 구간	10	25	4.2	1:3.2
측점 No.78.5~80+10, 45m 구간	15	15	4.0	1:2.5

9.3 지반특성의 요약

9.3.1 지질개요

본 조사지역의 기반암은 우리나라 지층 생성시기 중 중생대 백악기의 유천층군(楡川層群)에 해당하는 안산암질 응회암 및 안상암이며, 중생대 백악기 말의 산성 암맥류인 규장암 암맥이 드물게 관입되어 있다.[1]

사면붕괴지역을 포함한 조사지역의 절취사면을 시추조사 및 지표지질조사를 토대로 6개의 대표적인 횡단면도로 도시한 결과는 그림 9.3의 '횡단면도, A, B, C, D, E 및 F'와 같다.

9.3.2 절취사면 현황

신설도로를 위한 사면의 절취는 측점 No.26~38 구간까지는 N27E에서 EW의 방향과 약 1:1(45°)의 구배로 시행 중에 있으며, 측점 No.63~83 구간까지는 N27W에서 N50W의 방향과 약 1:1의 구배로 시행되어 있다.[1]

절취사면 중 측점 No.69~70+5 구간과 측점 No.78+5~80+10 구간은 사면이 붕괴된 상태다. 특히 측점 No.78+5~80+10 구간은 붕괴된 절취사면의 약 7m 지점에 사면의 주향과 같은 방향으로 인장균열이 발생하였다.[1]

조사지역의 잔류토층 및 풍화암층은 모암의 조직과 구조(불연속면, 암상 등)를 보유하고 있으며, 측점 No.65+17 지점 부근의 잔류토층과 측점 No.66+14 및 67+5 지점 부근의 풍화암층에서 모암에 발달하였던 절리면을 따라 토핑과 유사한 형태의 사면 녹리가 관찰된다. 또한 연암층이 발달한 지역 중 측점 No.68 지점 부근에서도 절리면을 따라 표면 박리현상이 진행되고 있는 것으로 관찰된다.[1]

9.3.3 현장투수시험 성과

조사지역에 분포하는 붕적토층, 잔류토층 및 기반암층의 투수도를 파악할 목적으로 현장투수시험을 실시하였으며, 붕적토층 및 잔류토층에서 Pour-in 방법에 의해 실시하였고 기반암층에서 싱글 패커(single packer)를 이용하여 수압시험을 실시하였다. 각 지층별 투수계수는 표 9.2와 같다.

표 9.2 투수계수

번호	심도(m)	지층	분류	투수계수 k(kg/cm)	Lugeon치	
BH-1	1.3	붕적토층	CH	3.23×10^{-4}		Pour-in
	$7.0 \sim 8.0$	잔류토층	SM	3.59×10^{-4}		〃
	$12.7 \sim 15.8$	경암층		6.34×10^{-6}	0.89	Packer
BH-3	$3.5 \sim 7.5$	〃		3.24×10^{-5}	2.24	〃
BH-5	$4.2 \sim 5.5$	잔류토층	SM	5.20×10^{-4}		Pour-in

9.4 사면안정성 검토

9.4.1 검토단면

충무시 외곽 진입로 중 사면안정성 검토 대상이 되는 절취사면은 측점 No.15∼82 구간에 존재하는 도로변 사면이다. 이 구간 절취사면은 설계단면 대로 시공이 끝난 구간과 시공이 중단된 단면 구간으로 대별된다. 시공이 끝난 구간은 시공 후 붕괴가 발생되어 붕괴토사가 제거된 현재의 단면은 설계단면과 차이가 있는 구간도 있다.

이 지역의 시추조사 및 지표지질조사를 토대로 본 구간 절개사면의 대표적 단면으로 그림 9.3과 같은 6개의 위치를 선정하였다.[1] 이들 절개사면은 1:1구배로 설계되어 있으며 5m 높이마다 1m 폭의 소단을 두도록 하였다.

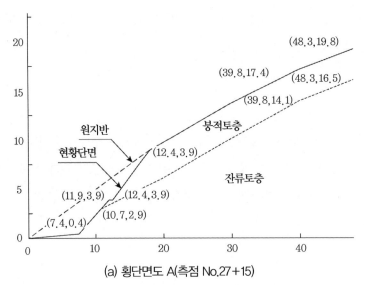

(a) 횡단면도 A(측점 No.27+15)

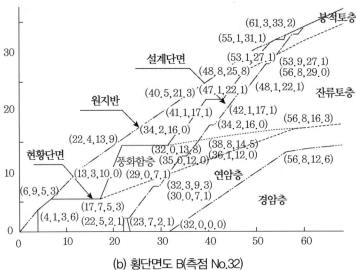

(b) 횡단면도 B(측점 No.32)

그림 9.3 횡단면도(계속)

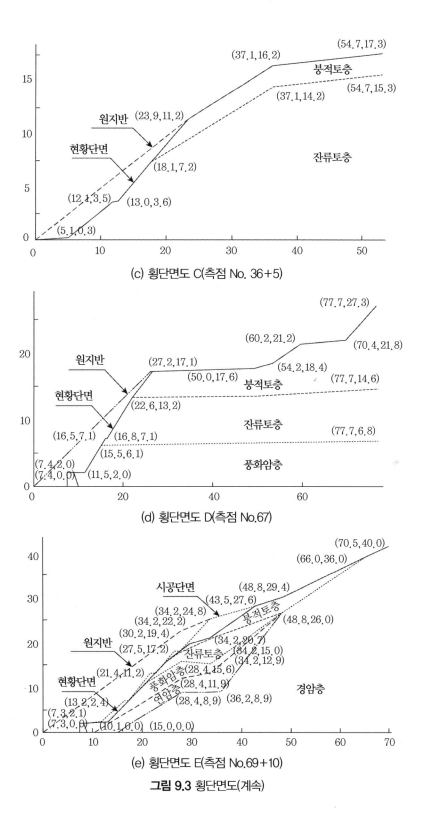

(c) 횡단면도 C(측점 No. 36+5)

(d) 횡단면도 D(측점 No.67)

(e) 횡단면도 E(측점 No.69+10)

그림 9.3 횡단면도(계속)

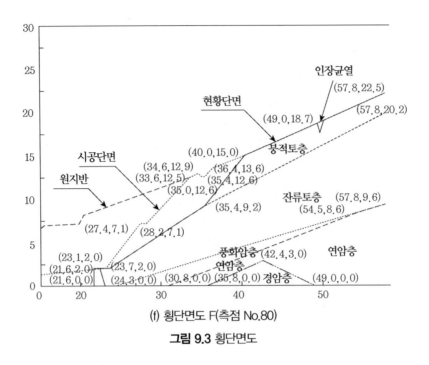

(f) 횡단면도 F(측점 No.80)

그림 9.3 횡단면도

(1) A 단면(측점 No.27 + 15)

그림 9.3(a)에 도시된 바와 같이 상부에 붕적토층과 하부에 잔류토층으로 구성되어 있다. 즉, 붕적토층은 3m의 비교적 두꺼운 두께로 퇴적되어 있으며 잔류토층은 완전토사화되어 있는 상태다. 현황 단면을 검토 대상으로 하고 금후 시공될 단면에 대한 추정을 실시한다.

(2) B 단면(측점 No.32)

BH-6 시추조사, TP-4 시굴조사 및 지표지질조사 결과를 토대로 본 단면의 지층구성도를 그림 9.3(b)와 같이 작성하였다. 측점 No.26~38 구간 중 절토고가 가장 높은 지역으로서 상부로부터 2m 내외의 붕적토층이 존재하며 붕적토층 하부에 풍화대가 분포한다. 풍화대는 핵석(核石) 형태의 풍화 양상을 보이며 풍화도에 따라 잔류토층과 풍화암층으로 구분하였으나 풍화암층은 비교적 적은 것으로 판단되었다. 이 풍화대 아래는 연암층, 경암층 순으로 지층이 발달하였다. BH-6 시추공에서는 현재의 수위가 풍화암층 상부면 위에 존재하고 있다. 현재 B 단면은 사면절개시공 중 공사가 중단된 상태로 현황단면과 설계단면을 모두 검토 대상으로 한다.

(3) C 단면(측점 No.36＋5)

그림 9.3(c)에 도시된 바와 같이 지반이 절개되어 있고 설계단면은 표시되어 있지 않아 현황 단면만을 검토 대상으로 한다. 붕적토층이 2m 두께로 퇴적되어 있으며 붕적토층 하부에는 완전히 토사화한 잔적토층이 분포되어 있다. 붕적토층의 두께는 절개면의 지표지질조사로 판단하였고 지표면 경사에 평행하게 붕적토층이 분포하는 것으로 가정하였다.

(4) D 단면(측점 No.67)

그림 9.3(d)에 도시된 바와 같이 사면절개공사가 완료되어 있어 설계단면을 검토 대상으로 한다. 배면의 지형이 완만하고 4m 두께의 두꺼운 붕적토층이 존재하며 잔적토층과 풍화암층의 지층이 순서대로 발달하였다. 배면 붕적토층, 잔적토층 및 풍화암층 지층구성을 지표면과 평행하게 가정하였다.

(5) E 단면(측점 No.69＋10)

그림 9.3(e)의 단면은 BH-3, BH-4 및 BH-5의 세 개의 시추조사 결과와 TP-2의 시굴조사 결과 및 지표지질조사 결과로 작성된 단면이다.

이 단면은 측점 No.69～70＋5 구간의 붕괴가 발생한 사면을 대표하는 단면으로 작성되었다. 붕괴지역의 경계부에 소규모의 협곡이 발달하였고, 4m 두께의 두꺼운 붕적토층이 분포되었으며, 잔류토층, 풍화암층, 연암층을 및 경암층의 순서로 지층이 발달하였다. 특히 E 단면에서는 BH-3 시추 위치 후방에는 지표면이 급하게 상승하고 있다. 이 부분의 지층은 분명하지 않으나 지표면의 경사로 보아 붕적토층은 아닌 것으로 예측된다. 이 위치에서는 사면절개공사가 설계단면대로 완료된 후에 도면에 도시된 바와 같이 붕적토층부에서 사면붕괴사고가 발생하였다. 따라서 설계단면과 현황단면 모두를 검토단면으로 하였다.

(6) F 단면(측점 No.80)

그림 9.3(f)의 F 단면은 BH-1 및 BH-2의 시추조사 결과와 TP-1의 시굴조사 결과 및 지표지질조사 결과로 작성된 단면이다. 이 단면은 측점 No.78＋5～80＋10 구간의 붕괴가 발생한 사면을 대표하는 단면으로 작성되었다. 상부지층으로는 두꺼운 붕적토층이 4m 두께로 분포되어

있으며 그 하부에 6~8m 두께의 잔류토층이 분포되어 있다. 이 잔류토층 하부에는 풍화암층이 얇게 존재하고 연암층과 경암층의 순서로 지층이 구성되어 있다. 특히 배면의 지형이 완만하고 사면붕괴부로부터 약 7m 후방에 절취사면의 방향과 같은 주향(走向)으로 인장균열이 발생하였다. 조사된 지하수위는 잔류토층의 하부에 존재하고 있다. 이 위치에서는 사면절개공사가 설계단면대로 완료된 후에 사면붕괴사고가 발생되어 붕괴토사가 제거된 상태에 있다. 따라서 단면에 대해서는 설계단면과 현황단면 모두를 검토단면으로 한다.

사면의 붕괴 상황은 주로 상단부에 퇴적되어 있는 붕적토층이 그 하부에 있는 잔류토층과의 경계면을 따라 붕괴되었다. 붕괴지점은 잔류토층의 두께가 두꺼운 지점이며 이 지점 부근의 사면에서는 붕적토층과 잔류토층 사이에서 지하수의 누출이 현저하였다. 사면붕괴 지점 및 규모는 표 9.3에 정리된 바와 같다.

표 9.3 사면붕괴 지점 및 규모

구간 및 연장	붕괴사면 연장(m)	절취고(m)	붕괴토층 두께(m)	원사면 구배
측점 No.69~70+5, 25m 구간	10	25	4.2	1:3.2
측점 No.78.5~80+10, 45m 구간	15	15	4.0	1:2.5

9.4.2 토질정수

조사지역에 분포되어 있는 붕적토층, 잔류토층 및 풍화암층의 토질정수는 시추조사, 공내재하시험 및 실내시험 자료를 토대로 추정된 바 있다.[1] 이 지반조사보고서 제안치와 붕적토층과 잔류토층 사이의 경계면에서의 토질정수를 가정하여 각 단면에 대한 토질정수를 표 9.4와 같이 결정하였다.

표 9.4 사용토질정수

단면지층		c(t/m²)	ϕ(°)	E_s(t/m²)	γ_t(t/m³)	γ_{sat}(t/m³)	비고
A	붕적토층	1.0	28	1,500	1.64	1.78	
	경계면	0.67	19.5	1,500	1.64	1.78	잔류강도
	잔류토층	4.0	30	3,000	1.99	2.05	
B	붕적토층	1.0	28	1,500	1.64	1.78	
	경계면	0.67	19.5	1,500	1.64	1.78	잔류강도
	잔류토층	4.0	30	3,000	1.99	2.05	
	풍화암층	5.0	30	10,000	1.97	1.97	
C	붕적토층	1.0	28	1,500	1.64	1.78	
	경계면	0.67	19.5	1,500	1.64	1.78	잔류강도
	잔류토층	4.0	30	3,000	1.99	2.05	
D	붕적토층	2.5	0	-	1.67	1.84	
	경계면	0.4	13	-	1.67	1.84	E 단면 역해석 결과
	잔류토층	4.0	23	800	1.88	1.94	
	풍화암층	5.0	30	10,000	1.97	1.97	
E	붕적토층	2.5	0	-	1.67	1.84	
	경계면	0.4	13	-	1.56	1.65	역해석 결과
	잔류토층	4.0	23	800	1.85	1.97	
	풍화암층	5.0	30	10,000	1.97	1.97	
F	붕적토층	2.5	0	-	1.67	1.84	
	경계면	1.77	5	-	1.65	1.75	역해석 결과
	잔류토층	4.0	23	800	1.88	1.94	
	풍화암층	5.0	30	10,000	1.97	1.97	

A, B, C 단면에 발달된 붕적토층의 토질정수는 $c = 1.0$t/m², $\phi = 28$°로 되어 있으며 잔류토층은 $c = 4.0$t/m², $\phi = 30$° 풍화암층은 $c = 5.0$t/m², $\phi = 30$°으로 결정·사용하였다. 붕적토층과 잔류토층 사이의 경계면에서는 두 층의 투수성과 전단강도특성의 차이에 의하여 산사태 파괴면이 되기 쉽고 강도가 상당히 감소되어 잔류강도상태에 있는 것이 보통이다. 그러나 이 경계면에서의 잔류강도를 실험으로 조사하기는 용이하지 않다. 따라서 여기서는 붕적토층의 강도로부터 붕적토의 첨두강도의 2/3를 취한 잔류강도로 하여 이 경계면에서의 토질정수로 결정하였다. 습윤단위중량(γ_t)은 지반조사 결과를 활용하였으며, 포화단위체적중량(γ_{sat})은 γ_t를 포화시켰을 경우로 산출하여 얻은 결과다.

한편 D, E, F 단면의 토질정수는 지반조사 결과에 의거하여 $c = 2.5$t/m², $\phi = 30$°, 잔류토층에서 $c = 4.0t/m^2$, $\phi = 23°$, 풍화암층에서 $c = 5.0t/m^2$, $\phi = 30°$로 하였다. E, F 단면에서 붕적토층과 잔류토층 사이의 경계면에 대한 토질정수는 산사태가 이 경계면에서 발생한 관계로 파괴 시의 토질정수는 역해석에 의거하여 추정·결정하였다. D 단면 경계면에서의 토질정수는 D 단면 토질특성이 E 단면 위치와 유사한 관계로 E 단면과 동일하게 하였다. 지반탄성계수(E_s)는 지반조사 결과를 활용하기로 하였다.

9.4.3 강우와 지하수위

지반조사 결과 현재의 지하수위는 대략 잔류토층 하부 풍화암층 위에 위치하고 있는 것으로 나타났다. 그러나 사면붕괴시의 지하수위에 관한 자료는 구할 수가 없었다.

본 지역의 사면붕괴사고는 강우가 계속되는 날씨 속에서 발생한 관계로 지하수위를 고려하지 않을 수 없을 것이다. 1993년 8월 이 지역의 강우기록을 도시하면 그림 9.1 및 9.2와 같다. 이 결과에 의하면 8월 7일부터 사면붕괴가 발생한 8월 10일까지 매일 강우가 계속되었음을 알 수 있다.

이 결과 사면은 상당히 습윤상태에 있었으며 지하수위도 상승하여 상당히 높게 존재하고 있었을 것으로 예측된다. 즉, 사면붕괴사고 3일 전인 8월 7일부터 9일까지 3일간 100mm 이상의 강우로 사면은 상당히 습윤상태에 있었을 것이고, 지하수위도 높아 붕적토층과 잔적토층 사이의 경계면에서 간극수압이 상당히 높게 발생하였으며, 유효전단강도도 상당히 감소된 상태에 있었음을 예측할 수 있다.

이러한 상태에 있는 사면지반에 8월 10일의 100mm에 달하는 추가강우는 지하수위를 거의 지표면에 도달하게 하고 사면토괴의 중량을 증가시켜 사면붕괴를 유발하였을 것이 예측된다. 그림 9.2는 8월 7일부터 10일까지의 강우강도를 도시한 결과다. 이 결과에 의하면 최대 시간강우강도가 17mm/hr이고 파괴 발생 시기 이전 48시간 누적강우량은 101mm로 나타났다. 이 결과는 우리나라의 산사태와 강우특성을 나타내는 그림 9.4에 정리하면 중규모의 산사태가 발생할 수 있었음을 알 수 있다.[3]

또한 강우강도가 흙의 투수계수의 5배가 넘게 되면 우수가 지중에 침투하기 시작하여,[2,3] 침윤전선이 지층에 형성되기 시작하고 이 상태가 계속되면 하부에서부터 지하수위가 상승하면서 동시에 간극수압이 증가하는 것으로 밝혀졌다.

따라서 본 연구에서는 이러한 지하수위가 지표면에 도달하였을 때(이를 만수위로 표현하기로 한다)를 추정하여 사면안전율을 구해보도록 한다. 만수위일 때의 간극수압비(r_u)는 과잉간극수압이 발생하지 않았다고 가정할 경우 0.53 정도가 된다.

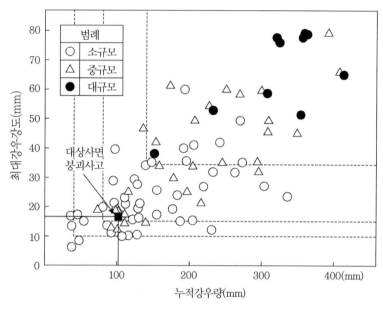

그림 9.4 강우와 산사태의 관계

9.4.4 해석 프로그램

본 지역과 같이 자연사면을 절개하였을 경우의 사면파괴는 주로 무한사면파괴형태로 발생되고 있다. 따라서 본 연구에서는 무한사면의 사면안정해석이 가능한 프로그램 CAMUH를 사용한다. 이 프로그램은 사면안정 대책공법으로 억지말뚝공법을 채택하였을 경우에 억지말뚝의 사면안정효과를 고려할 수 있게 작성된 프로그램이기도 하다. 그러나 붕적토층의 지층구성이 비교적 완만하여 무한사면파괴형태가 발생되지 않을 경우도 예상하여 원호활동파괴형태의 사면안정해석이 가능한 프로그램 STABL도 사용하였다.

(1) STABL

프로그램 'STABL'은 1975년 Indiana Purdue 대학교의 R.A. Siegel 등에 의해 개발된 프로그램으로 Castes(1971)의 해석방법을 이용하였다. 즉, 전단활동 파괴면에서의 한계평형상태로 해석하여 완전한 평형을 이루지 못하는 임계면을 불규칙하게 추적하여 임계활동 파괴면을 찾아 내는 방법이다.

(2) CAMUH

산사태억지말뚝 해석 프로그램으로 개발된 프로그램(과학기술처산하 한국정보산업연합회 프로그램등록번호 94-01-12-1021)이다. 본 프로그램에는 사면의 안정해석과 말뚝의 안정해석의 두 부분으로 크게 구분되어 있다. 사면의 안전율은 붕괴토괴의 활동력과 저항력의 비로 구하여지며 분할법에 의하여 산출되도록 하였다. 사면활동에 저항하는 저항력은 사면파괴면에서의 지반의 전단저항력과 억지말뚝의 저항력의 합으로 구성되어 있다.

말뚝이 일정한 간격으로 일렬로 설치된 경우 줄말뚝의 사면안정효과를 고려할 수 있도록 개발된 프로그램을 사용하여 말뚝 설치 후의 사면안정해석을 실시하였다. 이 프로그램은 다음 사항을 고려하여 개발되었다.

일반적으로 사면활동 억지용 말뚝의 설계에서는 그림 9.5에서 보는 바와 같이 말뚝 및 사면의 두 종류의 안정에 대하여 검토해야 한다.

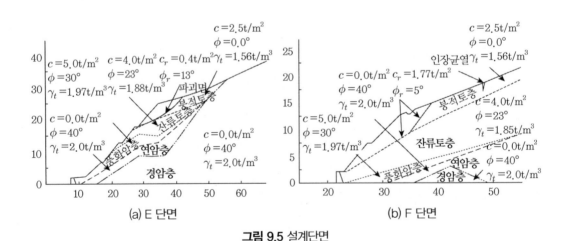

그림 9.5 설계단면

우선 붕괴될 토괴에 의하여 말뚝에 작용하는 측방토압을 산정하여 말뚝이 측방토압을 받을 때 발생할 최대휨응력을 구하고, 말뚝의 허용휨응력과 비교하여 말뚝의 안전율을 산정한다. 한편 사면의 안정에 관해서는 말뚝이 받을 수 있는 범위까지의 상기 측방토압을 사면안정에 기여할 수 있는 부가적 저항력으로 생각하여 사면안전율 $(F_s)_{slope}$을 산정한다. 이와 같이 산정된 말뚝과 사면의 안전율이 모두 소요안전을 이상이 되도록 말뚝의 치수를 결정한다. 여기서 말뚝의 소요안전율은 1.0으로 하고 사면의 소요안전율은 1.3으로 한다.

말뚝의 사면안정효과는 말뚝의 설치간격에도 영향을 받게 된다. 일반적으로 말뚝의 간격이 좁수록 말뚝이 지반으로부터 받을 측방토압의 최대치는 커진다. 측방토압이 크면 사면안정에는 도움이 되나 말뚝이 그 토압을 견뎌내지 못하므로 말뚝과 사면 모두의 안정에 지장이 없도록 말뚝의 간격도 결정해야 한다.

한편 말뚝의 길이는 사면의 파괴선을 지나 말뚝의 변위, 전단력 및 휨모멘트가 거의 발생하지 않는 길이까지 확보되어야 한다. 그러나 암반이 비교적 얕은 곳에 존재할 경우는 말뚝을 소켓 형태로 되도록 설치해야 한다.

9.4.5 붕괴사면의 안정성

(1) 붕괴 전 사면의 안정성

사면붕괴가 발생한 E, F 단면의 설계단면을 각층의 토질정수와 함께 도시하면 각각 그림 9.5(a) 및 (b)와 같다. 이들 단면에 대하여 사면안전율을 원호파괴와 평면파괴로 해석을 실시한 결과는 표 9.5와 같다. 평면파괴는 붕적토층과 잔적토층 사이의 경계면을 파괴면으로 하였으며 원호파괴는 풍화암층 상부에 발생한 파괴면중 최소사면안전율을 가지는 파괴면을 선정하였다.

① E 단면

우선 붕괴 전의 설계단면에 대한 사면안전율은 건기 1.69(원호파괴 시), 1.04(평면파괴 시)로 안전하였던 것으로 판단된다. 한편 강우로 인하여 지하수위가 지표면에 도달한 만수위 때의 사면안전율이 표 9.5에서 보는 바와 같이 1.45(원호파괴 시), 0.63(평면파괴 시)으로 평면파괴에 대해 불안전하게 나타나고 있다.

표 9.5 붕괴사면의 사면안전율

단면	파괴형태	원호파괴		평면파괴	
		지하수위 무시	만수위	지하수위 무시	만수위
E	설계	1.69	1.45	1.04	0.63
	현황	1.69	1.51	1.26	0.83
F	설계	1.50	1.16	1.16	1.09
	현황	1.74	1.18	1.98	1.77

② F 단면

F 단면 위치에서의 붕괴 전의 설계단면에 대한 사면안전율은 표 9.4에서 보는 바와 같이 건기 1.50(원호파괴 시), 1.16(평면파괴 시)으로 안전한 것으로 판단된다.

만수위일 때의 사면안전율이 1.0은 초과하고 있어 절대적으로 위험한 것으로는 나타나지 않는다.

(2) 역해석 결과

위에서 검토한 바와 같이 E, F 단면 모두 설계단면에 대한 안전율은 만수위에도 절대적으로 불안하였던 것으로는 나타나지 않는다. 그러나 실제사면은 강우로 평면파괴가 발생하였다. 평면파괴면은 붕적토층과 잔적토층의 경계면에 해당하였다. 따라서 평면파괴가 발생한 이 경계면의 전단정수는 강우로 인한 간극수압의 작용으로 상당히 감소되었던 것으로 예측된다.

통상 붕적토층과 잔적토층은 투수특성이 서로 달라 강우강도가 매우 큰 경우(붕적토층의 투수계수의 5배 이상) 붕적토층을 침투한 지하수는 잔적토층면 상부에서부터 상승하면서 흐르게 된다. 이때 세립의 토립자가 이 경계면에 상당부분 퇴적되므로 점토의 얇은 층이 형성되어 전단강도가 잔류강도 정도로 상당히 낮아 산사태 시 종종 파괴면으로 작용하게 된다.

강우로 인하여 지하수위가 지표면까지 도달한 상태에서 실제 파괴된 파괴면에 대하여 사면안전율을 1.0으로 하고 역해석을 실시하여 파괴면에서의 전단정수를 구하면 E단면의 경우 $c = 0.4t.m^2$, $\phi = 13°$로 나타나고 F단면의 경우 $c = 1.77t/m^2$, $\phi = 5°$로 나타났다.

이 역해석에서 구한 경계면의 토질정수는 현황단면의 사면안정성검토에 활용하기로 한다.

(3) 현황사면의 안정성

사면붕괴가 발생한 후의 현황사면은 그림 9.6(a) 및 (b)와 같다. 우선 E 단면에 대해서는 건기에는 사면안전율은 1.26(평면파괴 시), 1.69(원호파괴 시)로 안전하나 만수위 시에는 평면파괴면에 대하여 사면안전율이 0.83으로 불안전함을 알 수 있다. 따라서 강우량이 높을 경우 또다시 산사태가 발생할 가능성이 있음을 알 수 있다.

한편 F 단면에 대해서는 건기에는 사면안전율이 1.98(평면파괴 시), 1.74(원호파괴 시)로 안전하나 만수위 시에는 사면안전율이 1.77(평면파괴 시), 1.18(원호파괴 시)로 나타나 원호활동면에 대하여 다소 불안전함을 알 수 있다.

E 단면과 F 단면의 사면안전율의 검토 결과 이들 단면에 대해서는 산사태 억지대책이 강구되어 상부 붕적토층의 2차적 산사태를 방지시켜주어야 할 것으로 생각된다.

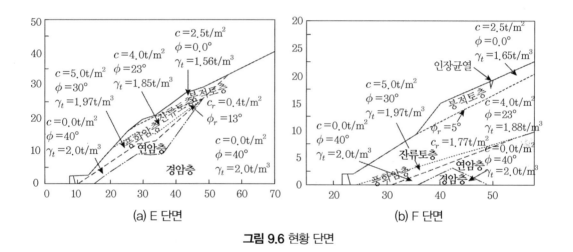

그림 9.6 현황 단면

9.5 사면안정 대책공법

9.5.1 대책공법의 기본방침

(1) 붕괴지역의 사면구배는 현재의 지표면 형상을 최대한 활용하도록 한다.

(2) 사면의 안정은 갈수기에는 물론 우기의 최악의 경우인 완전포화사면의 상태까지도 확보할 수 있도록 한다.

(3) 사면안정 대책공은 다음 두 가지로 한다.

　　① 사면안전율증가공법: 사면안정이 확보되지 않을 경우는 억지말뚝으로 부족한 안정성을 향상시키도록 한다.

　　② 사면안전율감소방지법: 세굴 등에 의한 사면안정성 저하 요인이 있는 경우는 적절한 법면 보호공으로 사면의 안정성이 감소하는 것을 막는다.

(4) 억지말뚝으로는 H-말뚝(300×300×10×15)을 1.5～2.0m 간격으로 연암 층아래 2.0m 깊이 혹은 사면하단 표고 아래 2.0m 깊이까지 설치한다.

(5) 억지말뚝시공은 천공 후 H-말뚝을 삽입하고 공내에 시멘트그라우트 혹은 무근콘크리트로 H-말뚝을 피복하여 부식을 방지시키며 말뚝두부는 띠장으로 연결한 후 철근콘크리트 캡핑을 실시한다.

(6) 사면의 소요안전율은 영구적으로 안정성을 확보하기 위하여 1.3으로 한다.

(7) 말뚝의 소요안전율은 강재에 발생응력과 허용응력 비가 1.0 이내가 되도록 한다.

9.5.2 보강검토 대상 사면

앞 절에서 검토된 바와 같이 본 지역의 사면붕괴사고는 주로 붕적토층에서 발생한 사고다. 따라서 전 구간에 걸쳐 붕적토층이 두껍게 분포되어 있는 곳에는 대책이 강구되어야 한다. 이러한 상황에 있는 위치를 그림 9.3의 현황도면부터 조사하면 A 단면 구간에 대략 12m, B 단면 구간에 32m, C 단면 구간에 25m, D 단면 구간에 23m, E 단면 구간에 36m, F 단면 구간에 55m로 되어 있다.[4]

이들 구간 중 C 단면과 D 단면은 현황 A 단면의 결과를 활용하기로 하여 사면안정보강 검토 대상 사면은 A, B, E, F의 4개 단면으로 국한시키기로 한다.

시공 완료 시의 단면과 A, B, E, F 단면의 현황 단면에 대한 최소안전율과 파괴형태는 표 9.6에 정리된 바와 같다. 이들 사면안전율은 소요안전을 1.3을 만족시키지 못하고 있으므로 부족분의 사면안전율은 억지말뚝의 저항효과로 증대시키고자 한다.

표 9.6 사면안정 보강검토 대상 사면[4]

단면	최소안전율	파괴형태	부족한 안전율	억지말뚝설계		
				H-말뚝 치수	간격(m)	구간폭(m)
A	0.89	평면파괴	0.41	300×300×10×15	2.0	12.0
B	0.97	원호파괴	0.33	300×300×10×15	1.5	32.0
E	1.09	평면파괴	0.21	300×300×10×15	1.5	36.0
F	1.18	원호파괴	0.12	300×300×10×15	1.5	55.0

9.5.3 보강사면의 안정성

(1) 억지말뚝설계

억지말뚝이 사면에 일정한 간격으로 일렬로 설치된 경우 줄말뚝은 산사태 억지효과를 가진다. 따라서 본 사면의 안정화를 위하여 억지말뚝을 일렬로 설치하기로 한다.

일반적으로 산사태 억지용 억지말뚝의 설계에서는 말뚝과 사면 모두의 안정에 대하여 검토해야 한다. 우선 파괴면 상부의 붕괴토괴의 이동에 의하여 말뚝에 작용하는 측방토압을 산정하여 말뚝이 측방토압을 받을 때 발생될 최대휨응력을 구하고 말뚝의 허용휨응력과 비교하여 말뚝의 안전율 $(F_s)_{pile}$ 을 산정한다.

한편, 사면의 안정에 관해서는 말뚝이 받을 수 있는 범위까지의 측방토압을 산출하여 사면안정에 기여할 수 있는 부가적 저항력으로 생각하여 사면안전율 $(F_s)_{slope}$ 을 산정한다. 이와 같이 말뚝과 사면의 안전율이 모두 소요안전율 이상이 되도록 말뚝의 치수를 결정한다. 여기서 말뚝의 소요안전율은 1.0으로 하고 사면의 소요안전율은 1.3으로 한다.

억지말뚝의 설계에는 줄말뚝의 사면안정효과를 고려할 수 있도록 개발된 프로그램 CAMUH를 사용하였다.

대략적으로 억지말뚝은 표 9.6에 정리된 바와 같이 H-300×300×10×15 규격의 H-말뚝을 중심간격 1.5~2.0m 간격으로 연암층에 2.0m 깊이까지 혹은 절개사면하단부 표고 아래 2.0m 깊이까지 소켓 형태가 되도록 설치한다.

억지말뚝 두부는 띠장을 대고 철근콘크리트 캡을 두어 회전구속효과를 가지도록 한다. 이때 이 캡의 상면은 지표면과 일치하도록 한다.

H-말뚝을 설치하기 위하여 항타공법을 실시할 경우 사면지반을 교란시키므로 이를 지양하고 반드시 천공(=450mm) 후 H-말뚝을 공내에 삽입하도록 한다. H-말뚝을 삽입한 후에는 시

멘트그라우팅이나 무근콘크리트로 천공 내 구멍을 메꾸어 강재가 직접 지반과 접하지 않게 하여 H-말뚝의 부식을 방지한다.

(2) 사면안전율

표 9.6에 결정된 억지말뚝의 사면안정효과를 고려하여 구한 사면안전율을 A, B, E, F 단면에 대하여 보강 전후를 비교해보면 표 9.7과 같다.

이 결과에 의하면 보강후 사면은 완전포화된 경우에도 사면안전율은 소요안전율을 만족하고 있어 사면의 안정성이 확보된 것으로 생각된다. 단, E단면의 경우는 소요안전율 1.3이 확보되지 않으므로 붕적토층의 구배를 1:2 정도 완구배로 붕괴된 표면처리를 실시하고 억지말뚝을 설치하면 사면안정성이 개선 확보될 것으로 생각된다.

표 9.7 보강사면의 사면안전율[4]

단면	보강 전 사면		보강 후 사면	
	불포화	포화	불포화	포화
A	1.46	0.89	1.78	1.43
B	1.69	0.97	2.13	1.41
E	1.16	1.09	1.66	1.23
F	1.74	1.18	1.94	1.38

9.6 종합 의견

본 연구 대상 지역은 우리나라 남부지방의 특징인 여러 개의 만과 반도로 이루어진 리아스식 해안의 일부에 해당하는 지역으로 대체로 부드러운 능선과 완만한 경사를 이룬 산악지형이다. 다수의 소규모 협곡이 발달하였으며, 지엽적으로 붕적토층이 비교적 두껍게(최대 약 4.5m) 발달하였다.

기반암은 안산암질 응회암과 안산암으로 이루어져 있으며 다우지역인 관계로 풍화도가 심한 것이 특징이다. 안산암질 응회암이 기반암인 측점 26~38 구간은 암이 사질토로 풍화되어가고 있으며, 안산암이 기반암인 측점 63~83 구간은 점성토로 풍화되고 있다. 따라서 붕적토층의 토질도 이들 두 구간 사이에 차이가 있다. 즉, 측점 26~38 구간의 붕적토는 사질토의 특성을 많이 가지고 있으며 측점 63~83 구간의 붕적토는 점성토의 특성을 많이 가지고 있다.

본 연구 대상 지역 절개사면의 사면안정성에 대한 의견을 정리하면 다음과 같다.

(1) 본 지역의 지층구성은 지표면으로부터 붕적토층, 잔적토층, 풍화암층, 연암층 및 경암층이 지표면에 거의 평행하게 분포되어 있다.

(2) 붕적토층은 비교적 두껍게(최대 4.5m 두께) 분포되어 있는 것으로 보아 이 지역은 과거 오래 전부터 상부사면의 산사태 붕락이 여러 차례에 걸쳐 발생하고 있는 지역임을 알 수 있다.

(3) 사면붕괴사고는 붕적토층과 잔류토층 사이의 경계면이 활동파괴면이 되어 평면파괴형태로 발생하였다. 이러한 평면파괴는 절개공사로 인하여 사면의 균형상태가 변한 상황에서는 강우량이 높을 경우 언제든지 재발생할 가능성이 있다.

(4) 사면붕괴사고 발생일 3일 전부터 내린 100mm 정도의 강우로 붕적토층이 충분히 습윤상태에 있는 상황에서 사고 발생일에 추가로 내린 100mm 정도의 호우는 사면 내 지하수위를 지표면에까지 도달하기에 충분하였다고 생각된다. 따라서 사면붕괴사고 시의 지하수위는 수위가 지표면에 도달하였다고 추정된다.

(5) 본 지역 절개사면구배를 토질에 구분 없이 일률적으로 1:1 구배로 정한 것은 불합리하다. 잔류토층과 붕적토층은 이보다 완만한 구배로 시공하는 것이 바람직하다. 특히 붕적토 구간은 A~F 보강구간 이외의 구간에서 1:2 정도로 완만하게 수정하는 것이 바람직하다.

(6) E 단면의 후사면부는 사면이 다시 급상승하는 급사면의 형태로 되어 있어 이 지역의 추가조사로 사면안정성을 판단하는 것이 바람직하다.

(7) 사면안정 대책공법 마련은 다음과 같은 원칙으로 실시한다.

① 사면안전율증가공법: 사면절개로 소요사면안전율이 확보되지 못하는 구간에서는 사면구배를 완만하게 조정하거나 억지말뚝공을 적용한다.

② 사면안전율감소방지공법: 현재 사면안전율이 소요안전율을 만족시키는 위치에서도 비탈면의 세굴 등으로 사면안전율이 감소할 우려가 있으므로 적절한 비탈면보호공을 실시한다.

(8) 억지말뚝은 H-300×300×10×15의 강말뚝을 1.5~2.0m 간격으로 일렬로 연암층 속 2.0m 깊이까지 근입시키거나 사면하단표고 아래 2.0m 깊이까지 근입시켜야 한다(그림 9.7 참고). 억지말뚝두부에는 띠장을 대고 철근콘크리트 캡핑을 실시하여 지중보의 형태로 시공한 후 배면지표부에 배수축구를 마련한다. 또한 말뚝의 설치시는 항타공법을 지양하고 천공 후 말뚝

을 삽입하고 시멘트그라우트나 무근콘크리트로 공간을 충진하여 부식을 방지시켜준다. 말뚝 삽입을 위한 천공 시 수세식 배토방식이나 슬러리 용액의 사용을 가급적 피하는 것이 좋다.

(9) 비탈면 보호공으로는 돌부침공이나 시드그라우팅(seed grouting) 혹은 이와 동일한 효과를 갖는 공법 중 경제적이고 내구성이 큰 공법을 선택하여 실시해야 한다.

각 단면별 사면보강대책을 정리하면 다음과 같다.

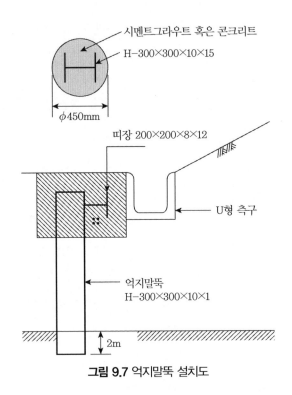

그림 9.7 억지말뚝 설치도

(1) A 단면 구간

H-300×300×10×15 억지말뚝을 2.0m 간격으로 12m 구간에 걸쳐 설치한다. 말뚝 설치 길이는 사면하단표고 아래 2.0m 깊이까지로 한다.

(2) B 단면 구간

A 단면 구간과 동일한 엄지말뚝을 1.5m 간격으로 32m 폭에 걸쳐 설치한다. 억지말뚝 설치

길이는 연암층 속 2.0m 깊이까지로 한다.

(3) C 단면 구간

이 구간의 현황단면은 안전하나 만약 1:1 구배로 절개시공을 계속할 경우는 사면안전율이 상당히 감소할 것으로 예상된다. 따라서 사면구배를 급사면으로 시공할 경우 이 구간도 A 단면 구간과 동일한 엄지말뚝을 절개사면 정상부 부근에 2.0m 간격으로 25m 폭에 걸쳐 설치한다. 억지말뚝의 말뚝 설치 길이는 사면하단 표고 아래 2.0m 깊이까지로 한다.

(4) D 단면 구간

지질전개도에 표시된 폭 23m의 이 구간에는 다음의 두 가지 대책방법 중 하나로 실시한다.

① 붕적토층의 사면구배를 1:2 이상의 완만한 구배로 정리한다.
② 사면구배조정이 불가능한 경우 A 단면 구간과 동일한 억지말뚝을 2.0m 간격으로 절개사
   면정상 부근에 사면하단부 표고 아래 2m 깊이까지 설치한다.

(5) E 단면 구간

36m 폭의 이 구간에는 붕괴된 현황사면 정상부에 표시된 위치에 A구간과 동일한 억지말뚝을 1.5m 간격으로 연암층 속 2.0m 깊이까지 설치한다. 붕괴된 붕적토층의 표면은 1:2 구배로 표면정리를 해야 한다.

(6) F 단면 구간

붕괴된 현황사면 중 상부붕적토층은 1:2 구배로 사면구배를 정리한다. 그런 후 절개사면 정상부 위치에 A구간과 동일한 억지말뚝을 2.0m 간격으로 연암층 속 2.0m 깊이까지 C구간에 표시된 55m 폭에 설치한다.

만약 사면구배의 정리작업이 불가능한 경우는 동일 억지말뚝을 1.5m 간격으로 설치한다.

9.7 결론 및 건의사항

절개사면의 사면안정성을 검토한 결과를 항목별로 정리하면 다음과 같다.

(1) 지층구성

지표면에 거의 평행한 상태로 붕적토층, 잔적토층, 풍화암층, 연암층 및 경암층의 순으로 분포되어 있으며 붕적토층이 비교적 두껍게 분포되어 있어 과거부터 산사태 발생이 빈번하였던 것으로 추측된다.

(2) 사면붕괴사고

붕적토층과 잔류토층 사이의 경계면에서 평면활동 파괴형태로 발생하였다. 이때 붕적토층은 거의 완전포화되어 지하수위가 거의 지표면에 도달하였을 것으로 추측된다. 이러한 사면파괴는 절개공사로 사면균형상태가 변한 상황에서는 강우량이 높을 경우 언제든지 재발생할 가능성이 있다.

(3) 절개사면의 구배

토질에 구분 없이 일률적으로 1:1 구배로 정한 것은 불합리하다. 잔적토층과 붕적토층은 이보다 완만한 구배(1:1.5~1:2)로 시공하는 것이 바람직하다.

(4) 사면안정 대책공

① 완만한 사면구배로 조정하거나 억지말뚝공으로 부족한 사면안전율을 증대시킨다.
② 돌부침, 시드그라우팅(혹은 이와 동일한 효과를 가진 공법) 중에서 경제성과 내구성이 있는 공법으로 비탈면보호공을 실시한다.

(5) 억지말뚝

H-300×300×10×15 말뚝을 사용하여 1.5m(B, E, F구간) 및 2.0m(A, B, D구간) 간격으로 일렬로 설치한다. 근입깊이는 연암층 속 혹은 사면하단 표고 아래 2.0m 깊이까지로 한다. 억지말뚝두부는 띠장을 대고 철근콘크리트 지중보형태로 시공한다. 이 억지말뚝은 천공 후 삽입하며

시멘트그라우트나 콘크리트로 충진하여 부식을 방지시켜준다. 말뚝삽입을 위한 천공 시 수세식 배토방식이나 슬러리 용액의 사용을 가급적 피하는 것이 좋다.

(6) E 단면의 원사면부

이 사면의 구배가 다시 급상승하고 있으므로 이 지역의 추가지반조사로 사면안정성을 판단하기를 건의한다.

(7) 계측기 설치

사면안정 대책을 실시한 후 사면의 변형 여부를 관찰하기 위하여 경사계, 지하수위계 등의 계측기를 설치하기를 건의한다. 특히 B, E, F 사면에 대해서는 계측에 의거하여 우기의 거동을 조사하는 것이 바람직하다.

● 참고문헌 ●

(1) 도화지질(1994), '충무시 외곽진입로 사면안정검토를 위한 지반조사보고서'.

(2) Kim, S. K., Hong, W. P., and Kim, Y. M.(1992), "Prediction rainfall triggered landslides in Korea", Proc., 6th International Symposium on Landslides, Christcurch, New Zealand, Feb.1992, Vol.2, pp.989-994.

(3) 홍원표 · 김상규 · 김마리아 · 김윤원 · 한중근(1990), '강우로 기인되는 우리나라 사면활려의 예측', 대한토질공학회지, 제6권, 제4호, pp.213-226.

(4) 홍원표 · 박찬호(1994), '충무시 외곽진입로 절취사면안정성 검토 연구보고서', 한국지반공학회.

Chapter

10

고달~산동 간 도로사면안정성

Chapter
10

고달~산동 간 도로사면안정성

10.1 서론

본 연구는 전라남도 구례군 산동면에 위치한 고달~산동 간 도로개설공사 시 사면붕괴가 발생한 세 구간(측점 11 + 920 ~ 12 + 000, 측점 11 + 670 ~ 12 + 690 및 측점 9 + 210 ~ 9 + 225)에 대하여 사면안정성을 검토하고, 필요시 사면보강대책방안을 마련함에 그 목적이 있다.[1]

본 연구에서 검토될 기술사항은 다음과 같다.

(1) 현장답사
(2) 기존자료 검토
(3) 지반조사
(4) 붕괴사면의 사면안정성 판단
(5) 사면보강대책방안 구상
(6) 보강 후 사면안정성 검토

본 연구는 ○○건설주식회사에서 제공하는 자료와 본 연구를 통하여 실시한 지반조사보고서를 토대로 지층을 구분하고, 지반물성치를 선정하였다. 이를 토대로 SLOPILE(Ver.3.0)을 이용하여 사면안정해석을 수행하였다. 그리고 수차례의 현장답사를 통하여 현장 상황을 조사하였다. 본 연구과업에 필요한 자료는 다음과 같다.

(1) 조사지역 위치도

(2) 현황 사진

(3) 일부 구간의 지반조사자료

(4) 사면붕괴구간 현황자료

(5) 기타 관련 도서

10.2 현황조사

10.2.1 현장개요

연구 대상 지역은 전라남도 구례군 산동면 둔산리에 위치한 고달~산동 간 도로개설공사 구역 내 사면절개구간에 해당한다.[1] 본 연구에서는 사면절개구간에서 사면활동이 발생하였거나 현재 사면활동이 진행 가능성이 있는 세 개의 단면을 대상으로 사면안정해석을 수행하고자 한다. 대상 단면은 각각 측점 11+920~12+000, 측점 11+670~12+690 및 측점 9+210~9+225이다. 본 연구에서는 측점 11+920~12+000을 제1사면, 측점 11+670~12+690을 제2사면 그리고 측점 9+210~9+225를 제3사면으로 부르기로 한다.

그림 10.1은 연구 대상 지역의 각 단면에 대한 평면도를 도시한 그림이다.

즉, 그림 10.1(a)는 제1사면의 평면도를 나타낸 것으로 측점 11+940 위치를 검토 단면으로 선정하였다. 그림에서 보는 바와 같이 대상 사면의 인장균열면은 총 5곳이며, 사면파괴 규모도 상당히 큰 것으로 조사되었다. 그리고 사면 하부에서는 현재 용출수가 발생하는 것으로 조사되었다.

한편 그림 10.1(b)는 제2사면의 평면도를 나타낸 것으로 측점 11+680 위치를 검토 단면으로 선정하였다. 이 그림에서 보는 바와 같이 사면의 중앙에 석축이 설치되어 있으며, 사면의 하부에 용출수가 발생하는 것으로 조사되었다.

그리고 그림 10.1(c)는 제3사면의 평면도를 나타낸 것으로 측점 9+212를 검토 단면으로 선정하였다. 이 그림에서 보는 바와 같이 사면의 파괴형태는 국부적 파괴형태로 쐐기파괴가 일어났다. 검토 단면의 현장 상황을 정확하게 파악하기 위하여 현장답사를 실시하였으며, 현장 상황을 각 사면별로 다음과 같이 정리하였다.

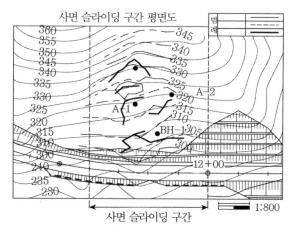

(a) 제1사면(측점 11+920∼12+000)

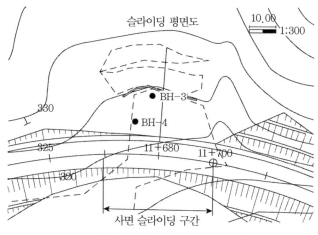

(b) 제2사면(측점 11+670∼11+690)

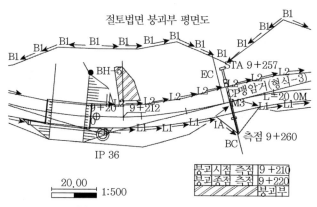

(c) 제3사면(측점 9+210∼9+225)

그림 10.1 연구 대상 지역의 평면도

10.2.2 현장조사 결과

그림 10.1에 지반조사 시추번호를 표시하였다. 제1사면의 시점은 측점 11+920 지점이고, 종점은 12+000 지점이므로 사면연장은 약 100m고, 높이는 70m며, 사면의 경사는 35~45°의 범위를 갖는다. 따라서 사면의 파괴규모는 중규모 내지 대규모로 구분할 수 있다.

한편 제2사면의 시점은 측점 11+670 지점이고, 종점은 측점 11+690 지점이므로, 사면연장은 약 20m고, 높이는 10m며, 사면의 경사는 약 17° 정도다. 따라서 사면의 파괴규모는 소규모 내지 중규모로 구분할 수 있다. 대상 사면의 중간 부분에는 기존에 시공된 석축이 존재하고 있으며, 석축상부사면은 기존에 논으로 사용되었던 것으로 조사되었다. 대상 사면은 계곡부에 위치하고 있어 우수의 유입이 많고, 현재 사면의 하단부에서는 용출수가 많이 발생하고 있는 상태며, 대상 사면은 계곡부에 있다.

마지막으로 제3사면의 시점은 측점 9+210 지점이고, 종점은 측점 9+220 지점이므로, 사면연장은 약 10m고, 높이는 약 20m며, 사면의 경사는 약 50° 정도다. 사면의 파괴는 약 12m 높이의 지점에서 발생하였으며, 상부토층이 하부암선을 경계로 사면활동이 일어난 것으로 조사되었다. 따라서 사면의 파괴특성은 국부적인 쐐기파괴며, 규모는 소규모 내지 중규모로 구분할 수 있다.

10.3 대상 사면의 안정성 판단

사면안정해석은 한계평형해석법 중 Bishop의 간편법과 무한사면해석을 적용하여 원호파괴와 평면파괴에 대한 사면안정성을 검토하였다.[2] 그리고 건기와 우기에 대하여 사면안정해석을 실시하였다. 건기의 경우에는 지반조사 시 측정된 지하수위를 기준으로 사면안정해석을 수행하였다. 그리고 우기의 경우에는 우수의 지표침투로 인하여 지표면으로부터 지반습윤대(습윤전선)가 상승하여 사면 전체가 포화된 것으로 가정하여 사면안정해석을 수행하였다. 대상 지역의 한계평형해석에 의한 사면안정해석 결과는 표 10.1과 같다.

사면안정해석 결과 제1사면 및 제2사면은 평면파괴해석에서는 안정한 것으로 나타났으나, 원호파괴해석에서 우기에는 불안정한 것으로 나타났다. 그리고 제3사면은 건기를 제외하고 우기에는 불안정한 것으로 나타났다. 따라서 대상 사면에 대하여 경제적이고, 합리적인 사면안정 대책공법을 마련하여 사면안정성을 증가시켜야 한다.

표 10.1 대상 사면의 사면안정해석 결과(한계평형해석)

파괴조건	원호파괴		평면파괴	
기후조건 사면구분	건기	우기	건기	우기
제1사면	1.62	0.94	1.90	1.37
제2사면	1.79	1.08	1.94	1.27
제3사면	1.61	0.88	1.44	0.97

10.4 대상 사면의 보강대책공법 선정

본 연구에서는 사면안정 대책방안 중에서 현장 상황, 안정성, 경제성 등의 제반조건을 검토하여 각 사면별로 권장방안을 채택하였다. 각 사면별로 채택된 사면안정 대책안은 다음과 같다.

10.4.1 제1사면

대상 사면의 경우 안전율증가공으로 억지말뚝공을 채택하고 안전율유지공으로 식생공(seed spray) 및 지표수배제공을 채택하였다. 따라서 대상 사면에 억지말뚝을 효과적으로 설치하여 소요안전율을 만족하도록 설계해야 한다.[2]

억지말뚝이 사면에 일정한 간격으로 일렬로 설치된 경우 줄말뚝은 산사태 억지효과를 갖게 된다. 따라서 대상 사면의 안정화를 위하여 억지말뚝을 일렬로 설치하고자 한다. 일반적으로 산사태 방지용 억지말뚝의 설계에서는 말뚝과 사면 모두의 안정에 대하여 검토해야 한다. 우선 파괴면 상부의 붕괴토괴의 이동에 의하여 말뚝에 작용하는 측방토압을 산정하여 말뚝이 측방토압을 받을 때 발생할 최대휨응력을 구하고 말뚝의 허용휨응력과 비교하여 말뚝의 안전율을 산정한다. 한편 사면의 안정에 관해서는 말뚝이 받을 수 있는 범위까지의 측방토압을 산출하여 사면안정에 기여할 수 있는 부가적 저항력으로 생각하여 사면의 안전율을 산정한다. 이와 같이 말뚝과 사면의 안전율이 모두 소요안전율 이상이 되도록 말뚝의 치수를 결정한다. 억지말뚝의 설계에는 줄말뚝의 사면안정효과를 고려할 수 있도록 개발된 SLOPILE(Ver.3.0) 프로그램을 사용하였다. 억지말뚝의 설계에서는 억지말뚝의 치수 및 간격, 설치 위치, 열수 등을 고려하여 수행하였다. 억지말뚝의 구체적 설계에 관해서는 제1장을 참조하기로 한다.

억지말뚝을 고려한 사면안정해석은 건기와 우기에 대하여 각각 실시한다. 사면안정해석은 Bishop의 간편법과 무한사면해석법에 대하여 실시하였다. 그리고 건기의 경우에는 시추조사 시 측정된 현재 지하수위에 대하여 사면안정해석을 수행하였으며, 우기의 경우에는 강우로 인하여 상부 토사층이 완전히 포화된 것으로 가정하여 사면안정해석을 수행하였다. 사면안정해석에 사용된 억지말뚝은 H-300×300×10×15며, 말뚝과 말뚝 사이의 간격비(D_2/D_1)는 0.83으로 하였다.

사면안정해석은 Bishop의 간편법을 이용하여 원호파괴 시 사면안정성을 검토하였다. 대상 사면의 경우 1열의 억지말뚝을 설치할 경우 우기에도 소요안전율을 만족하는 것으로 나타났다. 말뚝의 사면안정효과를 고려한 경우 원호파괴 시 사면안전율은 각각 건기 1.93, 우기 1.23으로 나타났다. 그리고 무한사면해석법을 이용하여 평면파괴 시 사면의 안정성도 검토하였다. 말뚝의 사면안정효과를 고려한 경우 평면파괴 시 사면안전율은 각각 건기 2.12, 우기 1.56으로 나타났다. 이들 결과를 정리하면 표 10.2와 같이 나타낼 수 있다.

표 10.2 제1사면의 사면안정해석 결과

구분	건기		우기	
	보강 전	보강 후	보강 전	보강 후
원호파괴시	1.62	1.93	0.94	1.23
평면파괴시	1.90	2.12	1.37	1.56

억지말뚝의 설계안을 정리하면 다음과 같다.

(1) 억지말뚝의 치수와 설치간격

    ① 말뚝치수: H-300×300×10×15

    ② 천공경: $\phi500$

    ③ 말뚝열수: 1열

    ④ 말뚝 간 설치간격: 1.75m, 말뚝설치간격비(D_2/D_1): 0.83

    ⑤ 말뚝설치위치: 성토층으로부터 12m

(2) 억지말뚝은 연암층 아래 2m 정도 소켓형태가 되도록 설치한다.

(3) 억지말뚝의 두부는 띠장을 대고 철근콘크리트 캡을 두도록 한다.

(4) 억지말뚝을 설치할 때는 반드시 천공 후 H-말뚝을 삽입하도록 하고, H-말뚝을 삽입한 후에는 시멘트그라우팅이나 무근콘크리트로 천공 내 구멍을 메워 H-말뚝의 부식을 방지한다.

10.4.2 제2사면

대상 사면의 경우 안전율증가공으로 억지말뚝 및 옹벽공을 채택하고 안전율유지공으로 지표수배제공을 채택하였다.[2] 따라서 대상 사면에 억지말뚝 및 옹벽을 효과적으로 설치하여 소요안전율을 만족하도록 설계해야 한다. 억지말뚝의 설계는 줄말뚝의 사면안정효과를 고려할 수 있도록 개발된 SLOPILE(Ver.3.0) 프로그램을 사용하였다. 억지말뚝의 설계에서는 억지말뚝의 치수 및 간격, 설치 위치, 열수 등을 고려하여 수행하였다.

제2사면에 억지말뚝을 고려한 사면안정해석은 건기와 우기에 대하여 각각 실시하였으며, 그 결과는 표10.3과 같이 나타낼 수 있다. 사면안정해석은 Bishop의 간편법과 무한사면해석법에 대하여 실시하였다. 그리고 건기의 경우에는 시추조사 시 측정된 현재 지하수위에 대하여 사면안정해석을 수행하였으며, 우기의 경우에는 강우로 인하여 상부 토사층이 완전히 포화된 것으로 가정하여 사면안정해석을 수행하였다. 사면안정해석에 사용된 억지말뚝은 H-300×300×10×15며, 말뚝과 말뚝 사이의 간격비(D_2/D_1)는 0.83으로 하였다.

표 10.3 제2사면의 사면안정해석 결과

구분	건기		우기	
	보강 전	보강 후	보강 전	보강 후
원호파괴 시	1.79	2.24	1.08	1.23
평면파괴 시	1.94	2.18	1.27	1.50

표 10.3에는 Bishop의 간편법을 이용하여 원호파괴 시 사면안정성을 검토한 결과를 수록하였다. 대상 사면의 경우 1열의 억지말뚝을 설치할 경우 우기에도 소요안전율을 만족하는 것으로 나타났다. 이 표에서 보는 바와 같이 말뚝의 사면안정효과를 고려한 경우 원호파괴 시 사면안전율은 각각 건기 2.24, 우기 1.23으로 나타났다. 그리고 표 10.3에서는 무한사면해석법을 이용하여 평면파괴 시 사면의 안정성을 검토한 결과도 수록하였다. 이 표에서 보는 바와 같이 말뚝의 사면안정효과를 고려한 경우 평면파괴 시 사면안전율은 각각 건기 2.18, 우기 1.50으로 나타났다.

억지말뚝의 설계안을 정리하면 다음과 같다.

(1) 억지말뚝의 치수와 설치간격

    ① 말뚝치수: H-300×300×10×15

    ② 천공경: $\phi 500$

    ③ 말뚝열수: 1열

    ④ 말뚝 간 설치간격: 1.75m, 말뚝설치간격비(D_2/D_1): 0.83

    ⑤ 말뚝설치위치: 도로면으로부터 약 16m 상부

(2) 억지말뚝은 연암층 아래 2m 정도 소켓형태가 되도록 설치한다.

(3) 억지말뚝의 두부는 띠장을 대고 철근콘크리트 캡을 두도록 한다.

(4) 억지말뚝을 설치할 때는 반드시 천공 후 H-말뚝을 삽입하도록 하고, H-말뚝을 삽입한 후에는 시멘트그라우팅이나 무근콘크리트로 천공 내 빈 공간을 메워 H-말뚝의 부식을 방지한다. 사면지역의 외곽에 산마루측구를 설치하여 외부에서 사면 내 우수가 유입되지 않도록 한다. 사면 내부에 소단배수로를 적절히 설치하여 지표수를 배제한다. 그리고 소단배수로와 산마루측구에서 집수된 지표수는 도수로를 이용하여 도로면까지 유도하여 배수시킨다.

(5) 지표수 및 지하수배제공 설계 시 유역면적 내 유출량을 고려해야 한다.

10.4.3 제3사면

대상 사면의 경우 안전율증가공으로 쏘일네일링을 채택하고 안전율유지공으로 숏크리트 Ivy-net를 채택하였다.[2] 따라서 대상 사면에 쏘일네일링을 효과적으로 설치하여 소요안전율을 만족하도록 설계해야 한다. 대상 사면의 쏘일네일링의 보강에 따른 사면안정해석은 SLOPILE (Ver.3.0) 프로그램을 사용하였다. 대상 사면의 경우 쏘일네일링을 이용하여 중규모 정도의 쐐기파괴를 막을 수 있으며, 숏크리트공으로 침식에 의한 소규모 파괴를 막을 수 있다. 그리고 Ivy-net를 이용하면 미관상 불리함을 방지할 수 있다.

쏘일네일링을 고려한 사면안정해석은 건기와 우기에 대하여 각각 실시하였으며, 그 결과는 표 10.4와 같이 나타낼 수 있다. 사면안정해석은 Bishop의 간편법을 적용하여 실시하였다. 그리고 건기의 경우에는 시추조사 시 측정된 현재 지하수위에 대하여 사면안정해석을 수행하였으며, 우기의 경우에는 강우로 인하여 상부 토사층이 완전히 포화된 것으로 가정하여 사면안정해석을 수행하였다. 사면안정해석에 사용된 쏘일네일링의 설치길이는 6~8m, 수평 및 수직설치간격은 2m, 설치 각도는 25°로 하였다.

대상 사면의 경우 9열의 쏘일네일링을 설치할 경우 우기에도 소요안전율을 만족하는 것으로 나타났다. 이 표에서 보는 바와 같이 말뚝의 사면안정효과를 고려한 경우 원호파괴 시 사면안전율은 각각 건기 1.96, 우기 1.21로 나타났다.

표 10.4 제3사면의 사면안정해석 결과

구분	건기		우기	
	보강 전	보강 후	보강 전	보강 후
원고파괴 시	1.61	1.96	0.88	1.21

쏘일네일링에 대한 설계안을 정리하면 다음과 같다.

(1) 네일재료: HD29(SDB 40)

(2) 네일길이: 6~8m

(3) 천공직경: 100mm

(4) 설치각도: 25°

(5) 수평 및 수직간격: 2m

10.5 결론 및 종합의견

본 연구 대상 지역 도로절개사면의 사면안정성 및 사면안정 대책공에 대한 의견을 정리하면 다음과 같다.

(1) 사면안정성을 판단한 결과 건기에 제1사면 및 제2사면은 안정한 상태이다. 그러나 폭우 시 경사면 토사의 침식 및 우수의 침투에 의한 지하수위의 상승에 의하여 사면안정성이 감소되어 토사층 및 토사층과 암반층 사이의 경계면에서 원호파괴 및 평면파괴가 발생할 가능성이 있다. 그리고 제3사면은 건기에도 불안정한 상태를 보이므로 조속한 사면보강대책공법이 적

용되어야 한다.

(2) 대상 사면에 이미 발생한 인장균열에 대해서는 사면안정 대책공을 시공하기 전에 먼저 시멘트그라우트(조강재를 사용)로 충진시켜야 한다. 그리고 사면에 분포되어 있는 나무뿌리의 사면안정효과가 우수하므로 현재 임상을 그대로 유지하면서 사면보강대책공법을 적용하는 것이 바람직하다.

(3) 사면안정 대책공은 각 사면의 여러 가지 조건을 고려하여 제안하였다. 각각의 사면에 대하여 소요안전율을 만족할 수 있도록 안전율증가공법을 적용하고, 사면의 표면을 보호하기 위하여 안전율유지공법을 적용하였다.

(4) 제1사면의 경우 안전율증가공으로 억지말뚝공을 채택하고 안전율유지공으로 식생공 및 지표수배제공을 채택한다. 소요안전율을 만족하기 위해서는 억지말뚝(H-300×300×10×15)을 1.75m 간격으로 1열로 설치해야 한다. 억지말뚝의 시공은 천공 후 H-말뚝(300×300×10×15)을 삽입하고 공내 시멘트그라우트 혹은 무근콘크리트로 H-말뚝을 피복하여 부식을 방지시킨다. 말뚝두부는 띠장으로 연결한 후 철근콘크리트 캡핑을 실시하여 지중보의 형태로 시공한다. 그리고 말뚝선단부는 연암층 아래 2m 정도로 설치하여 소켓형태가 되도록 한다. 억지말뚝 시공 시 사면상단의 안정을 유지할 수 있도록 추가적인 부대공이 필요할 것으로 사료된다. 한편 식생공을 적용할 경우 키가 작은 나무씨앗도 뿌려 장차 나무가 사면에 성장하도록 하는 것이 장기적으로도 바람직하다. 그리고 소단배수로와 산마루측구를 설치하여 사면 내 지표수를 집수하고, 집수된 지표수는 도수로를 이용하여 도로면에 신속히 배수시킨다.

(5) 제2사면의 경우 안전율증가공으로 억지말뚝 및 옹벽공을 채택하고 안전율유지공으로 지표수배제공을 채택한다. 소요안전율을 만족하기 위해서는 억지말뚝(H-300×300×10×15)을 1.75m 간격으로 1열로 설치해야 한다. 억지말뚝의 시공은 천공 후 H-말뚝(300×300×10×15)을 삽입하고 공내 빈 공간은 시멘트그라우트 혹은 무근콘크리트로 H-말뚝을 피복하여 부식을 방지시킨다. 말뚝두부는 띠장으로 연결한 후 철근콘크리트 캡핑을 실시하여 지중보의 형태로 시공한다. 그리고 말뚝선단부는 연암층 아래 2m 정도로 설치하여 소켓형태가 되도록 한다. 옹벽공은 사면의 전면에 설치하여 사면활동에 저항하도록 하며 현장조건에 맞도록 형식을 선정하여 적용한다. 그리고 옹벽공의 배수가 잘 이루어질 수 있도록 한다. 한편 소단배수로와 산마루측구를 설치하여 사면 내 지표수를 집수하고, 집수된 지표수는 도수로를 이용하여 도로면에 배수시킨다.

(6) 제3사면의 경우 안전율증가공으로 쏘일네일링을 채택하고 안전율유지공으로 숏크리트와 Ivy-net를 채택한다. 쏘일네일링의 설치 길이는 6~8m, 수평 및 수직 설치간격은 2m, 설치 각도는 25°로 한다. 그리고 추가로 보강이 요구되는 부분에는 간격에 구분 없이 필요한 만큼 배치한다. 그리고 숏크리트는 와이어매쉬와 혼합하여 설치함으로써 지반침식에 의한 표층부 파괴를 방지한다. 한편 미관상 불리함을 방지하기 위하여 넝쿨식물을 이용한 Ivy-net를 설치 한다.

(7) 본 연구 결과에서 제시된 사면보강대책안에 근거하여 세부설계를 반드시 실시하여 시공해야 한다.

● 참고문헌 ●

(1) 중앙대학교(2003), '고달~산 동간 도로개설공사 사면붕괴구간의 사면안정성 확보에 관한 연구보고서'.

(2) 한국지반공학회(1994), '사면안정', 지반공학회 시리즈 5, pp.319-360.

절개사면안정성

Chapter
11

절개사면안정성

11.1 서론

11.1.1 연구 목적

제11장에서는 부산광역시 영도구 동삼동 산 43-2번지에 위치하는 ○○아파트 신축부지의 절개사면에서 발생한 사면의 붕괴사고 원인을 규명하고 복구대책을 마련하여 안전한 설계 및 시공을 위하여 필요한 자료를 제공함을 목적으로 한다.[5]

11.1.2 연구범위 및 내용

(1) 설계도서 등의 기존자료를 수집하고 검토한다.
(2) 절개사면의 붕괴 원인을 분석한다.
(3) 사면안정성을 검토하고 보강방안을 제시한다.

11.1.3 연구수행방법

본 연구의 수행에 필요한 제반 기존자료와 추가자료를 연구의뢰자로부터 제공받아 이를 검토하고 사면 및 흙막이벽의 붕괴 원인을 분석한다.

그리고 붕괴사면 내의 지층에 대한 자료를 얻기 위하여 5-6공의 시추를 추가로 의뢰자로 하여금 시행하도록 한다. 붕괴사면 내에 대한 복구방안을 강구하기 위하여 사면과 사면의 활동억지공에 대한 안정성을 검토하여 적절한 방안을 제시한다.

본 연구를 위하여 제공된 자료는 다음과 같다.

(1) 부산지역 ○○구 APT 현장 옹벽 관련 자료(○○고속)

(2) 현황 및 시공기록 관련 자료(○○고속)

    ① No.1 E/A 전개도

    ② No.2 지형측량성과 및 사면붕괴 현황도

    ③ No.3 E/A 전용혼화재 및 연성인장강도 시험도

    ④ No.4 E/A 천공작업 기록부(I)

(3) 지반조사 보고서

    ① 1차 ○○지질(92.02.26.)

    ② 2차 ○○지질

    ③ 3차 ○○컨설탄트(93.10.)

(4) 흙막이벽 및 옹벽 구조검토서(92.05.)

(5) 영도 ○○아파트 신축공사 절취부 건물기초 및 사면안정 대책 보고서(93.04.)

(6) 추가자료

    ① 강우기록

    ② A-A 단면 및 B-B 단면 관련 자료

(7) 영도 ○○아파트 부지조성공사 안정검토 및 복구대책보고서(93.10.)(○○대학교 ○○연구소)

11.1.4 공사개요

○○아파트 부지는 부산광역시 영도구 동삼동 산 43-2번지에 위치하고 있으며, 경사가 급한 산지를 굴착 정지하여 3동의 고층아파트(25층 2동, 18층 1동)와 부속건물을 신축하도록 되어 있다(그림 11.1 참조). 아파트부지 전면에는 동삼동과 태종대를 잇는 도로(20m 폭)가 있으며 주위에는 민가가 있다. 절개사면은 흙막이벽 후방의 산지를 1:1 경사로 굴착한 후 약 12.5m 깊이로 연직굴착하였다. 이 연직벽은 5단의 어스앵커로 지지하는 흙막이벽으로서 2m 간격의 엄지말뚝과 2.5m 간격의 띠장으로 구성되어 있다. 그리고는 옹벽을 시공하고 옹벽 전면에 가설흙막이벽에 의해서 7.0m 깊이로 추가 연직굴착하고 지하주차장을 건설하는 것으로 계획되어 있다.

11.2 현장 상황

11.2.1 공사 및 붕괴현황

본 아파트 부지는 전술한 바와 같이 경사가 급한 산지를 굴착 정지하여 아파트 건물을 신축하도록 되어 있으며 약 19.5m의 깊은 연직굴착이 계획되어 있다.

1992년 6월 18일 산지의 수목을 제거하는 작업을 시작함으로써 착공되었으며 이어서 8월 30일에 H-말뚝을 시공하고 굴착하기 시작하였다. 그림 11.1에서 볼 수 있는 바와 같이 흙막이벽 후방의 산지는 1:1의 경사로 먼저 굴착하고 약 12.5m 깊이로 토사, 풍화토, 풍화암 및 연암층을 연직 굴착하였다.

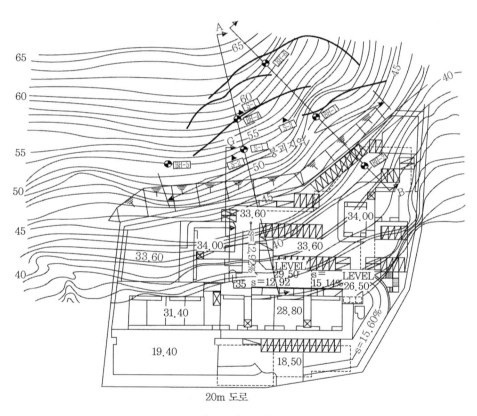

그림 11.1 현장 평면도

연직벽은 그림 11.2에서 보는 바와 같이 5단의 어스앵커로 지지하는 흙막이벽으로서 최대연직길이가 14.5m인 H-말뚝(250×250×9×14)의 엄지말뚝을 2.0m 간격으로 시공하고 2본의 H-말뚝(250×250×9×14)으로 조립된 띠장을 2.5m 간격으로 5단으로 설치하면서 굴착하였다.

어스앵커의 굴착길이는 그림 11.3에서 볼 수 있는 바와 같이 제1단은 24.0m, 제2단은 18.0~22.0m, 제3단은 16.0~20.0m, 제4단은 12.0~17.0m, 제5단은 12.0~17.0m다.

그리고 이어서 지하주차장 건설을 위하여 그림 11.2에서 보는 바와 같이 옹벽설치용 흙막이벽으로부터 약 5m 떨어진 위치에 또 다른 가설흙막이벽으로 지지하면서 7.0m 깊이로 연직굴착하였다. 이 하부 가설흙막이벽에도 상부 흙막이벽과 같이 H-말뚝(250×250×9×14)의 엄지말뚝과 H-말뚝의 띠장을 같은 간격으로 시공하면서 3단의 어스앵커를 설치하였다. 이와 같은 가설흙막이벽으로 지지되는 연직벽이 1993년 7월에 시공·완료되었다.

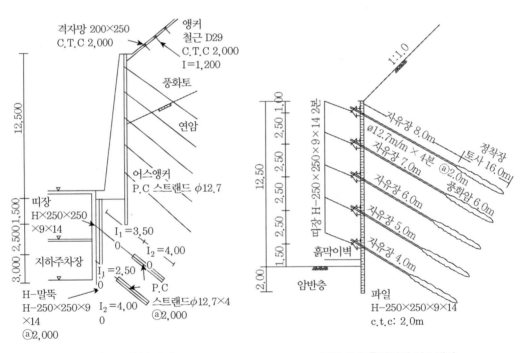

그림 11.2 옹벽 단면　　　　　　**그림 11.3** 흙막벽의 어스앵커

부산지방에는 1993년 7월 26일부터 비가 내리기 시작하여 붕괴사고가 일어난 8월 19까지 25일 동안에 4일간(8월 4, 5, 6일 및 11일)을 제외하고는 계속해서 비가 왔다. 이 기간 중에 530.3mm의 강우량이 기록되었다. 특히 8월 12일부터 19일까지 연속해서 169mm의 강우량을 보였으며 19일에는 30.6mm의 비가 내렸다. 8월 19일 낮 12시 40분경에 비가 오는 가운데 어스앵커로 지지된 옹벽의 곡선부 위치에서 제3-4단 앵커부위로부터 앵커의 절단소리와 더불어 1차

붕괴가 시작되었다. 특히 제3-4단의 띠장 위치에서 용출수가 솟아나고 후방의 산사태로 인하여 밀려온 토사가 아파트 본 동의 측벽 1층 부분까지 덮쳤다. 그리고 16:45분경에 1차 붕괴된 위치의 좌우에서 2차 붕괴가 그리고 8월 20일 밤 00:30분경에 3차 붕괴가 계속해서 발생하였다.

연직벽 후방의 산은 사면활동에 의해서 그림 11.1에서와 같이 인장균열이 가설흙막이벽과 평행하게 5, 6단계에 걸쳐 발생하였으며 균열폭은 30~50cm, 균열깊이는 1.0~1.5m 정도의 규모로서 연직벽으로부터 약 40m 후방까지 활동면이 연장되어 있다.

사면활동이 계속 발생하는 것을 억제하기 위한 긴급조치로 인장균열 부위에 시멘트를 포설하여 원지반토와 혼합시켜 쏘일시멘트로 처리하고 그 위에 비닐을 덮어 우수의 침투를 막았다. 그리고 붕괴된 흙막이벽 하단과 아파트 건물 사이에는 H-말뚝을 천공 시공하고 목재흙막이판으로서 무너져 내린 흙의 토압을 지지하도록 하여 아파트 건물 시공용 타워크레인에 피해를 주지 않도록 긴급 조치하였다. 붕괴된 2개소(A-A′ 단면, B-B′ 단면)에서의 단면은 그림 11.4 및 11.5와 같다.

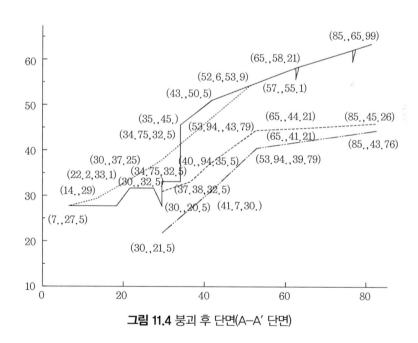

그림 11.4 붕괴 후 단면(A–A′ 단면)

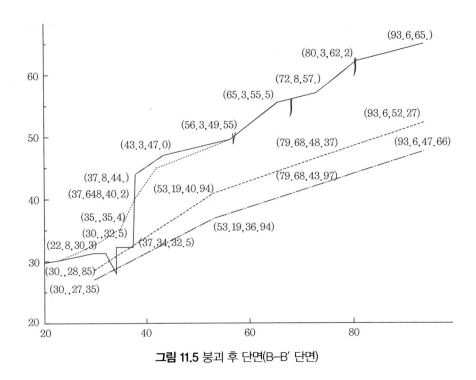

그림 11.5 붕괴 후 단면(B–B′ 단면)

11.2.2 지반특성

(1) 지층구성

본 지역의 지질은 중생대 경상누층군에 속하는 안산암류로 구성되어 있다. 이 안산암류는 주로 암회색의 색상을 띠며 치밀한 비정질로 이루어져 있으나 간혹 장석이 반점으로 나타나기도 한다. 그림 11.1에 표시된 시추공 위치, 즉 흙막이벽 주위와 활동이 발생한 산지에서의 지반은 지표면으로부터 표토층, 풍화토층, 풍화암층 및 연암층의 순으로 지층을 형성하고 있다. 새로 실시된 지반조사 결과 및 실내토질시험 성과표에 의해 판단된 지층은 다음과 같다.

① 표토층

0.3~6.7m 두께의 지표 최상부의 표층으로서 실트 섞인 모래 또는 모래 섞인 실트로 구성되어 있으며 부분적으로 자갈을 함유하고 있다. 표준관입시험에 의한 N치는 11~50/2 정도다.

② 풍화토층

기반암이 풍화되어 원위치에 잔류되어 있는 층으로서 두께가 1.8~14.0m, 0~6.7m 깊이로 분포되어 있다. 대체적으로 실트 내지 모래 및 암편으로 구성되어 있으며 갈색 내지 청갈색을 띠고 있다. N치는 6~50 정도로서 조밀한 상태로 풍화암층 상부에 깔려 있다.

③ 풍화암층

기반암이 비교적 진전된 풍화작용을 받은 상태로, 모암의 조직은 그대로 유지되고 있으나 입자 간의 결합력이 약하여 가벼운 타격에도 쉽게 모래 및 암편으로 분쇄되어 지지만 원상태에서는 대단히 치밀한 안정된 지층이다. 1.5~4.4m 두께이고 4.1~13.4m 깊이에서 분포되어 있다.

④ 연암층

기반암은 안산암류로서 기반암의 풍화대 중 하부에 분포되어 있는 연암층은 절리면 및 약선대를 따라 초기 풍화작용이 진행되고 있는 상태다. 강도는 보통 강함 내지 강함 정도로, 지표로부터 5.7~17.8m 깊이에 분포되어 있다. 암층 내에서 불연속면이 발달되어 있어 코어 회수율이 낮을 뿐 아니라 암질이 매우 불량한 상태에 있다.

(2) 토질특성

사면활동이 일어난 지역에서 채취한 표토층과 풍화토층의 흙은 각각 ML 및 SM으로 분류되며 토립자의 비중은 모두 2.68 정도다. 표토층에서 채취한 불교란 시료에 대한 실내시험(일축압축시험 및 직접전단시험)에 의한 강도정수는 표 11.1과 같다.

표 11.1 활동사면지역 흙의 강도정수(불교란 시료에 대한 실내시험(일축압축시험 및 직접전단시험) 결과)

시료	심도(m)	q_u(kg/cm^2)	c(kg/cm^2)	ϕ(°)	U.S.S.C	비고
S-1	0.6	0.72	0.05	3.5	ML	
S-2	0.5	-	0.15	25	SM	
S-3	0.5	-	0.15	25	SM	

11.3 붕괴 원인 분석

본 지역에는 원래 다소 가파른 자연사면이 존재하고 있었으나 이를 H-말뚝 흙막이벽으로 지지시키면서 아파트 건립부지 마련을 위한 절토공사가 실시되었다. 흙막이벽 및 배면 사면정지 작업이 모두 끝나고 아파트 본동 신축공사 중 수일간 비가 내린 가운데 흙막이벽이 3차에 걸쳐 연속 붕괴되었고, 배면의 사면에는 흙막이벽에 평행하게 수열의 인장균열이 발생하였다. 이러한 붕괴사고의 원인을 분석하기 위하여 사면의 안정성을 각각 검토해보고자 한다.

11.3.1 사면안정성

(1) 사면안정 검토단면

사면안정성을 검토하기 위한 단면은 그림 11.1의 평면도에 표시된 바와 같이 흙막이벽이 붕괴된 구간 중에서 A-A′ 단면 및 B-B′ 단면의 2개 단면을 선택하였다. 이들 단면은 흙막이벽 및 등고선에 거의 수직이 되도록 선정하였으며 단면도는 그림 11.4 및 11.5에서 보는 바와 같다.

우선 그림 11.4에 도시된 A-A′ 단면에 대하여 설명하면 GH 27.5 위치에서 GH 53.90 위치까지는 흙막이벽의 붕괴가 발생하여 그림 11.4에 점선으로 표시된 것과 같이 현재 붕괴구간은 1:1.7(V:H) 정도의 사면구배를 이루고 있다. 또한 그림 11.1의 평면도에 도시된 3열의 균열도 그림 11.4의 GH 58.1, GH 62.5 위치에 도시되어 있다.

한편 B-B 단면의 경우 흙막이벽이 붕괴되어 형성된 현재의 지표면은 그림 11.5에 점선으로 도시되어 있으며 3열의 균열도 GH 49.95, GH 55.5, GH 62.2 위치에 도시되어 있다.

이들 단면의 지층구성도는 그림 11.6과 같다. 이 지층구성도는 그림 11.1 중에 표시된 위치의 시추조사 결과와 어스앵커 시공 시의 지층 관찰기록을 참조하여 결정하였다. 지층은 지표면부터 표토, 풍화토, 풍화암, 연암 순으로 분포되어 있으나 표토는 풍화토로 간주하여 풍화토, 풍화암, 연암으로 취급하기로 한다.

사면안정검토는 A-A′ 단면, B-B′ 단면의 붕괴 전의 단면(그림 11.6(a) 및 (b)에 실선으로 도시된 단면)과 붕괴 후의 단면(그림 11.6(a) (b)에 점선으로 도시된 단면)에 대하여 각각 실시하기로 한다.[3] 즉, 붕괴 전 단면에 대한 사면안정성을 검토함으로써 사면붕괴 원인을 분석하고자 하며 붕괴 후 단면에 대한 사면안정을 검토함으로써 현재의 사면안정성을 검토하고자 한다.

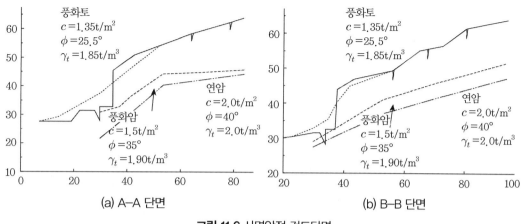

그림 11.6 사면안정 검토단면

(a) A–A 단면   (b) B–B 단면

(2) 토질정수

지금까지 실시되었던 수차례의 설계 및 안정검토에 적용된 토질정수는 실내역학시험에 의하여 구해진 값이 아니고 각 지층에 전형적인 값으로 추정되어 적용되었다(표 11.2 참조).

우선 풍화토층에 대하여 검토해보면 초기 설계에서는 점착력(c)은 없고 내부마찰각(ϕ)은 $30°$이며 단위체적중량(γ_t)은 $1.8t/m^3$로 추정하였다. 이 추정된 값은 시공 도중 실시된 흙막이벽의 안정성 검토 시에는 $c=1.4t/m^2$, $\phi=22.6°$로 변경되었다. 이때 실시된 직접전단시험에서는 $c=2.18\sim2.26t/m^2$, $\phi=30.7°$로 나타났다. 그런가 하면 붕괴사고 발생 후 부산○○대 ○○연구소에서 실시된 흙막이설계에서는 $c=2t/m^2$, $\phi=15°$로 변경 적용되었다. 결국 이러한 과정에서 점착력은 $c=0\sim2.26t/m^2$ 내부마찰각은 $15\sim30.7°$로 되어 있어 어느 값이 타당한지 판단하기가 어렵다.

붕괴사고 발생 후 표토의 흐트러진 흙을 제거한 후 블록 샘플을 채취하여 새로 실시하여 본 직접전단시험 결과 $c=1.2\sim1.5t/m^2$, $\phi=25\sim26°$, $\gamma_t=1,82\sim1.85t/m^3$로 나타났다.

본 연구에서는 최근에 실시된 직접전단시험 결과의 평균치를 채택하기로 하고 $c=1.35t/m^2$, $\phi=25.5°$, $\gamma_t=1.85t/m^3$, $\gamma_{sat}=1.9t/m^3$로 정하여 적용하기로 하였다. 특히 붕괴 후의 사면안정 검토 시에는 풍화토와 풍화암 사이의 경계면에서는 변위가 많이 발생하여 이 면에서의 전단강도가 상당히 감소된 것으로 추측된다. 이 면에서의 전단강도는 20% 정도 강도를 저감시켜 $c=1.1t/m^2$, $\phi=20°$로 하였다.

한편 암반층에 대하여 검토해보면 암반층의 지층을 알 수 없었던 관계로 암반층의 구분은 신빙성이 희박한 것으로 생각된다. 이들 추정치를 정리하면 표 11.2에서 보는 바와 같이 풍화암의 경우는 $c = 0$, $\phi = 35.5°$, $\gamma_t = 1.8\text{t/m}^2$이고, 연암의 경우는 $c = 6 \sim 10\text{t/m}^2$, $\phi = 35 \sim 40°$, $\gamma_t = 1.8 \sim 2.0\text{t/m}^3$로 되어 있다. 이들 값과 풍화암 및 연암의 일반적 토질정수를 참조하여 풍화암에서는 $c = 1.5\text{t/m}^2$, $\phi = 35.5°$, $\gamma_t = 1.9\text{t/m}^3$, $\gamma_{sat} = 1.9\text{t/m}^3$로 연암에서는 $c = 2.0\text{t/m}^2$, $\phi = 40°$, $\gamma_t = 2.0\text{t/m}^2$, $\gamma_{sat} = 2.05\text{t/m}^3$로 정하여 본 연구에 적용하기로 하였다.

표 11.2 토질정수

순서	구분	풍화토			풍화암			연암			비고
		$c(\text{t/m}^2)$	ϕ	$\gamma_t(\text{t/m}^3)$	$c(\text{t/m}^2)$	ϕ	$\gamma_t(\text{t/m}^3)$	$c(\text{t/m}^2)$	ϕ	$\gamma_t(\text{t/m}^3)$	
1	흙막이 설계	0	30	1.8	0	35.5	1.8				한상숙 교수 (붕괴사고 전)
2	흙막이 설계	0	30	1.8				10	40	2.0	백정수 구조연구소 (붕괴사고 전)
	사면안정	1.4	22.6	1.8							
	직접전단 시험	2.18~2.26	30.7								
3	흙막이 설계	2	15	1.8				6	35	1.8	부산공대지역 개발연구소
4	직접전단 시험	1.4~1.5	25~26	1.82~1.85							다신컨설턴트 (93.10)
5	흙막이설계 및 사면안정 검토	1.35	25.5	1.85 γ_{sat} =1.9							최종 선택

(3) 지하수위

지하수위에 관한 사항은 지금까지 전혀 고려되지 않았다. 즉, 흙막이벽의 설계나 사면안정 검토에 지하수위는 전혀 존재하지 않는 것으로 되어 있다. 그러나 본 지역의 붕괴사고는 강우가 계속되는 날씨 속에서 발생한 관계로 지하수위를 고려하지 않을 수 없을 것이다.

1993년에 들어와 부산지방의 강우기록은 이미 앞에서 설명된 바가 있었다. 그간의 강우기록 중 7월 26일부터 8월 25일까지(붕괴사고 8월 19일~20일 발생) 한 달간의 강우기록을 도시하면 그림 11.7과 같다. 그림 중 좌측 종축은 막대그림으로 도시된 당일강우량을 나타내고 우측 종축은 파선으로 도시된 누적강우량을 나타내고 있다. 이 결과에 의하면 8월 7일부터 8월 19일까지는 거의 매일 강우가 계속되었음을 알 수 있다(누적 강우량이 341mm). 이 결과 사면은 상당히 습윤상태에 있었으며 지하수위도 상승하여 상당히 높이 존재하고 있었을 것으로 예측된다.

강우강도가 흙의 투수계수의 5배가 넘게 되면 우수가 지중에 침투하기 시작하여 침윤전선이 지중에 형성되기 시작하고, 이 상태가 계속되면 하부에서부터 지하수위가 상승하면서 동시에 간극수압이 증가되는 것으로 밝혀졌다.[1]

본 연구에서는 이러한 수위가 지표면에 도달하였을 때(이를 만수위로 표현하기로 한다)를 추정하여 사면안정계산을 실시해보도록 한다. 만수위일 때의 간극수압비 r_u는 과잉간극수압이 발생하지 않았다고 가정할 경우 0.53 정도가 된다.

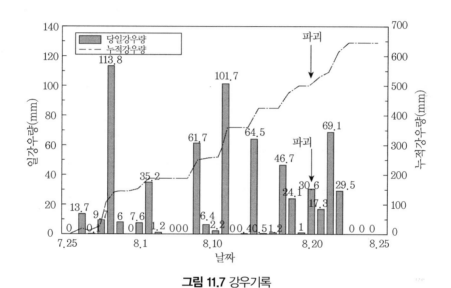

그림 11.7 강우기록

(4) 사면안전율

① 붕괴 전 사면

앞에서 설명한 토질정수와 지하수위를 A-A′ 단면과 B-B′ 단면에 적용시켜 붕괴사고 이전 사면에 대한 지반조건을 정리하면 각각 그림 11.8(a) 및 (b)와 같으며 사면안전율 계산 결과는 표 11.3과 같다.[3]

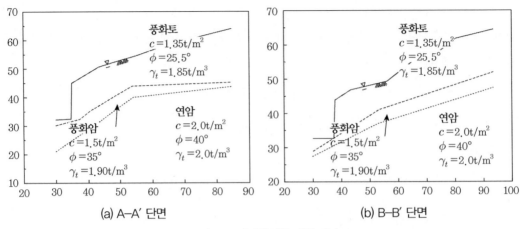

그림 11.8 사면안전율 계산 결과

표 11.3 붕괴 전후 사면의 사면안전율

구분	단면	사면 안전율	
		불포화 사면	포화 사면
붕괴 전 사면	A-A	1.50	0.76
	B-B	1.98	1.08
붕괴 후 사면	A-A	1.10	0.51
	B-B	1.12	0.56

우선 A-A′ 단면의 경우 갈수기에는 사면의 최소안전율이 1.50으로 안전하나 우수에 의하여 지반의 지하수위가 만수위로 상승하여 사면지반이 포화된 경우에는 사면의 최소안전율은 0.76 으로 낮아져 위험하게 나타났다. 지하수위의 상승에 따른 사면안전율의 감소 경향을 조사한 결과는 표 11.4 및 그림 11.9와 같다. 이 결과에서 보는 바와 같이 사면의 소요안전율을 1.2라 하면 지하수위가 풍화토층 두께(H_0)의 40%인 $0.4H_0$에 이르면($r_u \fallingdotseq 0.21$) 사면의 안전율이 소요안전율보다 떨어지게 되어 파괴가 발생한다.

표 11.4 붕괴 전후 간극압계수 r_u와 사면안전율 FS

(a) 붕괴 전 사면안전율

r_u (간극수압계수)	FS(사면의 안전율)	
	단면 A-A′	단면 B-B′
0.0	1.502	1.977
0.1	1.363	1.807
0.2	1.222	1.638
0.3	1.082	1.470
0.4	0.942	1.301
0.5	0.802	1.132
0.526	0.760	1.082

(b) 붕괴 후 사면안전율

r_u (간극수압계수)	FS(사면의 안전율)	
	단면 A-A′	단면 B-B′
0.0	1.098	1.124
0.1	0.986	1.015
0.2	0.875	0.908
0.3	0.762	0.802
0.4	0.652	0.698
0.5	0.543	0.593
0.526	0.511	0.562

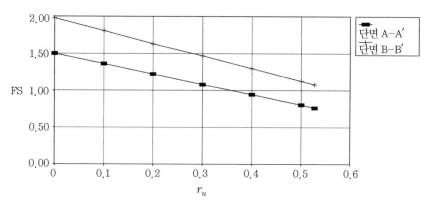

그림 11.9 붕괴 전 사면

한편 B-B′ 단면의 경우도 표 11.3에서 보는 바와 같이 갈수기에는 사면의 최소안전율이 1.98이 되어 소요안전율을 확보하고 있으나 지하수위가 지표면 부근에 도달하게 되면 사면의 최소안전율이 1.08로 떨어져 소요안전율을 확보할 수 없게 된다. 표 11.4(a) 및 그림 11.9에서 보는 바와 같이 소요안전율 1.2에 해당하는 지하수위는 지하수위가 $0.85H_0$에 이를 때며, 이때의 간극수압비 r_u는 0.45 정도일 경우에 해당한다.

② 붕괴 후 사면

사면붕괴가 발생한 후 현재의 사면에 대한 사면안전율은 표 11.3와 같다.[3] 즉, A-A′ 단면과 B-B′ 단면 모두 갈수기 때는 충분하지는 못하나 최소한도의 안전성은 지니고 있는 것으로 판단된다.

그러나 지하수위가 지표면에 도달하는 경우는 사면안전율이 각각 0.51과 0.56이 되어 소요안전율보다 낮아 아주 불안전한 것으로 판단된다. 사면붕괴 후 자연사면에 대하여 지하수위 상승에 따른 사면안전율의 감소상태는 표 11.4(b) 및 그림 11.10에서 보는 바와 같다.

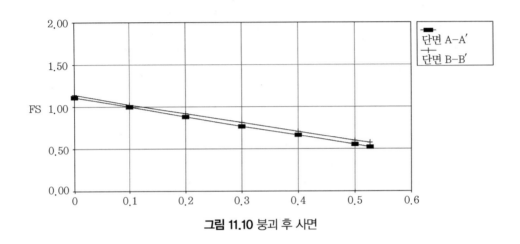

그림 11.10 붕괴 후 사면

(5) 사면붕괴의 원인

이상에서 검토한 바와 같이 사면붕괴는 수일간 계속된 강우와 태풍 시의 집중강우가 겹쳐 발생한 지중 지하수위의 상승이 직접적인 원인이었을 것으로 생각된다. 지하수위 상승으로 사면 지반은 상당히 포화상태에 이르게 되었고, 활동토괴 중량의 증가로 활동력(혹은 활동모멘트)이 상당히 증가하였으며, 동시에 간극수압의 상승으로 지반의 저항력(혹은 저항모멘트)이 상당히 감소하였던 것으로 생각된다. 이와 같이 활동력 증가와 저항력 감소가 동시에 발생하는 상태에서는 사면안전율이 급속도로 저하되게 된다. 또한 활동력의 증가는 흙막이벽에 과중한 토압을 추가로 작용하게 된다.

결국 지하수위 상승으로 인한 활동력의 증가는 흙막이벽에 과중한 토압을 작용시키게 되어 먼저 흙막이벽이 붕괴되고 연속하여 사면붕괴가 발생한 것으로 생각된다.

한편 붕괴되어 형성된 사면은 현재로서는 안전하나 지하수위가 상승하여 지표면에 도달 시에는 사면의 소요안전율을 만족시키지 못하게 되므로 주의하여 즉각 복구대책을 마련함이 좋을 것으로 생각된다.

11.3.2 흙막이공 안정성[3,4]

사면붕괴가 발생하기 이전에 설계되어 시공이 이루어진 5단 지반앵커(4개의 강연선으로 앵커 1본이 구성되어 있고, 앵커 1본당 설계인장력은 40ton이다)에 대해 모든 토압 및 수압을 지반앵커가 지탱하는 경우, 기 적용된 앵커의 수평방향 설치간격 2.0m가 적합한지에 대하여 검토한다. 본 검토에서 고려한 수압은 정수압이며, 지하수의 위치는 지표면과 일치하는 것으로 가정하였다. 계산된 토압합력 및 정수압합력의 크기를 각 단면별로 정리하면 다음과 같다.

(1) 토압합력 P_a 및 정수압합력 P_u

① A-A 단면: $P_a = 68.52\text{ton/m}$, $P_u = 78.125\text{ton/m}$

② B-B 단면: $P_a = 46.46\text{ton/m}$, $P_u = 66.125\text{ton/m}$

삼각형 분포를 가정하여 흙막이 벽체에 작용하는 토압력과 정수압력을 각 단면별로 도시하면 그림 11.11과 같으며, 최하단 지점 F에서의 토압 + 정수압의 계산내역을 정리하면 다음과 같다.

① A-A′ 단면: $10.96 + 12.5 = 23.46\text{ton/m}^2/\text{m}$

② B-B′ 단면: $8.08 + 11.5 = 19.58\text{ton/m}^2/\text{m}$

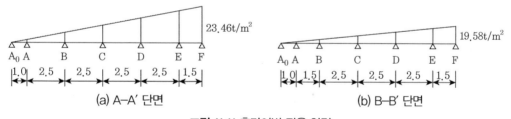

그림 11.11 흙막이벽 작용 압력

(2) 앵커설계 검토

① A-A′ 단면

가. 반력계산

$$R_{AAo} = \frac{1.8768 \times 1}{2} = 0.9384 \text{ ton}$$

$$R_{AB} = \left\{1.8768 \times 2.5 \times \frac{2.5}{2} + (6.5688 - 1.8768) \times 2.5 \times \frac{1}{2} \times \frac{2.5}{3}\right\} \div 2.5 = 4.2998$$

$$R_{BA} = \left\{1.8768 \times 2.5 \times \frac{2.5}{2} + (6.5688 - 1.8768) \times 2.5 \times \frac{1}{2} \times \frac{2 \times 2.5}{3}\right\} \div 2.5 = 6.256$$

$$R_{BC} = \left\{6.5688 \times 2.5 \times \frac{2.5}{2} + (11.2608 - 6.5688) \times 2.5 \times \frac{1}{2} \times \frac{2.5}{3}\right\} \div 2.5 = 10.166$$

$$R_{CB} = \left\{6.6588 \times 2.5 \times \frac{2.5}{2} + (11.2608 - 6.6588) \times 2.5 \times \frac{1}{2} \times \frac{2 \times 2.5}{3}\right\} \div 2.5 = 12.121$$

$$R_{CD} = \left\{11.2608 \times 2.5 \times \frac{2.5}{2} + (15.9528 - 11.2608) \times 2.5 \times \frac{1}{2} \times \frac{2.5}{3}\right\} \div 2.5 = 16.031$$

$$R_{DC} = \left\{11.2608 \times 2.5 \times \frac{2.5}{2} + (15.9528 - 11.2608) \times 2.5 \times \frac{1}{2} \times \frac{2 \times 2.5}{3}\right\} \div 2.5 = 17.986$$

$$R_{DE} = \left\{15.9528 \times 2.5 \times \frac{2.5}{2} + (20.6448 - 15.9528) \times 2.5 \times \frac{1}{2} \times \frac{2.5}{3}\right\} \div 2.5 = 21.896$$

$$R_{ED} = \left\{15.9528 \times 2.5 \times \frac{2.5}{2} + (20.6448 - 15.9528) \times 2.5 \times \frac{1}{2} \times \frac{2 \times 2.5}{3}\right\} \div 2.5 = 23.851$$

$$R_{EF} = \left\{20.6448 \times 2.5 \times \frac{1.5}{2} + (23.46 - 20.6448) \times 1.5 \times \frac{1}{2} \times \frac{1.5}{3}\right\} \div 1.5 = 16.1874$$

나. 반력합성

$$\sum R_A = 0.9384 + 4.2998 = 5.2382$$

$$\sum R_B = 10.166 + 12.121 = 22.287$$

$$\sum R_C = 12.121 + 16.031 = 28.152$$

$$\sum R_D = 17.986 + 21.896 = 39.864$$

$$\sum R_E = 23.851 + 16.1874 = 40.038$$

다. 요구되는 앵커의 수평방향 설치간격

$$a = \frac{T_a}{\sum R_E} = \frac{40 \times \cos 30°}{40.038} = 0.8652\text{m} < 2.0\text{m}$$

② B-B′ 단면

가. 반력계산

$$R_{AAo} = \frac{1.7026 \times 1}{2} = 0.8513$$

$$R_{AB} = \left\{ 1.7026 \times 1.5 \times \frac{1.5}{2} + (4.2565 - 1.7026) \times 1.5 \times \frac{1}{2} \times \frac{1.5}{3} \right\} \div 1.5 = 1.9154$$

$$R_{BA} = \left\{ 1.7026 \times 1.5 \times \frac{1.5}{2} + (4.2565 - 1.7026) \times 2.5 \times \frac{1}{2} \times \frac{2 \times 1.5}{3} \right\} \div 1.5 = 2.2539$$

$$R_{BC} = \left\{ 4.2565 \times 2.5 \times \frac{2.5}{2} + (8.5130 - 4.2565) \times 2.5 \times \frac{1}{2} \times \frac{2.5}{3} \right\} \div 2.5 = 7.0942$$

$$R_{CB} = \left\{ 4.2565 \times 2.5 \times \frac{2.5}{2} + (8.5130 - 4.2565) \times 2.5 \times \frac{1}{2} \times \frac{2 \times 2.5}{3} \right\} \div 2.5 = 8.8677$$

$$R_{CD} = \left\{ 8.5130 \times 2.5 \times \frac{2.5}{2} + (12.7696 - 8.5130) \times 2.5 \times \frac{1}{2} \times \frac{2.5}{3} \right\} \div 2.5 = 12.4148$$

$$R_{DC} = \left\{ 8.5130 \times 2.5 \times \frac{2.5}{2} + (12.7696 - 8.5130) \times 2.5 \times \frac{1}{2} \times \frac{2 \times 2.5}{3} \right\} \div 2.5 = 14.1884$$

$$R_{DE} = \left\{ 12.7696 \times 2.5 \times \frac{2.5}{2} + (17.0261 - 12.7696) \times 2.5 \times \frac{1}{2} \times \frac{2.5}{3} \right\} \div 2.5 = 17.7355$$

$$R_{ED} = \left\{ 12.7696 \times 2.5 \times \frac{2.5}{2} + (17.0261 - 12.7696) \times 2.5 \times \frac{1}{2} \times \frac{2 \times 2.5}{3} \right\} \div 2.5 = 19.5091$$

$$R_{EF} = \left\{ 17.0261 \times 1.5 \times \frac{1.5}{2} + (19.58 - 17.0261) \times 1.5 \times \frac{1}{2} \times \frac{1.5}{3} \right\} \div 1.5 = 13.4081$$

나. 반력합성

$$\sum R_A = 0.85132 + 1.9154 = 2.7667$$

$$\sum R_B = 2.5539 + 7.0942 = 9.6481$$

$$\sum R_C = 8.8677 + 12.4148 = 21.2825$$

$$\sum R_D = 14.1884 + 17.7355 = 31.9239$$

$$\sum R_E = 19.5091 + 13.4081 = 32.9172$$

다. 요구되는 앵커의 수평방향 설치간격

$$a = \frac{T_a}{\sum R_E} = \frac{40 \times \cos 30°}{32.9172} = 1.05\text{m} < 2.0\text{m}$$

앞에서 계산한 결과를 분석할 때 사면붕괴 이전에 설계된 앵커의 수평방향 설치간격 2.0m는 정수압(지하수위가 지표면과 일치하는 경우)을 포함할 경우 안정성 확보 측면에서 부족한 것으로 판단된다.

11.4 복구대책

11.4.1 개요

(1) 기본방침

① 사면구배는 현재의 지표면 형상을 최대한 유지하도록 한다.

② 옹벽의 높이도 설치예정 위치의 현재 지표면 높이로 한다.

③ 사면의 안정과 옹벽의 안정을 각각 만족하도록 설계한다.

④ 이들 안정은 갈수기는 물론 우기의 최악의 경우인 완전포화사면의 상태까지도 확보하도록 한다.

⑤ 사면안정이 확보되지 않을 경우 억지말뚝으로 부족한 안정성을 향상시키도록 한다.

(2) 사면

① 사면구배는 무너진 구간에서는 옹벽배면으로부터 1:1.5 구배가 되도록 한다.

② 5m 높이마다 폭 1m, 4% 횡단구배의 소단을 둔다.

③ 옹벽배면에서 16.5m 위치의 소단 아래에 억지말뚝 한 열을 설치한다.

④ 붕괴구간 사면에 법면보호공을 설치한다.

⑤ 억지말뚝으로는 H-말뚝(300×300×10×15)을 1.5m 간격으로 연암층 아래 1.5m 깊이까지 설치한다.

⑥ 억지말뚝 시공은 천공 후 H-말뚝을 삽입하고 공내 공간에 시멘트그라우팅으로 H-말뚝을 피복하여 부식을 방지시키며 말뚝두부는 띠장으로 연결한 후 철근콘크리트 캡핑을 실시한다.

(3) 옹벽

① 옹벽의 높이는 붕괴 이전상태로 복구하지 않고 사면구배 및 현 지표면 높이를 고려하여 되도록 낮게 재조정한다.

② 옹벽 시공을 위한 엄지말뚝 흙막이벽을 설치하며 시공 중에는 엄지말뚝이 전 토압을 받도록 설치한다.

③ 장기안정 검토 시 옹벽과 흙막이벽의 토압분담은 각각 50%가 되도록 한다.

11.4.2 보강사면의 안전성

(1) 수정사면

앞 절에서 설명한 기본방침에 의거하여 붕괴사고의 복구대책으로 A-A′ 단면 및 B-B′ 단면에 대한 수정사면을 설계하면 각각 그림 11.12와 같다.

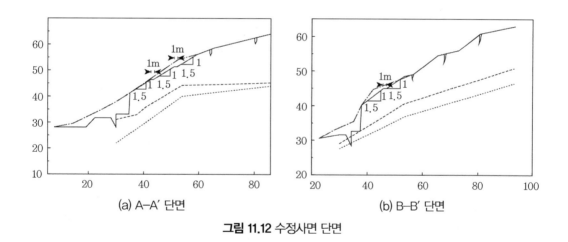

(a) A–A′ 단면　　　　　(b) B–B′ 단면

그림 11.12 수정사면 단면

먼저 A-A′ 단면의 경우 흙막이벽과 옹벽 설치 위치 배면으로부터 법면을 1:1.5 구배로 정리하고 5m 높이마다 폭 1m 횡단구배 4%의 소단을 설치하는 작업을 동일하게 반복한 후 두 번째 소단에 억지말뚝을 연암층 1.5m 깊이까지 설치한다. 억지말뚝 배면은 자연사면부와 접하는 구간까지 반복하여 1:1.5배로 설치한다.

따라서 붕괴구간의 사면은 이전에 흙막이벽이 설치되어 있던 위치에 흙막이벽과 옹벽을 그대로 재설치하며, 이 면에서 16.5m 위치의 소단 하부에 억지말뚝을 설치하고 법면은 흙막이벽

위치에서부터 1:1.5 구배로 정리하도록 한다. 이렇게 정리된 수정사면에 대하여 안전성을 검토해보기로 한다.

(2) 억지말뚝

억지말뚝이 사면에 일정한 간격으로 일 열로 설치된 경우 줄말뚝은 산사태 억지효과를 가진다. 따라서 본 사면의 안정화를 위하여 억지말뚝을 일렬로 설치하기로 한다.[2]

일반적으로 산사태 억지용 말뚝의 설계에서는 그림 1.5에서 보는 바와 같이 말뚝과 사면 모두의 안정에 대하여 검토해야 한다. 우선 파괴면 상부의 붕괴토괴의 이동에 의하여 말뚝에 작용하는 측방토압을 산정하여 말뚝이 측방토압을 받을 때 발생될 최대휨응력을 구하고 말뚝의 허용휨응력과 비교하여 말뚝의 안전율 $(F_s)_{pile}$ 을 산정한다.

한편 사면의 안정에 관해서는 말뚝이 받을 수 있는 범위까지의 측방토압을 산출하여 사면안정에 기여할 수 있는 부가적 저항력으로 생각하여 사면안전율 $(F_s)_{slope}$ 을 선정한다.

이와 같이 산정된 말뚝과 사면의 안전율이 모두 소요안전율 이상이 되도록 말뚝의 치수를 결정한다. 여기서 말뚝의 소요안전율은 1.0으로 하고 사면의 소요안전율은 1.2로 한다. 본 지역에 설치될 억지말뚝은 A-A′ 단면과 B-B′ 단면에 대해 그림 11.13(a) 및 (b)에서 보는 바와 같다. 즉, 옹벽배면에서 16.5m 되는 위치에 300×300×10×15 규격의 H-말뚝을 중심간격 1.5m로 연암층에 1.5m 깊이까지 소켓 형태가 되도록 설치한다. 억지말뚝 두부는 띠장을 대고 철근콘크리트 캡을 두어 회전구속 효과를 가지도록 한다. 이 캡 위에 사면의 소단이 설치되도록 한다.

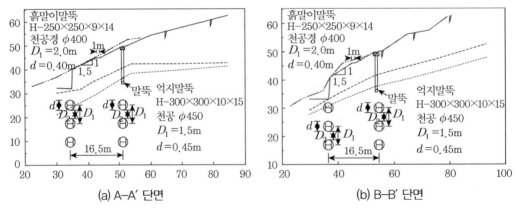

그림 11.13 억지말뚝 설계

이때 H-말뚝을 설치하기 위하여 항타공법을 실시할 경우 사면지반을 교란시키므로 이를 지양하고 반드시 천공(＝450mm) 후 H-말뚝을 삽입하도록 한다. H-말뚝을 삽입한 후에는 시멘트 그라우팅으로 천공 내 빈 공간을 메꾸어 강재가 직접 지반과 접하지 않게 하여 H-말뚝의 부식을 방지한다.

본 수정사면의 사면안전율이 소요안전율을 만족시키지 못할 경우 사면의 안정화는 사면 내 1열의 억지말뚝의 저항력과 흙막이벽 및 옹벽의 저항력으로 얻을 수 있도록 설계하고자 한다. 여기서 억지말뚝의 사면활동에 대한 저항력은 억지말뚝 프로그램으로 산출하고 옹벽의 저항력은 억지말뚝 설치열과 옹벽 사이의 지반 중에 파괴면을 고려하여 산정한 토압으로 사용한다.

(3) 사면안전율

수정사면의 A-A′ 단면과 B-B′ 단면에 대한 사면안전율을 구한 결과는 표 11.5 및 11.6과 같다. 본 지역의 사면에는 풍화암 및 연암층의 층상이 지표면과 거의 평행을 유지하고 있는 관계로 전형적인 무한사면 파괴가 발생할 가능성이 많은 것으로 판단된다.

표 11.5 수정사면의 사면안전율(A–A′ 단면)

파괴면	사면	보강 전 사면		보강 후 사면	
		불포화	포화	불포화	포화
풍화토와 풍화암 경계면	A-1	1.33	0.70	1.80	1.22
	A-2	2.06	1.08	2.46	1.51
풍화암과 연암 경계면	A-1	3.18	1.52	4.19	2.55
	A-2	4.16	2.02	4.98	2.87

표 11.6 수정사면의 사면안전율(B–B′ 단면)

파괴면	사면	보강전 사면		보강 후 사면	
		불포화	포화	불포화	포화
풍화토와 풍화암 경계면	B-1	1.27	0.70	1.78	1.32
	B-2	1.51	0.82	1.87	1.25
	B-3	1.64	0.88	1.83	1.13
풍화암과 연암 경계면	B-1	2.03	1.03	3.25	2.32
	B-2	2.30	1.16	3.14	2.04
	B-3	2.44	1.23	2.81	1.64

● 참고문헌 ●

(1) Kim, S.K., Hong, W.P. and Kim, Y.M.(1992), "Prediction of rainfall-triggered landslides in Korea", *Proc., 6th International Symposium on Landslides*, Christchurch, New Zealand, Feb, 1992, Vol.2, pp.989-994.

(2) 홍원표(1991), '말뚝을 사용한 산사태억지공법', 한국지반공학회지, 제7권, 제4호, pp.75-87.

(3) Boghrat A.(1989), "Use of STABL Program in Tied-Back Wall Design", *Journal of Geotechnical Engineering, ASCE*, Vol.115, No.4, pp.546-552.

(4) 김홍택·강인규·이제우(1993), '앵커 또는 폐타이어 벽체를 이용한 사면보강공법의 안정해석 및 설계', 한국지반공학회 가을 학술발표회 논문집, pp.69-72.

(5) 강병희·홍원표·김홍택(1993), '부산 에덴 금호아파트 신축부지 절개사면안정성 검토 연구보고서', 대한토목학회.

찾아보기

저자 소개

홍 원 표

- (현)중앙대학교 공과대학 명예교수
- 대한토목학회 저술상
- 중앙대학교 학생처장, 건설대학원장, 대외협력본부장(부총장)
- 서울시 토목상 대상
- 과학기술 우수 논문상(한국과학기술단체 총연합회)
- 대한토목학회 논문상
- 한국지반공학회 논문상·공로상
- UCLA, 존스홉킨스 대학, 오사카 대학 객원연구원
- KAIST 토목공학과 교수
- 국립건설시험소 토질과 전문교수
- 중앙대학교 공과대학 교수
- 오사카 대학 대학원 공학석·박사
- 한양대학교 공과대학 토목공학과 졸업

사면안정사례

초판인쇄 2024년 01월 22일
초판발행 2024년 01월 29일

저　　자 홍원표
펴　낸　이 김성배
펴　낸　곳 도서출판 씨아이알

책임편집 박영지
디　자　인 윤지환, 박영지
제작책임 김문갑

등록번호 제2-3285호
등　록　일 2001년 3월 19일
주　　소 (04626) 서울특별시 중구 필동로8길 43(예장동 1-151)
전화번호 02-2275-8603(대표)
팩스번호 02-2265-9394
홈페이지 www.circom.co.kr

I S B N 979-11-6856-202-8 (세트)
　　　　　979-11-6856-204-2 (94530)
정　　가 24,000원